切削刀具學

洪良德　編著

全華圖書股份有限公司

序言

最近由於NC數值控制之發展及廣泛應用於工具機上，促使機械加工能獲得更快速又更精密的製品。精密尺寸的製品，不僅提高製品的性能，並可增大耐磨性，延長製品壽命。然而，欲使機械加工時發揮其特殊效能，實有賴於切削刀具之正確選擇及應用。

切削理論常常偏向學術性研究，致使現場技術者敬而遠之。因此，從事機械切削加工技術者往往依賴個人過去的經驗和判斷來決定切削條件。經驗是昂貴而費時的，如能以具體的現象經深入的觀察與精密的試驗來做有效理論的配合，則沒有熟練的技術者亦可經濟地設定切削條件而提高生產效率。何況，現在高速精密工具機所選用的切削條件乃是基於學術性之研究改善者與經濟上進步者的合成技術，兩者互難分離。因此，現場技術者若不瞭解基本的切削理論，則不易體驗新的技術與擴大技能的領域。

切削工具分為單刃刀具與多刃刀具等兩大類，本書著重於單刃刀具切削理論與製造經驗有密切關係事項之分析。因確信其他多刃刀具亦僅為一多齒的單刃刀具，故其理擇一。所以，切削刀具學主要目的在於說明金屬切削刀具的切削原理及其正確使用技術，敘述刀具切削作用之各種相關現象之成因，及其在實際加工中所將造成的影響。希望有助於金屬切削加工技術者，能選用適當之切削刀具幾何形狀，及設定適當之切削條件以奠定經濟製造之基礎，並進而改善切削刀具性能之參考。

編者學識經驗有限，內容資料雖力求詳盡確實，但欠妥之處在所難免，敬祈讀者先進不吝賜教。

編者　謹識

編輯部序

「系統編輯」是我們的編輯方針，我們所提供給您的，絕不只是一本書，而是關於這門學問的所有知識，它們由淺入深，循序漸進。

現今之精密加工技術，大大提昇製品的精密性及壽命，而其關鍵主要在於切削理論及刀具上的精進。為此，本書由切削刀具之切削原理及應用技術方面導入，輔以加工時各種現象及成因說明，以其能減少相關技術入門者摸索時間，進而提高生產效率。適合技術學院、專科院校機械相關科系修讀，及業界相關技術從業人員自修之用。

同時，為了使您能有系統且循序漸進研習相關方面的叢書，我們以流程圖方式，列出各有關圖書的閱讀順序，以減少您研習此門學問的摸索時間，並能對這門學問有完整的知識。若您在這方面有任何問題，歡迎來函連繫，我們將竭誠為您服務。

CONTNETS

目錄

第 3 章　鑽頭、鉸刀、螺絲攻、螺絲鏌　3-1

切削概論

CUTTING TOOLS

自古以來人類即有使用器具、刀具及材料的能力。初期應用現成的材料，諸如木材、甲骨、岩石、陶土、纖維等製成物品。然後慢慢地增加經由人工加工的新原料及材料，其中金屬部份直至今日仍爲重要的材料。

現今應用金屬材料之加工有兩種方法：一種藉著各類模具及加熱、加壓等設備而迫使材料之形狀改變、彎曲、延壓、鍛製、鑄造等製成與模具形狀相同的產品。另一種是利用不同形式的楔形刀具，經由鋸割、鑽削、銼削、車削、鉋削、銑削、研磨等將胚件材料切除多餘材料製成零件。

應用刀具切除被加工材料中多餘材料的方法稱爲切削加工，被切除的材料部份稱爲切屑。它能獲得預期的幾何形狀、尺寸精度和表面質量要求較高的零件，是機械製造中應用最廣泛的一種加工方法。

爲使刀具在切削材料時能夠形成預定的形狀及尺寸，工具機依據法則：「利用材料與刀具間適當的相對運動，以製得所需的零件表面」做切削工作。因此，切削工作需要兩種基本動作：一為材料與刀具之間相對運動，另一為進給運動，兩者互相配合始能完成。刀具與材料之間相對運動是工具機供應的主要運動，期使刀具趨近材料；進給運動則由刀具作供應運動；兩個運動聯合作用便會使切屑間斷式或連續式脫落，而使工件表面被加工成預期的特殊性質表面。

材料與刀具之間相對運動可分為三種方式：

1. 材料迴轉與刀具往復運動，如車削、圓柱磨削；材料往復與刀具迴轉運動，如銑削、平面磨削。
2. 材料不動與刀具往復運動，如牛頭鉋削；材料往復運動與刀具不動，如龍門鉋削。
3. 材料不動與刀具迴轉運動，如鑽削、搪削。

當刀具依照材料形狀及材料特性做進給運動時，刀刃必須楔入材料內以切除切屑，刀刃之原始形狀必需維持足夠的切削時間，此稱為切削性能及刀刃穩定性，亦為刀具之性能特徵。此項特徵由刀刃的形狀及刀具材料決定之。

設計刀具最重要的要素是正確的選擇刀具材料。刀具材料不僅有能力使刀具於高速及高溫切削時維持形狀穩定性，並且容易製成複雜形狀的刀具，並對脆性易破裂之工件有強大的擴散阻力，以及阻止熱及機械之震動。刀具材料每改良一次，耐高速及耐高溫增加，而抗震性能反而減低。各種刀具的角度亦因所使用刀具材料之不同而異，適用於高速鋼者，不一定適用於碳化物或瓷質刀具，故刀具之設計與使用更趨複雜。

金屬切削中，刀具對提高生產效率及加工質量均具有很大影響。不斷地研製與生產新型刀具材料，展開切削理論方面，諸如切削力、切削溫度、刀具磨耗、加工表面粗糙度等的研究，均是提高刀具的精度與性能必要途徑，並可促使工具機結構與加工工藝的改善。

因此，設計、革新與發展刀具的結構與製造方法，以及合理使用刀具，已成爲切削加工中的重要課題。

1.1 切削刀具與切削維度

1. 切削刀具的基本形狀

切削刀具是一種楔形刀具(wedge-shaped cutting tool)，有兩個基本的表面：一爲切削過程中切屑所流經的表面稱爲刀面(face)，一爲刃口切入工件時，避免刀具和工件之摩擦，讓開已被加工之表面稱爲刀腹(flank)。刀面與刀腹交接處成一直線爲刀具最先接觸工件之部份稱爲刃口(cutting edge)，如圖 1.1 示。

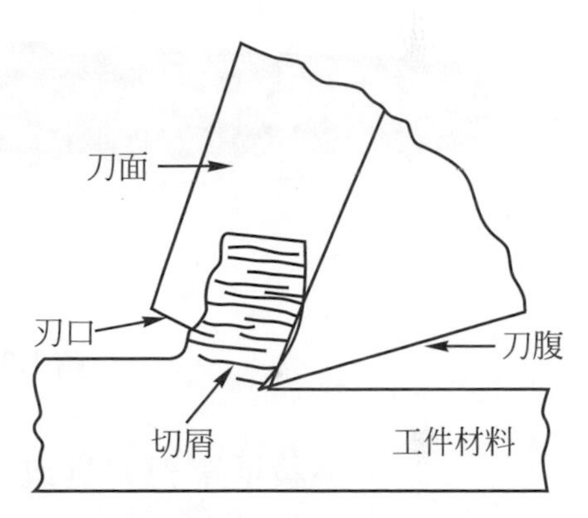

圖 1.1 刀具基本形狀

2. 楔形刀具的種類

⑴ 依刀具刃口數分類

① 單刃刀具(single-point tool)：僅具有一個刃口的刀具，如圖 1.2 示。大多數的單刃刀具裝置在車床、鉋床、搪床等工具機之刀具柱上，以往復運動做切削工作。

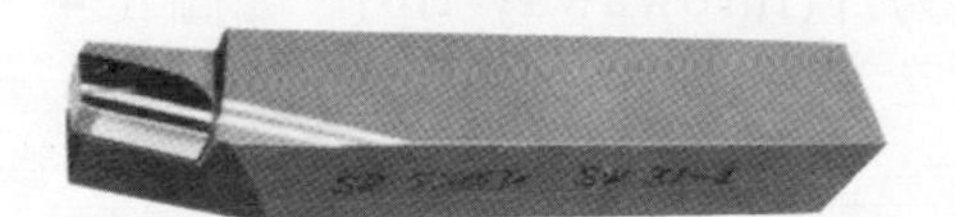

圖 1.2 單刃刀具

② 多刃刀具(multi-point tool)：具有兩個以上的刃口均接附在同一刀具本體上，如圖 1.3 示。多刃刀具均被夾於鑽床、銑床、磨床等工具機心軸上，以旋轉運動做切削工作。

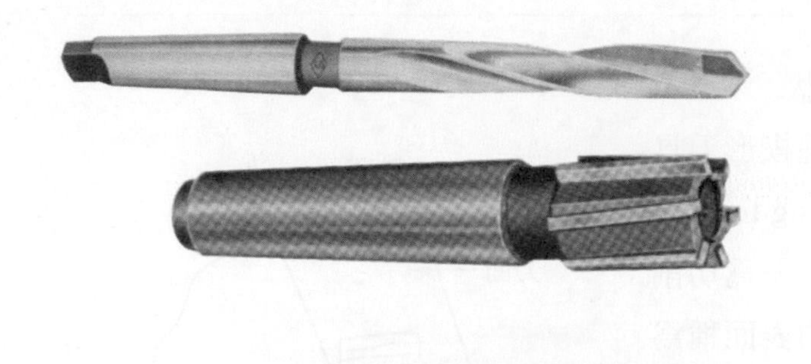

圖 1.3 多刃刀具

不論是單刃刀具或多刃刀具之刃口形狀皆相同。

⑵ 依刀具結構分類

不論是單刃刀具或多刃刀具的基本結構皆相同，分爲三種：

① 整體式刀具(solid)：刀刃與刀具本體是同一材料製成，如圖 1.4(a)示。

② 端焊式刀具(brazed-tip)：刀刃以硬焊法焊接於刀具本體，如圖 1.4(b)示。

③ 夾置式刀具(clamped insert)：刀刃以夾緊構件夾於刀具本體，被夾置的刀刃稱爲捨棄刀片(throwaway tip)，如圖 1.4 (c)示。

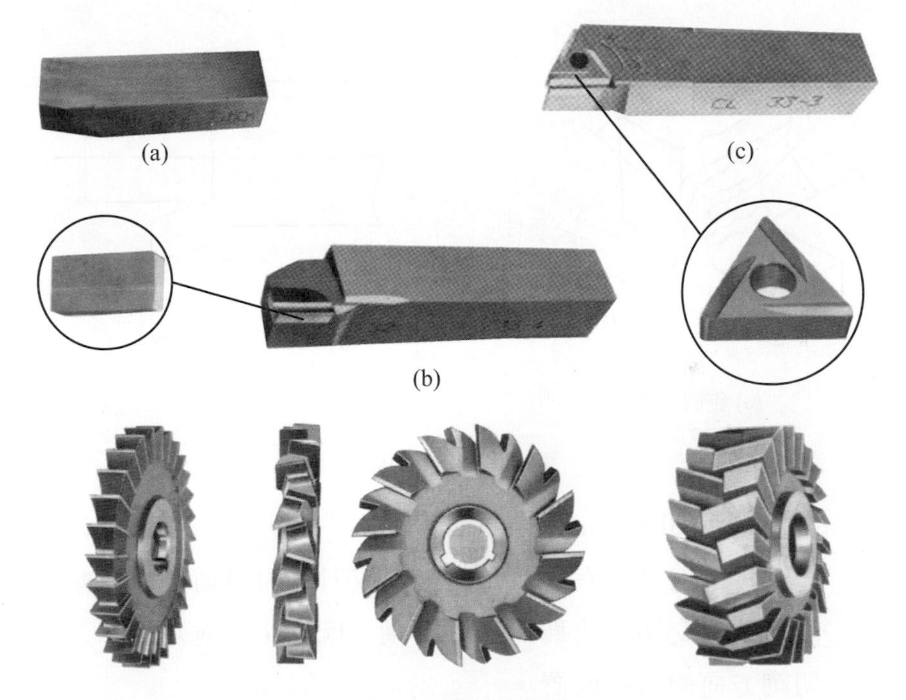

圖 1.4　刀具的構造

3. 切削維度(cutting dimension)

在金屬切削加工中，爲了切除多餘的材料，刀具與材料之間必須有相對運動，而刀具刃口對所切削材料的位置不同，將影響切屑的形狀及刀具承受的切削力等。

刀具裝置在工具機上，依其刃口與切削方向是否形成垂直位置分爲正交切削及斜交切削。

(1) 正交切削(orthogonal cutting)

楔形刀具的直線刃口與工件或刀具的運動方向成垂直的裝置稱爲正交切削或稱爲二維切削。圖 1.5 示鉋刀及車刀刃口與切削方向成垂直的裝置。由於正交切削之切削力模式比較簡單，許多切削理論的探討及研究均以此建立切削模式。

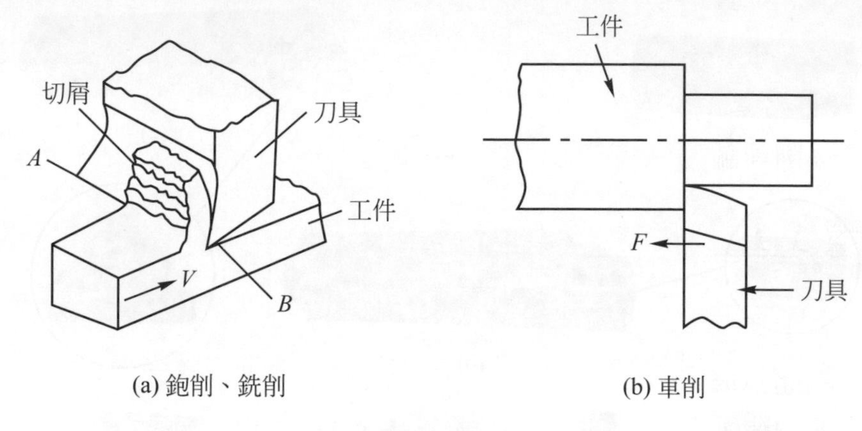

(a) 鉋削、銑削　　(b) 車削

圖 1.5　正交切削

⑵ 斜交切削(obliqual cutting)

楔形刀具的直線刃口與工件或刀具的運動方向成傾斜的裝置稱爲斜交切削或稱爲三維切削。圖 1.6 示鉋刀及車刀刃口與切削方向傾斜的裝置。

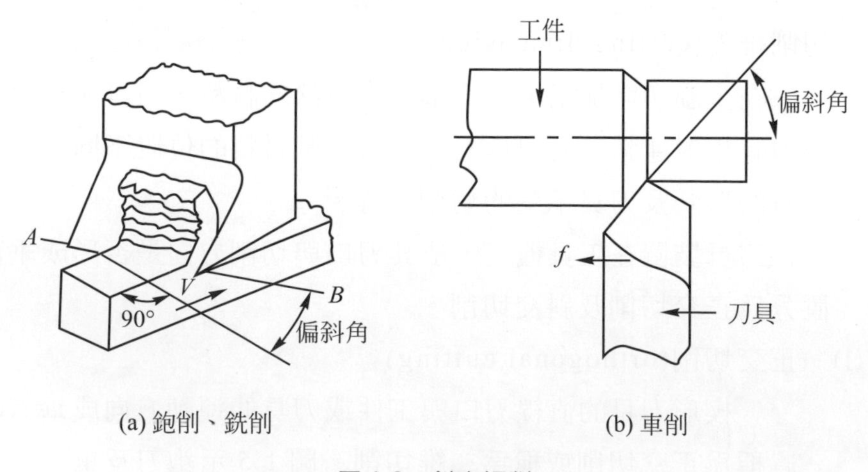

(a) 鉋削、銑削　　(b) 車削

圖 1.6　斜交切削

實際上，金屬切削工作時刀具大多數爲斜交切削，而且對刀具壽命及切屑條件較爲有利。但在切削理論的研究上，斜交切削的切屑變形、剪斷等理論分析非常繁雜，通常先以正交切削理論爲研究對象，然後再應用於斜交切削上比較簡易。

習題 1.1

1. 何謂切削工作？
2. 試述構成切削刀具基本表面的用途？
3. 何謂單刃刀具？其應用於何種工具機做切削工作？
4. 何謂多刃刀具？其應用於何種工具機做切削工作？
5. 何謂正交切削？
6. 何謂斜交切削？

1.2 切屑形成與切屑形態

1. 切屑形成過程

在切削過程中，刀具自工件材料中切除多餘的部份稱爲切屑(chips)。切屑形成的過程如圖 1.7 示：

圖(a)示，切屑之形成在刀具與工件材料接觸之處，當刀具刃口對工件材料施加壓力時產生楔劈作用(wedging action)，使材料於刃口處壓迫變形凸起靠在刀面上。

圖(b)示，由於壓力非均勻的作用於材料所有晶粒的表面形成剪力作用(shearing action)，使晶粒滑動而產生塑性變形，在刃口前方發生劈裂紋縫。

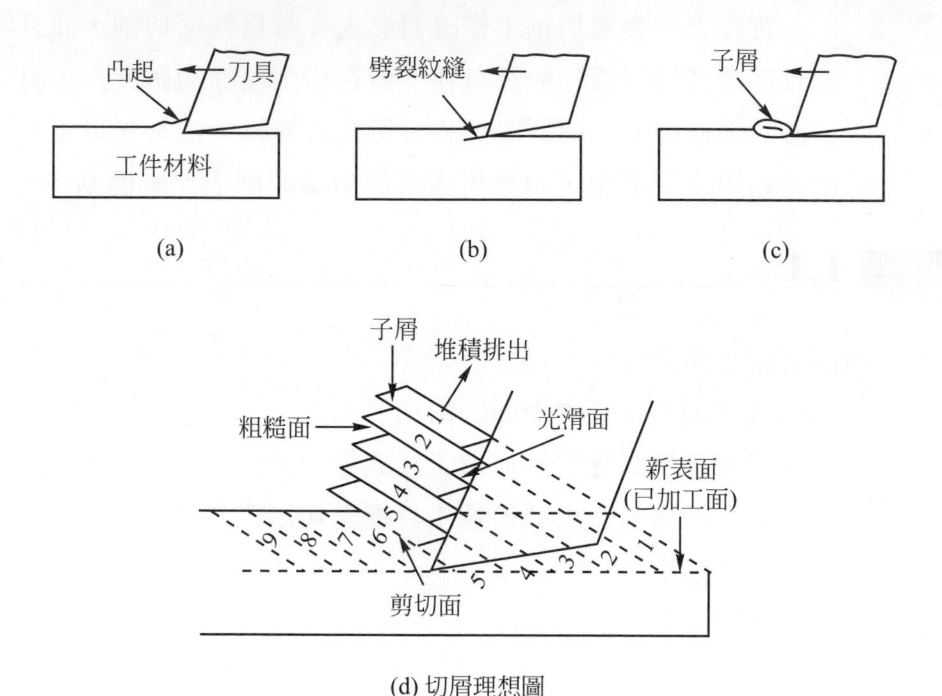

(d) 切屑理想圖

圖 1.7　切屑形成之過程

圖(c)示，材料之晶粒被擠壓於主變形區上，使小片材料斜向移動產生剝離(split)形成子屑(element of chip)。

圖(d)示，子屑大多向阻力最小的方向移動，故其沿刀面堆積，當剪力達一定程度時，此堆積屑片自工件本體折斷而形成切屑。

形成之切屑在刀面移動時因爲高溫與高壓作用使其與刀面接觸之表面被加工硬化形成光滑面，另一面因堆積而形成粗糙面。

在切屑形成區域，自刀具刃口沿伸到切屑與母材接結處的區域是切屑形成的主要發生區，此一區域稱爲主變形區；而切屑自刃口處沿刀面滑離的區域稱爲次變形區；在基本變形區內，自刃口至工件材料內有一剪應力最大的平面稱爲剪切面；如圖 1.8 示。

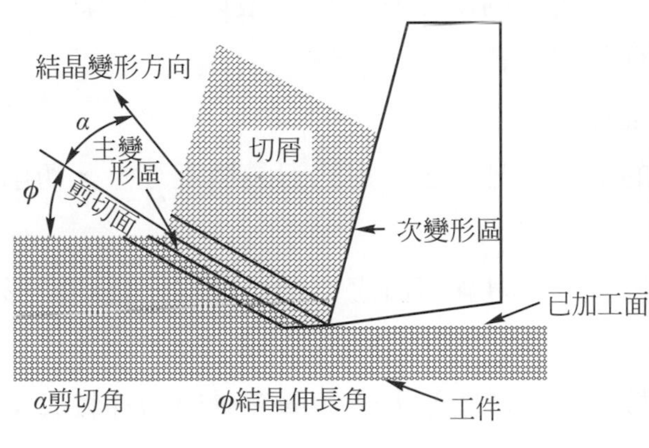

圖 1.8 切屑形成區域

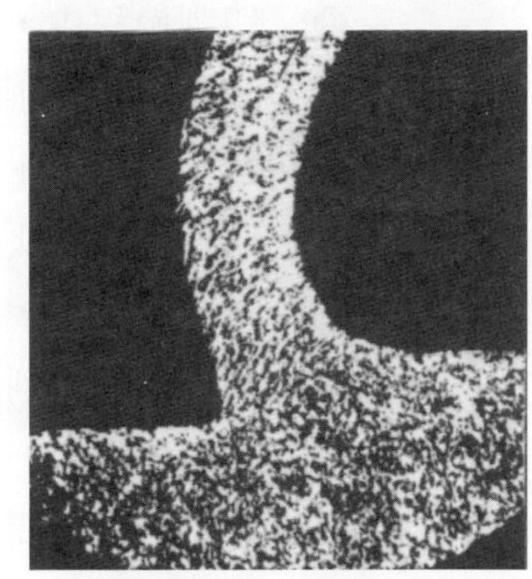

圖 1.9 連續切屑

2. 切屑形態

切削過程中，切削之形成不但將工件材料之形態改變，而且本身之組織亦發生變化，主要原因除受強烈的塑性變形及切削之高溫所致外，尚與工件材料之性質有關。但同一工件材料亦隨切削條件及刀具形狀之不同而形成完全不同之切屑形態。Ernst & Merchant 將切屑形成之基本形態分爲連續切屑、不連續切屑、具積屑刃口之連續切屑等三種。

⑴ 連續切屑(continuous chip)

形成連續切屑的主因係工件材料的特性所致。切削高抗拉強度的工件材料，如鍛鐵、軟鋼、銅、鋁等晶粒傾向於變形而非折斷，故其切屑之形成並非斷裂，而是密集地連續變形以長條狀自刀面流出，稱爲連續切屑，如圖 1.9 示。

① 形成連續切屑之切削條件

除工件材料具有高度的延性外，其切削之條件如下：

❶ 高切削速率、中切削深度、小進給。

❷ 具有銳利的刃口及較大傾角的刀具。

❸ 切削過程中，若使用切削劑亦有助於連續切屑之形成。

② 連續切屑對切削作用之影響

❶ 所切削的加工面極爲光滑。

❷ 爲一種穩定式的加工情況，在一定的刀具磨耗下，其切削力之變化不大。

❸ 在相同的切削條件下，刀具刃口之切削溫度爲三種切屑形態中最低。

❹ 切屑與刀面間接觸面之摩擦較大，切屑流動阻力亦較大；同時，切屑連續不斷地與刀面接觸摩擦，致使刀面產生凹陷磨耗的現象，如圖 1.10 所示。

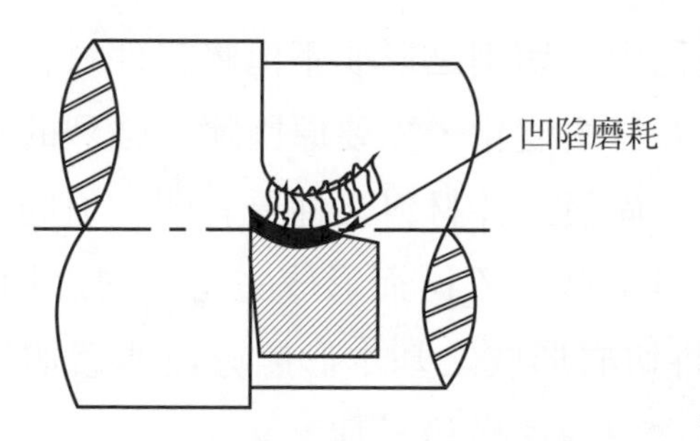

圖 1.10　連續切屑產生凹陷磨耗

❺ 切屑之處理較費時，若處理不當，將影響已加工面粗糙度，甚至妨害切削工作。

❻ 選用刀具材料時必須對工件材料不易發生熔著(welding)現象，具耐凹陷磨耗的性能或摩擦係數較低者，以增加刀具壽命。

⑵ 不連續切屑(discontinuous chip)

當切屑形成之際，在刃口前局部的工件材料產生塑性變形時，若工件材料之本質很脆(低抗拉強度)，如鑄鐵、鑄青銅、鑄黃銅等在基本變形區中切屑即行斷裂，切屑滑離刀面後即變成碎片的形態，稱爲不連續切屑，如圖 1.11 示。

切削脆性材料恰與延性材料相反，刀具刃口未完全達切削點前，切屑既先因材料之晶粒斷裂而形成。

① 形成不連續切屑之切削條件

除工件材料具脆性外，其切削之條件如下：

❶ 低切削速率、大切削深度或大進給。

❷ 小傾角的刀具。

② 不連續切屑對切削作用之影響。

❶ 所切削的加工面粗糙度尚可。

❷ 切屑在刀面之流動阻力小，刀具承受之切削力亦適中。

❸ 切屑容易處理。

❹ 切削點離刃口較近，切削溫度及切削力均集中刃口附近，致使刃口及讓面容易產生磨耗，如圖 1.12 示。

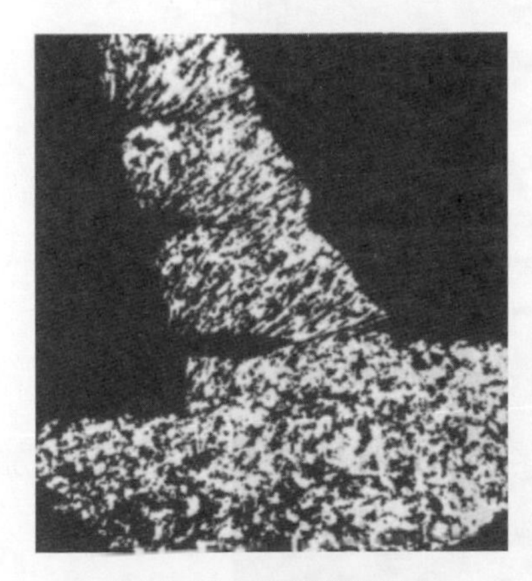

圖 1.11　不連續切屑

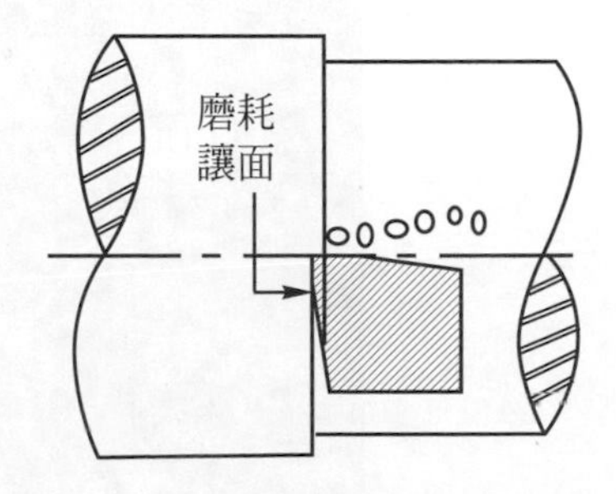

圖 1.12　不連續切屑產生讓面磨耗

❺ 由於刃口部分容易磨耗變鈍，故較易產生粗糙及急動的切削現象。

❻ 切削延性的材料如突然形成此種切屑時，則會使已加工面粗糙，刀具磨耗迅速，動力消耗增加。

❼ 刀具刃口所承受之切削力係間歇的作用而經常變化，故其切削深度應較形成連續切屑之延性材料為低。

❽ 選用刀具材料時須具有高硬度及耐磨性，以利刀具壽命。

(3) 具積屑刃口之連續切屑(continuous chip with built-up edge)

切削延性工件材料時，有時切屑與刀面間的摩擦將會大得使切屑熔著於刀面上，而此種熔著於刀面上的切屑會增加切屑與刃口接觸面的摩擦，排屑的壓力加於刃口，促使小粒的切屑積存於刃口上，如此積屑刃口將不斷地增加，直至變為不穩定而分裂，此種現象由 Schewerd 以高速攝影發現，將之命名為積屑刃口(built-up edge)，簡稱 BUE，如圖 1.13 示。

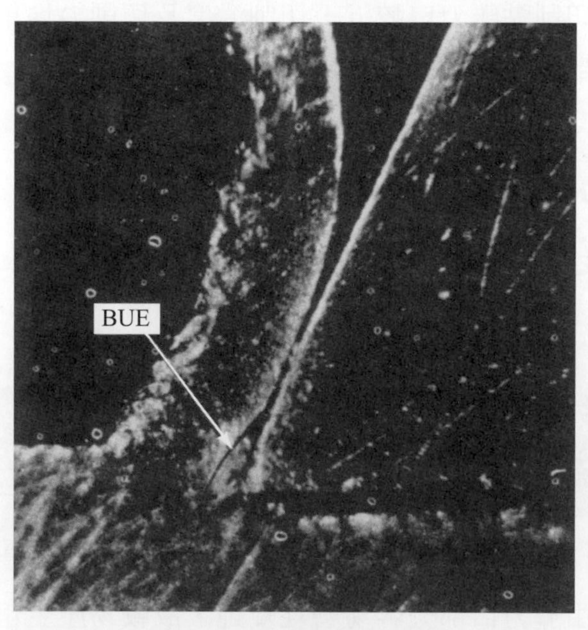

圖 1.13 具積屑刃口切屑

① BUE的發生與脫落

BUE約以1/10～1/200秒週期性：發生→成長→分裂→脫落。BUE分裂所產生之殘屑有些沿著切屑的底面被帶走，有些黏著於已加工面則稱爲加工硬化變質層，將使工件表面變成粗糙，並可能爲刀具讓面磨耗之原因。另部分的殘屑熔著於刃口鄰近之刀面，如欲除之將使刃口崩碎，或切削到工件材料中的硬點將加速刃口崩碎，如圖1.14示。

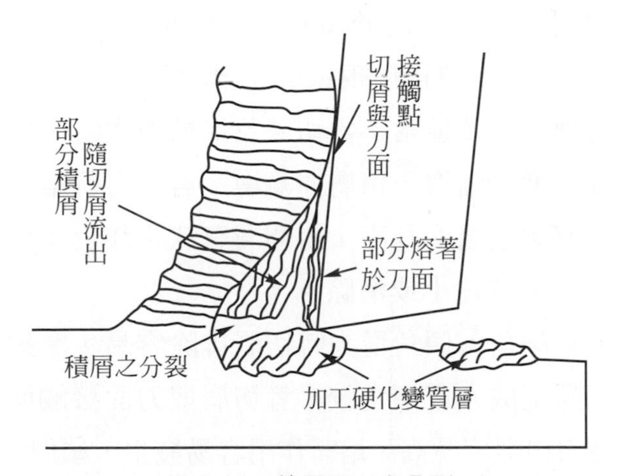

圖1.14 積屑刃口之分裂

② BUE對切削作用之影響

❶ 根本改變刀具幾何形狀及切削機構。

❷ 使已加工面變成很粗糙。

❸ 刀具讓面被積屑摩擦，刀面被積屑刮傷，影響刀具的壽命。

❹ 使工件尺寸之精度不易控制。

❺ 切削阻力增大，促使切削作用不安定。

③ BUE發生之原因及消除方法

積屑刃口產生之主因係工件材料本質及切削溫度之關係，因爲積屑之形成有一定的溫度，如鋁爲230℃，碳鋼爲

500～600℃，18-8不銹鋼爲650～700℃。因此，適當的選擇切削條件或刀具形狀，使被削工件材料超出再結晶溫度範圍就可使積屑消失。

積屑刃口發生之原因及消除方法如下：

❶ 切削速度：當切速漸增時刀具刃口的溫度隨之升高，積屑逐漸形成，若切速高於某限度時，則超過的溫度使切屑軟化，切屑與刀具接觸面摩擦低，積屑之現象將會消失。如切削軟鋼，切速於 60～120m/min 會產生積屑，若大於150m/min時積屑現象會完全消失。

❷ 切削深度及進給：當切深及進給增大時，切屑與刀面之交互面壓力漸增，積屑亦漸增。若其再行增大，因較大摩擦力使切削溫度升高，對切屑有軟化作用；或使切屑斷片流出，積屑變小或消除。

❸ 刀具傾角：傾角增大時切屑排除容易，摩擦力減小，積屑不易生成。若傾角較小者切屑與刀面接觸面摩擦力增大，使刃口溫度升高，熔著作用容易發生，積屑刃口即易生成。

❹ 切削劑：切削劑可冷卻刀具與切屑，降低切削溫度；或使刀具與切屑接觸面間產生薄油膜，減低親和力，使積屑刃口不易生成。

❺ 控制切屑：利用斷屑槽控制切屑使形成不連續切屑形態流出，亦可防止積屑刃口之生成。

1.3 斷屑裝置(Chip Breaker)

切屑雖然是切削過程中必然的產物，生產工場亦把它當廢料處理。但在金屬切削過程中，最關心的卻是切屑的形成及控制。因爲切屑的形狀仍是判斷切削刀具優劣的重要指標，而切屑之控制不但影響切削面粗糙度及刀具壽命，而且對操作者的工作情緒及安全亦有很大的作用。

切削鑄鐵或非鐵金屬等低延性材料所形成之切屑爲不連續斷裂粒狀，幾乎不必考慮切屑之控制。但連續切屑之形成快速而延續，如處理不當，則切屑將會不斷地與刀具或工件材料纏繞不清。

連續切屑爲堅硬、銳利及高溫之捲曲長條狀，當其纏繞於刀具或工件上，對於操作者頗具危險性，並且會刮傷已加工面或導致刀具刃口之碎屑。倘若於切削中使用切削劑，則切屑會干擾切削劑之流動，致使刃口受到忽冷忽熱的情況，其所生之熱應力將迫使碳化物刀具龜裂而影響刀具壽命。

連續切屑之控制最常用的方法是於切屑自刀面上流出途中設一阻礙物，以阻擋切屑之流向並促其捲緊以增大內應力，然後使切屑撞擊阻礙物而折斷成短片，此種阻礙物之設置稱爲斷屑裝置。

斷屑裝置的作用在於控制切屑之捲曲半徑，並導引切屑流至某一方向再將其折斷。依刀具之結構，斷屑裝置分爲磨成式、夾置式、模壓式等三種。

1. 磨成式(ground-in types)斷屑槽

   係在刀面研磨與刃口成平行或傾斜的階級或溝槽，爲控制切屑方法中應用最廣之一種。整體式刀具及端焊式刀具大多數以磨成式斷屑槽控制切屑。

   (1) 磨成式斷屑槽主要部位

      分爲槽寬、槽深、肩部半徑，如圖 1.15 示。

      ① 斷屑槽寬(W)：爲決定切屑捲曲半徑之大小，如槽寬太小則切屑捲曲過緊，將產生甚大的壓力，易使刃口發生崩裂；若槽寬太大則捲曲半徑較大，所產生應力不足以折斷屑片。

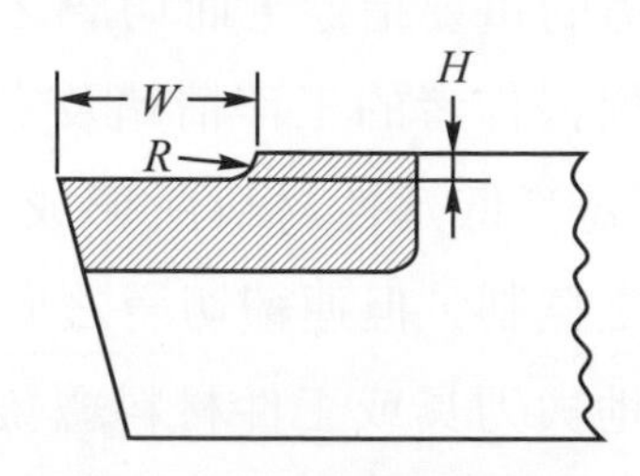

圖 1.15 斷屑槽之主要部位

② 斷屑槽深度(H)：以使切屑能流向刀具肩部爲宜，過深時切屑捲曲太緊，易損傷刃口；過淺時則切屑不易控制，形成紊亂現象。

③ 肩部半徑(R)：對切屑形成之影響亦很大，如圖 1.16 示。半徑適當則切屑沿圓弧處向上捲曲二、三圈即行折斷如圖(a)示。半徑較大則內應力不足以捲曲切屑，僅形成一團而不折斷如圖(b)示。肩部成直角，切屑被垂直壁堵住不易向上滑出，將使肩部擠裂，同時對刃口產生甚大之擠壓力，易使其崩裂或碎屑如圖(c)示。

根據實驗，斷屑槽深度約爲 0.5mm，寬度約爲進給之 5 倍，肩部半徑爲 0.3～0.8mm 爲最適宜。

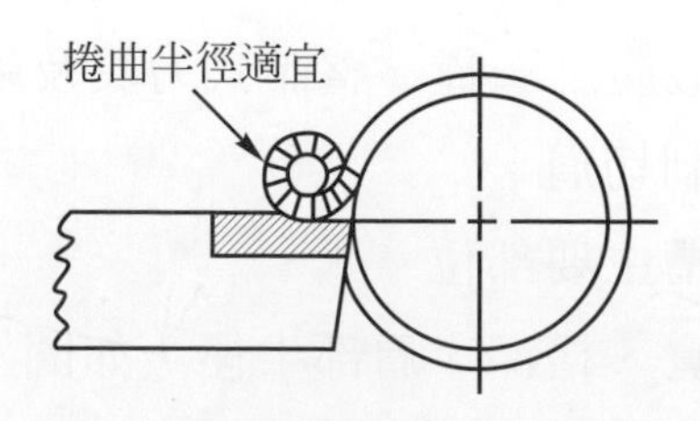

(a) 肩部半徑適當

圖 1.16 斷屑槽肩部半徑對切屑捲曲之影響

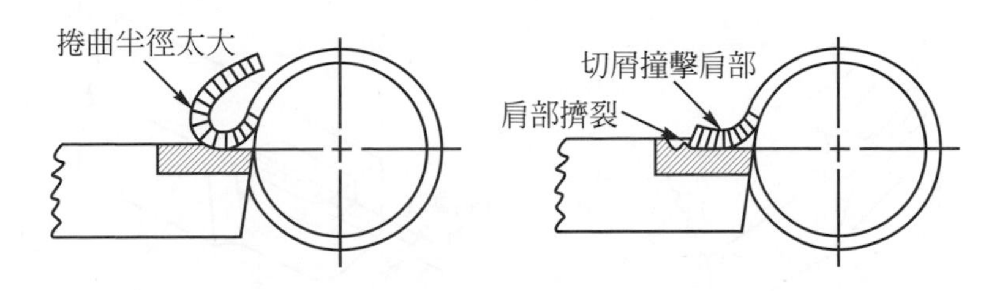

(b) 肩部半徑太大　　(c) 肩部磨成直角

圖 1.16　斷屑槽肩部半徑對切屑捲曲之影響(續)

⑵　磨成式斷屑槽種類

分為斜角式、平行式、圓槽式，如圖 1.17 示。

① 斜角式(angular-type)斷屑槽：如圖(a)示，斷屑槽之後端比前端較窄，其切屑之捲曲力亦比前端較緊，以迫使捲曲切屑斷離工件材料。粗切削時的切屑如在斷屑槽後端捲曲太緊，將引起刀具過熱及增大壓力現象，故有時磨成如圖(b)示。以同樣的進刀量，如增加切削深度則切屑之捲曲將更為強韌而不易折斷，此時應將斷屑槽寬度減少，使切屑捲曲更緊而折斷。

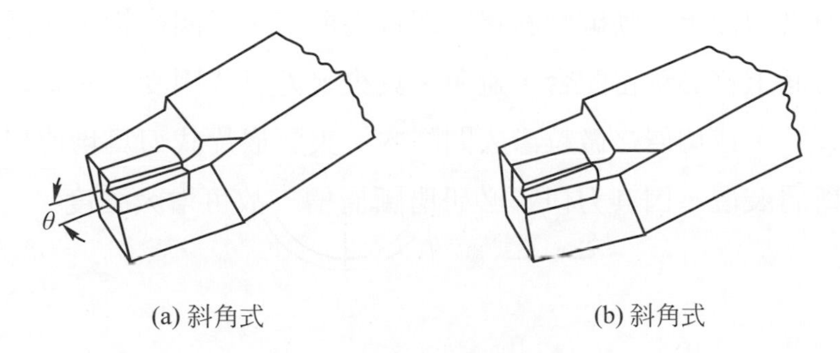

(a) 斜角式　　(b) 斜角式

圖 1.17　磨成式斷屑槽

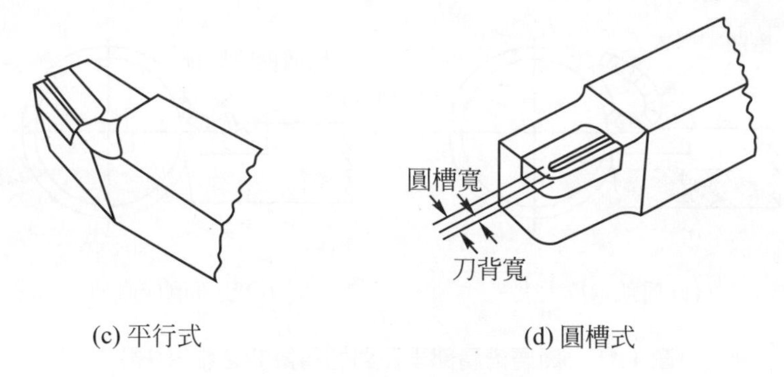

(c) 平行式　　(d) 圓槽式

圖 1.17　磨成式斷屑槽(續)

② 平行式(parallel-type)斷屑槽：如圖(c)示，斷屑槽肩部與刃口平行，切削直肩角或偏心之工件使用此式最有效。

③ 圓槽式(groove-type)斷屑槽：如圖(d)示，為一狹長圓槽，在刃口與圓槽之間留一刀背(land)。圓槽深度為0.25mm，槽寬為(3～4) f，刀背寬為(1～1.5) f。f 為進給。

2. 夾置式(clamped-on type)斷屑片

在夾置式刀具內，刀面上夾置一有斜邊之斷屑片(由高速鋼或燒結碳化物製成)，如圖 1.18 示。斷屑片斜邊向著刃口，當切屑沿刀面上滑動碰到斜邊時即行捲曲二、三圈後折斷。斷屑片在刀面上務必精密配合，避免夾具夾緊刀具片因受力不均勻而產生裂紋，或切屑之微粒滲入間隙內。夾緊嵌片式刀具均使用夾置式斷屑裝置，因其刃口不必研磨斷屑槽，故可增大強度。

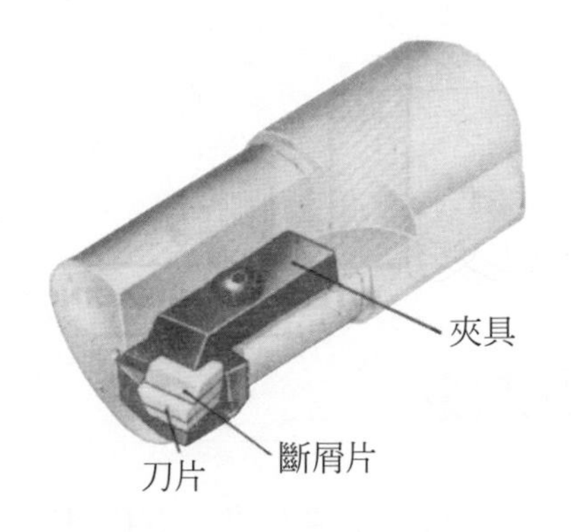

圖 1.18 夾置式斷屑裝置

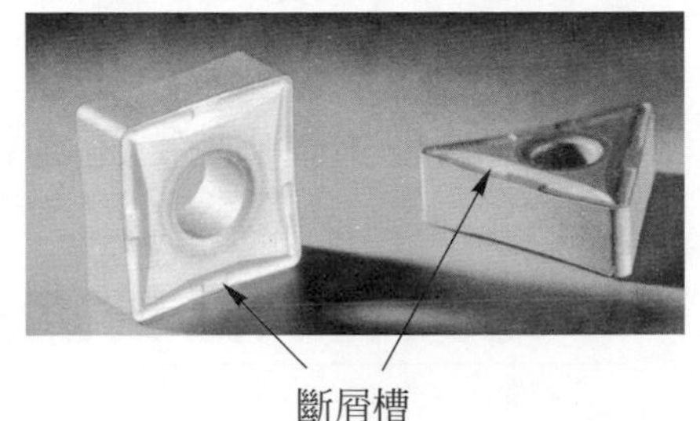

圖 1.19 模壓式斷屑槽

3. 模壓式(pressed-in type)斷屑槽

模壓式斷屑槽係於碳化物燒結製程中模壓而成，在刃口及斷屑槽之間鑄成一狹長負刀背(negative land)，以增強刃口之切削強度，如圖 1.19 示。模壓式最大特點爲能適合各種切削條件所形成之切屑。

習題 1.2

1. 試繪圖說明切屑形成的過程？
2. 何謂切屑形成之主變形區？
3. 何謂切屑形成之次變形區？
4. 何謂剪切面？
5. 試述切屑形成之基本形態？
6. 試述形成連續切屑之切削條件？
7. 試述連續切屑對切削作用之影響？
8. 試述形成不連續切屑之切削條件？
9. 試述不連續切屑對切削作用之影響？
10. 試述 BUE 對切削作用之影響？

11. 試述BUE發生的原因？
12. 試述BUE消除的方法？
13. 何謂斷屑裝置？
14. 試述磨成式斷屑槽之種類？

1.4 刀具材料必備的主要性能

刀具材料的發展，可以說與 NC 車床的發展齊頭並進。NC 車床為提高生產效率，其機構的剛性良好，以利提高車床轉數及進給率。因此，刀具材料發展的目標是在較高溫度的有效硬度下，改進抗衝擊與陡震的阻力及耐磨的特性。

切削過程中，刀具不但承受高壓及高溫之作用；而且切屑與刀具接觸面間之摩擦，致使刀面產生磨耗；刀具與工件接觸面間之摩擦，使刀腹產生磨耗現象；均將影響切削工件之精度及粗糙度，或使刀具損壞。因此，刀具需要有耐磨耗性、能承受高壓作用與高溫作用、容易重新研磨等特性，方能達成切削的任務。

1. 常溫硬度或稱冷硬性(cold hardness)

   係指常溫時刀具材料之硬度。硬度為刀具耐磨性的判定基準，硬度愈高時耐磨性愈大，但韌性愈低。切削時刀具能楔入工件材料是因有足夠的硬度，當刀具與工件之接觸面摩擦時，刀具不因之即刻磨耗，是因其硬度高於工件材料的硬度。

   刀具材料之硬度常以 Rockwell 為標準。R_A刻度(60kg 荷重)量測極硬的材料，如燒結碳化物或陶瓷刀具；R_C刻度(150kg 荷重)量測次硬的材料，如非鐵鑄合金、高速鋼等。

2. 韌性(toughness)

   刀具做間歇性的切削或重切削時，常使刃口遭受甚大壓力之衝擊，因此，刀具材料須具有抗壓及抗彎應力，才不致於在切削時受力而有斷裂之虞。

刀具材料之韌性即其衝擊強度。高速鋼的衝擊強度用Izod衝擊試驗量測之，非鐵鑄合金及燒結碳化物具有多孔性及不均勻性，用 Izod 法不甚準確，常用橫向破壞強度測試法(tranverse rupture strength test)。刀具材料之橫向破壞強度愈大，韌性愈大。

3. 高溫硬度或紅硬性(red hardness)

刀具在高速切削下產生高溫時，刃口雖已變成暗紅色，但尚具有抗塑性變形及熔著之熱強度，因此，仍有甚高之硬度以維持刀具刃口形狀之穩定性，而不減低其切削能力者稱為高溫硬度。一般而言，高速鋼在1000°F時刀具硬度能保持R_C 50～58，碳化物在1000°F時之硬度為R_A 80～87，尚不致於影響刀具的切削能力，稱此材料具有紅硬性。圖1.20示各種刀具材料之高溫硬度。

刀具材料之紅硬性愈高，愈能做高速切削工作。

4. 研磨性(grindness)

刀具刃口常需配合加工方式、切削條件、材料的種類等，研磨各種適當的形狀。因此，刀具磨耗後必須重新研磨，若其研磨性不良，將提高刀具的使用成本。

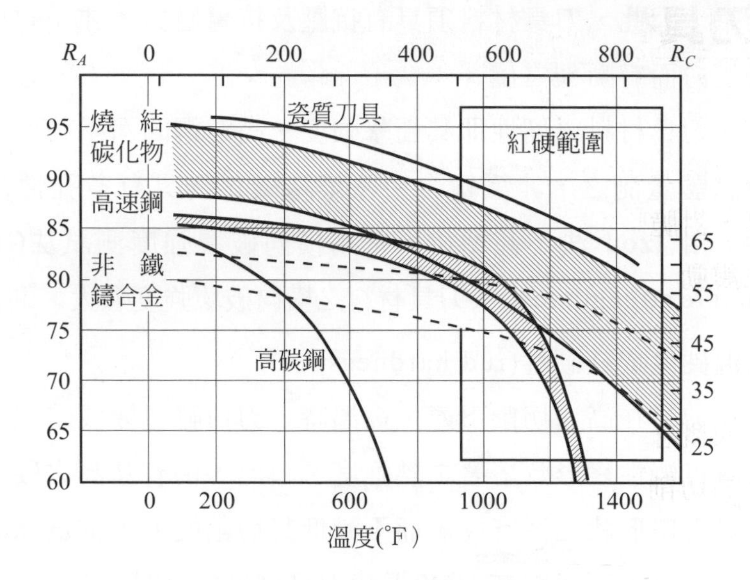

圖 1.20 各種刀具材料之高溫硬度

表 1.1 各種刀具材料的主要性能

切削刀具材料	室溫硬度	1000°F(535°C)硬度	1400°F(760°C)硬度	橫向破裂強度 ($\times 10^3$) psi(Mpa)	衝擊強度	磨耗抵抗
高速鋼	63～70 R_C (85～87 R_A)	50～58 R_C (77～82 R_A)	非常低	600(4140)	↑ 增加	↓ 增加
鑄造合金	60～65 R_C (82～85 R_A)	48～58 R_C (75～82 R_A)	40～48 R_C (70～75 R_A)	300(2070)		
碳化物	89～94 R_A	80～87 R_A	70～82 R_A	250(1724)		
陶瓷	94 R_A	90 R_A	87 R_A	85(586)		
鑽石	9000 Knoop	7000 Knoop	7000 Knoop	40(276)		

1.5 刀具材料的種類與性能

設計切削刀具最重要的要素是正確的選用刀具材料。刀具材料不僅有能力使刀具於高速切削及高溫時維持其形狀穩定性，容易製成複雜形狀的刀具，對脆性易破裂之工件有強大的阻止擴散的阻力，以及阻止熱及機械之震動，並且具有合理的成本因素可資利用。

科技的不斷進步與求新，工具機的功能亦由傳統的單功能加以電腦化成為複雜的多功能。在切削技術方面由於工具機的電腦化而發展一套系統加工的概念，刀具材料亦不斷的改良，使工具機降低停機的時間，發揮更大的切削效能。

刀具材料的演變係由早期的高碳工具鋼、合金工具鋼、高速鋼、非鐵鑄合金、燒結碳化物，以漸進式的發展被覆碳化物刀片、陶瓷刀具、陶瓷金屬、CBN、鑽石刀具等。

1. 高碳工具鋼(high-carbon tool steel)

   在高速鋼未發展以前，刀具大多用高碳工具鋼製造。高碳工具鋼主要成分為C 1.1～1.3％，Si 0.35％以下，Mn 0.5％以下，經加熱至約800℃，適當處理後較容易獲得與高速鋼約相同的硬度R_C 63～65。唯其硬化性能較差，對回火軟化抵抗小，故高溫硬度低，切削耐久性小，因此限制其製造刀具的範圍。

   高碳工具鋼經淬火後，具有高硬度及韌性，係由於其淬硬度自表面起約1～2mm，較深處則與母材的硬度接近。高碳工具鋼的切削溫度達400°F仍可保持碳化物狀態呈固溶體存在，當溫度達600°F時硬度降至R_C40，故高碳工具鋼並無紅硬性。因此，高碳工具鋼僅適於低速切削的工具，如鑽頭、鉸刀、刮刀等。

2. 合金工具鋼(high-carbon alloy steel)

係碳工具鋼內添加Cr、W、Mo、V、Mn、Si等元素以改良高碳工具鋼的缺點，使其能有較大之磨耗抵抗及較大之高溫硬度。其所含特殊元素主要的作用爲增加硬化能，析出特殊碳化物(carbide)，增加耐磨性及回火軟化抵抗等。碳化物爲碳和金屬元素的化合物，其中與兩種以上的金屬元素化合者稱爲複碳化合物(double carbide)。

切削用合金工具鋼可分爲Cr鋼、Cr-W鋼、Cr-W-V鋼、Ni鋼等。但大多數採用Cr-W鋼製造切削刀具，因W容易生成特殊碳化物，可增加鋼的淬火硬度及高溫硬度，而使耐磨性及切削性增大。但W對硬化能無影響，再添加Cr以增加硬化能，Cr也有回火硬化性、自硬性及耐磨性，所以Cr-W鋼可兼有兩種元素的改良效果。除了非鐵金屬的切削或特殊形狀的刀具使用此種材料外，已不再用做車刀。

3. 高速鋼(high speed steel)

高速鋼(HSS)是合金工具鋼之一種，含有W、Cr、V、Mo、Co等特殊元素，因元素之含量不同可得許多種類。其中含C 0.8％、W 18％、Cr 4％、V 1％的所謂18-4-1型高速鋼爲最基本的高速鋼。

高速鋼是一種強度較高、韌性良好的刀具材料，可耐衝擊及耐震動的切削，切削性及壽命比高碳工具鋼大數倍。高速鋼在高速切削時，切削溫度達 1000～1100°F時，尚形成鎢、鉻、釩及鐵之碳化物，故能保持其硬度，使刀具刃口仍能維持其形狀之穩定性，所以高速鋼具有紅硬性，可以做高速切削金屬的工作，故稱爲高速鋼。

高速鋼經退火軟化後，很容易鍛造成各種形狀的切削刀具。其淬火溫度達 2280～2460℉時硬度為R_C64～65，回火溫度為1020～1110℉，回火時可以消除淬火時所引起的應力，增加韌性、耐磨性及硬度(R_C66～67)，以改良高速鋼之切削性。此種經淬火後的硬度因回火而增大的現象稱為二次硬化(secondary hardening)或回火硬化(temper hardening)。

雖然目前在高速切削大多數使用碳化物刀具，但高速鋼具有容易加工及韌性特強之特性，於製造複雜的成形刀具、鑽頭、螺絲攻、鉸刀等均使用它，故高速鋼仍然是必須的刀具材料。近年來，粉末冶金術之進步，高速鋼獲致下列改進：①改進研磨困難而不損及刀具耐磨性。②增進韌性而不降低硬度，硬度可達R_C 70。③增進均勻性。

表 1.2 示高速鋼主要成分及特性。

4. 非鐵鑄合金(nonferrous cast alloys)

非鐵鑄合金之主要成分含 Co、Cr、W，另加少數一種或兩種碳化物，如碳化鉭、碳化鉬、碳化硼。最具代表性者為Stellite，含Co 38～53％，Cr 30～32.5％，W 10.5～17.5％，C 1.8～2.5％，另加其他碳化物，故又稱為鈷鉻鎢合金，組織和白鑄鐵相似，由少量的初晶碳化物和共晶(Co和碳化物)所構成。

Stellite 的硬度主要受碳化物的影響，當切削溫度達 1000℉時，冷卻後依然可以保持硬度，唯質鬆脆，無法使用於受衝擊之處，所以不太適合用做切削工具，適用於測定工具、工模、鑿岩用鑽頭等。

表 1.2　高速鋼主要成分及特性

系別	編號(SAE) \ 成分(%)	C	W	Cr	V	Mo	Co	切削性能
鎢系	*T*1	0.70	18.00	4.10	1.10	—	—	具有耐震及耐磨均衡性之一般用途的高速鋼。最易加工。具紅硬性。主要用於切削工具。
	*T*2	0.80	18.50	4.10	2.10	0.80	—	硬度較*T*1大，韌性不如*T*1。刀具刃口耐久。比鈷高速鋼經濟。適於做細刃口刀具，如滾齒刀、螺絲鏌、型刀、鑽頭、鉸刀、拉刀及銑刀。
	*T*3	1.05	18.50	4.10	3.25	0.70	—	工具鋼中耐磨性最大者。切削硬熟鐵或鑄鐵。
	*T*4	0.75	18.00	4.10	1.00	0.80	5.00	於高溫時增加切削能力。適於重切削鑄鐵。
	*T*5	0.80	18.50	4.10	1.75	0.80	8.00	紅硬性較高，耐磨性佳。切削速度比*T*1大 25 %。適於重乾切削熱處理鍛造件。
	*T*6	0.80	20.00	4.10	1.75	0.80	12.00	具有最高的紅硬性。耐磨性亦較高。適於車床或鉋床上重切削硬皮材料。
	*T*8	0.80	14.00	4.10	2.00	0.80	5.00	耐磨性僅次於*T*3，紅硬性高。適於急烈切削，尤其是不銹鋼。切削鏌塊、錳鋼鑄件及冷硬鑄鐵之效果亦良好。
	*T*15	1.50	12.00	4.00	5.00	0.80	5.00	硬度高達R_C70，耐磨性特強，須用很輕壓力研磨。適於切削難加工之材料，如不銹鋼、高溫合金、耐熱金屬等。

表 1.2　高速鋼主要成分及特性(續)

系別	編號(SAE) \ 成分(%)	C	W	Cr	V	Mo	Co	切削性能
鉬系	*M*1	0.80	1.50	4.00	1.15	8.50	—	一般用途高速鋼，可代替*T*1做許多用途。價廉。硬化溫度低，但加熱時須注意避免脫碳。韌性及耐磨性比*T*1稍佳。
	*M*2	0.83	6.25	4.10	1.90	5.00	—	比*M*1之紅硬性較高。適於做螺絲攻、鉸刀、鑽頭、拉刀、銑刀、車刀及鉋刀。
	*M*3	1.15	5.75	4.10	3.25	5.25	—	比*M*2之耐磨性較佳。適於切削及剪削較難的工作。
	*M*4	1.30	5.75	4.25	4.25	5.25	—	比*M*3之耐磨性較佳。
	*M*7	1.00	1.75	4.00	2.00	8.75	—	適於做細刃口刀具。耐磨性佳。
	*M*10	0.85	—	4.00	2.00	8.00	—	不含鎢，價格便宜。適於做小型刀具。強度高。加熱處理時須注意避免脫碳。
	*M*16	0.80	4.00	4.00	1.50	5.00	12.00	具有高紅硬性與*T*6相似。可高速高進給切削硬材料及熱處理的鍛造件。
	*M*30	0.85	2.00	4.00	1.25	8.00	5.00	具有高紅硬性及耐磨性，韌性較差。適於切削冷硬鑄鐵、熱處理鍛造件及鑄件。
	*M*34	0.85	2.00	4.00	2.00	8.00	8.00	具耐磨性，適於重切削。
	*M*36	0.85	6.00	4.10	2.00	5.00	8.00	具有高紅硬性及相當良好耐磨性。韌性較低。適合切削粗糙材料、熱處理合金鋼及不銹鋼。

5. 燒結硬化物(cemented carbide)

燒結碳化物係微細粉末的鎢和純碳混合加熱至1470～1830°F使鎢為碳飽和成為碳化鎢(WC)，再將碳化鎢粉末(94～97 %)與低熔點金屬(Co、Ni)為結合劑混合於模型內，約以1500kg/cm^{2}加壓成形，再經加熱2550～2730°F予以燒結，使結合劑熔化於碳化鎢內成為高硬度及高抗壓之WC-Co系合金之材料，如圖1.21示。

圖1.21 燒結碳化物刀片

結合劑(binder)之作用是使其細粉末均勻分佈於碳化鎢顆粒之間，經施以高壓及高溫處理後，碳化鎢粉末分子與結合劑粉末分子之間相互吸引而黏著，進而完成顆粒與顆粒間之熔接，俟全部成為可塑體狀態後始行壓塊，此種高溫結合方法並非將金屬熔化，而是將金屬粉末「燒凝」稱為燒結法(sintering)或粉末冶金術，其形成物稱為燒結金屬。

(1) 碳化物性質

瞭解碳化物之物理性質及機械性質可增進機械加工人員對碳化物刀具之選用與加工。

① 硬度：選擇碳化物做為切削工具之主因係具有極高的硬度及抗壓強度。碳化物含鈷量愈低，硬度愈高，一般為R_A 83.5至R_A 93.5，最低硬度約相當於高速鋼的最高硬度(R_C 67)。碳化物受高溫與低溫反複循環作用或在較高溫度時，不會產生回火作用而降低硬度。

② 密度：一般為 11.5～15.20 gm/cm^3，為鋼之1 1/2～2倍。

③ 橫向破壞強度：一般為 2×10^5～5×10^5 psi，當鈷含量在 10～15％，橫向破壞強度達最大值，做為刀具刃口之許可角度及刀具懸空量之依據。

④ 抗壓強度：鈷含量愈低，抗壓強度愈高，一般為 5.5×10^5～8.2×10^5 psi。

⑤ 導熱係數：0.15～0.17 ca/cm℃。

⑥ 顯微組織：碳化物之硬度與強度受顯微組織之影響，增大碳化物晶粒會降低硬度，因為散佈於晶粒之間的鈷亦會變大。

⑦ 紅硬性：碳化物之切削溫度在 1700～1800°F時，刀具刃口呈橘紅色，硬度約R_C60；至1900～2000°F時硬度仍有R_C 55，故切削速度可數倍於高速鋼。

(2) 碳化物種類及切削性能

依國際標準(ISO)，燒結碳化物以切削工件材料性質分為*K*系列、*M*系列、*P*系列等三種。各系列在切削工作中有其特有的性質，以適合切削各類的工件材料，刀柄端分別以紅色、黃色、青色為識別。

① *K*系列燒結碳化物

主要成分為 WC，以鈷粉做結合劑，形成單元碳化物 WC-Co系合金，為最耐磨性的材料。

此系列製成的刀具以紅色表示，用於切削形成不連續性切屑之工件材料，如低抗拉強度之鑄鐵、白鑄鐵、非鐵金屬、淬硬鋼、非金屬類材料。

切削低抗拉強度材料之切屑呈不連續斷裂粒狀，切削阻力是間歇的作用於刃口。雖然切削阻力較小，但切屑經常與刀鼻接觸使刃口受摩擦力的影響而容易發生碎屑(chipping)。當碎屑的碳化鎢與切屑混合後，經常夾於刃口與被削材料之間研磨成粉末，此爲致使刀具讓面磨耗的原因。

選用*K*系列材料時應以含鈷量愈低愈好，因鈷量愈低，刀具愈硬，對刀具讓面之耐磨性愈大，對刀具壽命更爲有益。

② *P*系列燒結碳化物

主要成分爲於*K*系列中添加TiC，形成二元複碳化物WC-TiC-Co 系合金。此系列之刀具發生熔著現象時，刀具微粒之破壞影響較小，爲最耐凹陷磨耗的材料。

此系列製成的刀具以青色表示，用於切削形成長而連續切屑之工件材料，如高抗拉強度之鋼、鑄鋼、不銹鋼、展性鑄鐵、合金鋼等。

高速切削高抗拉強度材料之切屑呈連續長條狀，加於刃口上的切削阻力有隨之增大的傾向。因切屑流動方向使具有高溫的切屑與刀面經常保持接觸，使此接觸部位比刀鼻部分更易磨耗，致使刀面發生凹陷現象(cratering wear)。

此系列所含 TiC 具有耐凹陷磨耗的性能，故刀具之 TiC 含量愈高產生凹陷深度愈淺，然其韌性降低，不宜切削切削性不良的工件。

③ *M*系列燒結碳化物

主要成分爲於*P*系列中添加TaC，形成三元複碳化物WC-TiC-TaC-Co 系合金，它不但具有耐凹陷磨耗性，並且具有相當的強度及韌性以增強刀具變形阻力。

此系列製成的刀具以黃色表示，用於切削鑄鐵與鋼的中間材料(在不連續與連續之間)如抗拉強度大而難於切削的高錳鋼、沃斯田鐵系鋼、合金鑄鋼、不銹鋼，也可以切削鋼、鑄鐵、及可鍛鑄鐵等。

因切削抗拉強度大的工件材料時，不但切削阻力大而且切屑成長條狀，使刀具刃口附近發生凹陷磨耗及碎屑現象。

*M*系列介於*K*系列與*P*系列之間，高溫硬度及抗壓強度比*P*系列較大，切削時可使刃口產生較低層次的塑性變形。故選此系列可使刀具的碎屑現象減至最低程度。

表 1.3 示燒結碳化物主要成分及特性。表中材料*K*01、*M*10、*P*01等分類記號的數字本身沒有意義，但各系列中的數字愈小，愈適用於高速精密切削，數字愈大時愈適於低速重切削用或鉋床鉋削用。

6. 被覆硬化物(coated carbide)刀片

被覆刀片發展的原因是碳化物用捨刀片(throw-away tips)之盛行，當丟棄的刀具仍有 99 %材料僅表面產生凹陷(crater)而使刀片崩裂喪失切削功能。工程界爲解決凹陷的方法，推出被覆碳化物刀片。

(1) 被覆刀片原理

選取韌性較佳的碳化材質(如*P*系列碳化物)作基質(substitude)，而在其表面使用耐磨性佳、潤滑性佳及熱傳導性較差的物質，如碳化鈦(TiC)、氮化鈦(TiN)、氧化鋁(Al_2O_3)、氮化鉿(HfN)等利用物理方法被覆於基質表面，以達到抗拒凹陷的效果。

表 1.3　燒結碳化物之主要成分及特性

材料記號	色別	切削範圍	ISO分類	成分(%)[參考]					切削性能	切削條件	硬度 R_A	橫向破壞強度 kg/mm²	導熱係數 Cal/cm℃
				W	C	Ti	Ta	Co					
K	紅色	鑄鐵、硬鑄件、形成不連續切屑之可鍛鑄鐵、硬化鋼、非鐵金屬、合成材料	*K*01	83～91	5～7	0～2	0～3	3～6	耐磨性增強（耐讓面磨耗增強）↑	切削速度增高↑	91.5 以上	100 以上	0.19
			*K*10	84～90	5～6	0～1	0～2	4～7			90.5 以上	120 以上	0.19
			*K*20	83～89	5～6	0～1	0～2	5～8			89 以上	140 以上	0.19
			*K*30	81～88	5～6	0～1	0～2	6～11			88 以上	150 以上	0.17
			*K*40	79～87	5～6	—	—	7～16			87 以上	160 以上	0.16
M	黃色	對形成長切屑及短切屑材料多目標加工，如鋼、鑄鐵、高錳鋼、球狀石墨鑄鐵、合金鑄鐵、可鍛鑄鐵、沃斯田鐵系鋼、易削鋼	*M*10	70～86	6～8	3～11	0～11	4～9	韌性增高（耐凹陷磨耗增強）↓		91 以上	100 以上	0.12
			*M*20	70～86	5～8	2～10	0～10	5～11			90 以上	110 以上	0.15
			*M*30	70～86	5～8	2～9	0～9	6～13			89 以上	130 以上	—
			*M*40	65～85	5～7	1～7	0～7	8～20			87 以上	160 以上	—
P	青色	鋼、鑄鐵、形成連續切屑之可鍛鑄鐵	*P*01	30～78	7～13	10～40	0～25	4～8		進刀增大↓	91.5 以上	70 以上	0.04
			*P*10	50～80	7～10	8～20	0～20	4～9			91 以上	90 以上	0.07
			*P*20	60～83	6～9	5～15	0～15	5～10			90 以上	110 以上	0.08
			*P*30	70～84	6～8	3～12	0～12	6～12			89 以上	130 以上	0.14
			*P*40	65～85	6～8	2～10	0～10	7～15			88 以上	150 以上	0.14
			*P*50	60～83	5～7	2～8	0～8	9～20			87 以上	170 以上	—

⑵ 被覆刀片方法

先將欲被覆的刀片研磨至所須尺寸與形狀，然後均勻地置入密閉的被覆爐中，再依欲被覆的種類由爐壁噴入氮、碳、氩、鈦、鉭、鉛等各類稀有、惰性氣體燃燒。燃燒溫度、時間、壓力等的控制直接影響被覆刀片的性質。被覆的層數以單層居多，也有二、三層。被覆總厚度約為0.005～0.0075mm。

⑶ 被覆碳化物刀片種類及切削性能

初期的被覆刀具著重於切削速度的提高；較新的觀念則對被覆母材及刀片形狀的改良，以提高進給率。

① 氮化碳被覆刀片：與一般碳化物刀片比較，它含有下列幾種特性：

❶ 耐凹陷。

❷ 結晶顆粒較細及較均勻，韌性較佳。

❸ 其為惰性被覆，被覆層甚為緊密，內含基質對其影響甚少。

❹ 摩擦係數甚小，因此工件與刀片間之摩擦力降低，在切削時溫度升高有限而較易保持刀片的壽命及工件的精度。

❺ 潤滑性甚佳，刀鼻磨耗大幅度減少，因此較易達成較高的表面粗糙度。

❻ 耐震動及耐衝擊力亦甚佳。

② 碳化鈦被覆刀片：與氮化鈦被覆刀片一樣具有上述各項優點，唯與之比較，要稍差些，但耐磨性卻比氮化鈦更佳。

③ 氧化鋁被覆刀片：此種被覆基本上為陶瓷(ceramic)質的被覆，具有下列幾種特性：

❶ 高速切削性，約可高出普通碳化物刀片的一倍。

❷ 耐磨耗性甚佳。

❸ 抗凹陷性甚佳。

❹ 耐積屑刃口(built-up edge)形成的效果亦甚佳。

7. 陶瓷刀具(ceramic tool)

陶瓷刀具主要含98～99％之氧化鋁Al_2O_3。因氧化鋁之橫向破壞強度極低，必須磨成粉末，添加少量其他金屬氧化物，如MgO、TiO、NiO，或結合劑，再經高壓(1×10^6psi)成形，於2910～3090°F之溫度中燒結。陶瓷刀具的切削性能如下：

⑴ 陶瓷刀具為結晶構造，硬度高達R_A 93～94，耐磨性高。

⑵ 橫向破壞強度為9×10^4psi，呈脆性不能受衝擊。

⑶ 熱傳導性極低(約0.05cal/cm℃)，故切削溫度達2000°F尚能維持其硬度，切削速率比碳化物高2～3倍。

⑷ 不易與工件材料發生親和性(affinity)，熔著刃口之情形亦極少發生，故耐凹陷磨耗性良好。

⑸ 摩擦係數很低，僅需用碳化物刀具動力之80％。

陶瓷刀具切削效能影響之因素：

若以碳化物刀具切削會激烈磨耗而不易切削的工件材料，或比碳化物刀具更高的切削速率均可使用陶瓷刀具，但不能使用於碳化物刀具會容易碎裂之工件材料的切削。

⑴ 工具機之剛性及正確度為必要條件。機器主軸鬆動、不正確或不平衡等均使陶瓷刀具發生碎屑及提早損壞。

⑵ 工具機必須足夠馬力以維持高速切削。

⑶ 刀片及刀柄之夾持剛性與工具機之剛性同等重要。

⑷ 切削碳鋼時應用5～7°之負傾角以減少直接對刀具之壓力。切削鑄鐵及非金屬材料則用零傾角。

⑸ 較大刀鼻半徑及側刃角可減少刃口碎屑的機率。

⑹ 刀具刃口必須小心地細磨(honed)，以增加避免發生刃口碎屑。

⑺ 夾持刀片要小心，以免過大應力而使刀片碎裂。

⑻ 不論是否使用切削劑，陶瓷刀具於切削時能保持常溫狀態。

⑼ 使用防護片以保護刀片免受切屑的衝擊。

8. 陶瓷金屬(cermets)

Cermets一字來自Ceramic＋Metals，初期僅用陶瓷(氧化鋁)與另外一種金屬高壓合成後，使耐高溫及耐磨的氧化鋁具有金屬的延展性。

陶瓷金屬是以氧化鋁爲結合劑，最初發展成功者，使用15～30％之碳化鈦(TiC)，加上高純度之氧化鋁。後來亦有在氧化鋁中加鉬、碳化鉬或碳化鎢等。近來亦有加上結晶氮化硼，除有較高硬度外，尙比純陶瓷有較高韌性，用以切削極高硬度(表面硬度Rc70，內部硬度Rc60)之鑄鐵及高週波硬化之米漢納(Meehanite)鑄鐵。

陶瓷金屬之熱安定性及化學安定性較碳化物刀具佳，因其主要成分爲TiC對Fe的溶解度比碳化物刀具的WC對Fe的溶解度低。

陶瓷金屬之韌性及耐塑性變形較差，因此限制了此型刀具的使用範圍。爲改善此項缺點，陶瓷金屬加入TiN或TaN以改善刀具材質。

9. 立方晶體氮化硼(cubic boron nitride)

立方晶體氮化硼簡稱CBN，係將六方晶氮化硼經由觸媒在高溫 1500℃以上及高壓 40000kg/cm^{2}以上燒結成型。其結合劑以Co爲主成份，燒結時碳化物母材WC-Co合金的共晶成份浸入在CBN粒子間構成結合相。

CBN 刀具之性能受到 CBN 晶粒大小、含有量、結合劑等因素之影響，應依加工材料選用合適的刀具。CBN的切削性能如下：

⑴ 硬度 Knoop 4500kg/mm^2，僅次於鑽石刀具 9000kg/mm^2，故其耐磨性佳。

⑵ 熱傳導率 0.09 kCal/cm-sec℃，故其紅硬性佳。

⑶ 化學安定性良好，不會和鐵、鈷、鎳等金屬產生親和現象。

⑷ CBN刀具形狀之設計正確時相當耐衝擊，也可以做斷續切削或重切削鑄件不規則表面等。

⑸ 在 1830°F時尚可維持相當程度的紅熱硬度及強度，故可以高速切削難切削的材料。

⑹ 專門切削難於切削的材料，如高硬度淬火鋼、高速鋼、不銹鋼、冷激鑄鐵等。

10. 鑽石刀具(diamond tool)

欲製造以μm爲單位之工件精度，以及特殊材料或特殊形狀之工件，或光學上使用的零件、產品等，利用高品質的鑽石刀具切削是相當有效率的，有時候是唯一可行的加工方法。

鑽石刀具通常是在眞空中或大氣壓下以銅焊方式銲接在鋼質刀柄上。因其很容易受損，在不使用時刀刃必須套上塑膠護套或橡膠護套。

工具機的剛性對鑽石刀具切削加工有很大的影響，任何的振動或突然的撞擊都會損壞刃口，減低刀具壽命。爲確保極高的切削速度，工具機主軸的馬力必須足夠，以降低刃口承受的壓力。鑽石刀具切削時使用切削劑(煤油或低密度的機油)可達冷卻作用以減少刀具磨耗，使切屑較易排除。

⑴ 鑽石刀具的幾何形狀

鑽石的晶體結構是呈八面體晶體分佈，被切開後的平面是與晶體的表面平行。因此，鑽石刀具的強度和抗磨耗性依據它和工件間的角度來決定。為了使這種質地堅硬的八面晶體切削刃口有最長的壽命，其切削平面必須相交成為72°的內角(included angle)，而刀具的形狀也須有較高的切削點(cutting point)角度。

切削工件時，若鑽石刀具的方位是沿著其分裂的平面，則軟性磨耗(soft wear)的區域將產生，會造成過多的磨耗、刀具的破裂或碎屑的產生。

單晶的鑽石刀具在做最後的表面拋光能力或在刀具壽命的長短方面，都是其他種類的刀具所無法比擬的。尤其是高精密度的光學零件之切削，往往唯一採用的是鑽石刀具。

⑵ 鑽石刀具的切削性能

鑽石刀具的切削特性依鑽石含量及粒度而改變。鑽石粒度小者，其韌性高、耐磨耗性低，因此，應依工件材料選粒度適中的鑽石工具。鑽石刀具的切削性能如下：

① 鑽石的硬度為Knoop $9000kg/mm^2$是所有其他刀具材料最高者，比碳鋼大4倍。故其耐磨耗性要高於任何其他刀具材料。

② 鑽石有非常高的熱導能力(熱導係數0.35Cal/cm℃)，熱脹係數低($0.9\sim1.18\times10^{-6}$1/℃)，塑性變化係數係(楊氏係數 $1\times10^{12}dyne/cm^2$)，比熱0.12，可將切削熱傳導出去，而使刀具原有的幾何形狀不致於改變。

③ 鑽石的惰性化學結構，於切削工件時，鑽石表面不易有堆積切屑的現象，故工件表面的粗糙度不會受到切屑的刮傷。

④ 鑽石的惰性化學結構，使它不易受到酸性或其他化學物質的侵蝕。

⑤ 鑽石在高溫時會開始氧化，溫度在600℃時其表面會產生一層黑色的物質，在1500℃時產生石墨化的現象，在2100℃時鑽石會變成石墨。

⑥ 鑽石的材質是非常脆硬，耐衝擊性及耐振動性均非常差。

⑦ 鑽石刀具適合切削鋁合金、陶瓷合金、碳化鎢合金等工件材料。

⑧ 鑽石刀具不適合切削含碳的材料及鐵質的金屬，因爲加工時所產生的高溫會使材料本身產生化學反應。

1.6 刀具材料選擇考慮的因素

選擇刀具材料必須考慮工件材料之切削性、切削條件、切削方式、工具機的性能等因素。

1. 工件材料之切削性

工件材料被切削的難易程度稱爲切削性。影響切削性的因素很多，唯抗拉強度爲選定刀具材料考慮的重要因素之一。一般材料之抗拉強度在 4×10^4psi以下者稱爲低抗拉強度，4×10^4psi以上者稱爲高抗拉強度。

刀具材料需要之韌性與刃口承受之壓力成正比，而所需的高溫硬度則與產生的熱量成正比。

切削低抗拉強度的材料比較容易，選用刀具以常溫硬度爲最重要之考慮因素，有時稍需高溫硬度，而韌性不太影響者，以燒結碳化物爲最適宜。

切削高抗拉強度的材料比較困難，將產生甚高之壓力及熱度，故刀具之韌性及高溫硬度均爲重要因素。若低速切削時，選用高速鋼最好。若高速切削時，則選用燒結碳化物。

2. 切削量

切削量包括進給及切削深度。就選擇刀具材料觀點論，進給較切削深度爲重要。

在一定的切削深度，進給愈大者切削量亦愈大，刀具承受之壓力增加，則愈需韌性。

如切削深度超過限制，將使刀柄向下或側面彎曲，甚至破裂，故切削深度愈深時，刀具韌性及刀柄之剛性應予增加。

3. 切削方式

切削方式有連續切削(continuous cut)及間斷切削(interrupted cut)。

連續切削爲極均勻之切削，各切削點之切削深度相同，刃口承受之壓力不致於遽增，故其所用刀具之韌性較低，可選用燒結碳化物。

間斷切削爲不均勻之切削，刀具刃口常遭突然震動，當衝擊瞬間，切屑形成點正位於刀具刃口，刃口承受之壓力極大，故間斷切削所用刀具之韌性較高，可選用高速鋼。

4. 工具機的性能

綜合上述選擇刀具材料考慮之各項因素有一共同原則：切削速度若不受限制可以儘量提高，則刀具之紅硬性甚爲重要，以選用燒結碳化物最適宜。如速度受限制，則刀具韌性遠較紅硬性重要，尤以切削鋼料爲甚。所謂切削速度須受限制之情況爲馬力較小或陳舊之工具機，因其結構鬆動剛性不足，除採用低速及大進給的切削方式外，不能採用高速切削，故刀具韌性爲最重要，以選用高速鋼最適宜。

習題 1.3

1. 試述刀具材料必備之主要性能？
2. 試述刀具材料硬度之表示法？
3. 刀具材料在何種情況下始稱具有紅硬性？
4. 刀具材料有哪些種類？
5. 何謂18-4-1高速鋼？
6. 試述高速鋼之切削性能？
7. 試述非鐵鑄合金有之切削性能？
8. 結合劑在粉末冶金術中有什麼功用？
9. 試述K、M、P系列燒結碳化物之主要成分？
10. 試述K系列燒結碳化物之切削性能及適於切削哪類工件材料？
11. 試述M系列燒結碳化物之切削性能及適於切削哪類工件材料及其理由？
12. 試述P系列燒結碳化物之切削性能及適於切削哪類工件材料及其理由？
13. 試述被覆刀片之原理？
14. 試述氮化鈦被覆刀片之切削性能？
15. 試述陶瓷刀具之切削性能？
16. 何謂陶瓷金屬？
17. 試述陶瓷金屬之切削性能？
18. 試述CBN刀具之切削性能？
19. 試述鑽石刀具之切削性能？
20. 試述選擇刀具材料考慮之因素？

1.7 刀具刃角的功能

切削工作的目的是加工材料成所需的機件形狀、精確尺寸、合適的表面粗糙度。而機件的形狀及表面粗糙度係受到刀具形狀和刀具與材料間之相對路徑。爲有效的發揮刀具之切削效率及維持刀具壽命，必須選用正確的刀具形狀。刀具形狀係由各部位的角度所構成，因此，切削時刀具所能承受的切削力、刀具磨耗、加工面粗糙度、切屑排除、動力消耗等皆與刀具之角度有關。

單刃刀具與多刃刀具之幾何形狀基本上是相同。雖然不同的刀具有不同的名稱，但在切削作用的功能是一樣。本節以單刃刀具——車刀爲例說明各部位角度的功能。

車刀分爲刀刃及刀柄等兩個主要部位。刀刃係裝配刀柄端，包括刃口、刀面、側刃角、端刃角、讓角、傾角、刀鼻半徑等，如圖1.22示，刀柄則固定在工具機刀架上，使刀刃做切削工作。車刀各部位角度均以刃口爲基準，因此，刀具角度亦表示刀具如何對工件的定位。

1. 刀柄(shank)

   刀柄爲刀具的主體，一端焊接或夾置刀具片，另一端固定於工具機刀架上。刀柄大多數以中碳鋼或高碳鋼製成，須有足夠的強度以承托刀具片，於切削時能夠抵抗被削材料的反作用力及切削壓力。刀柄以寬度×高度×長度表示。刀具強度與長度無關，僅考慮刀柄的斷面積。

2. 刃口(cutting edge)

   單刃刀具有兩個刃口：主切刃口及次切刃口。主切刃口爲切除工件材料，產生切削面及已加工面的刃口；，次切刃口爲控制工件已加工面之粗糙度的刃口。

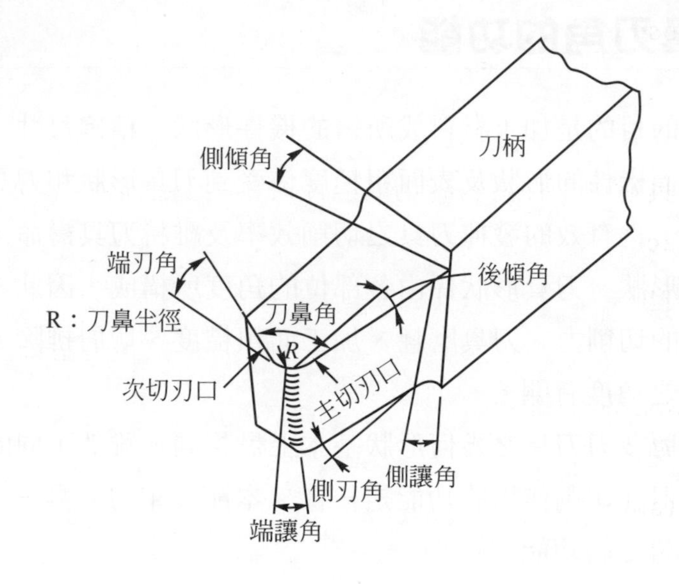

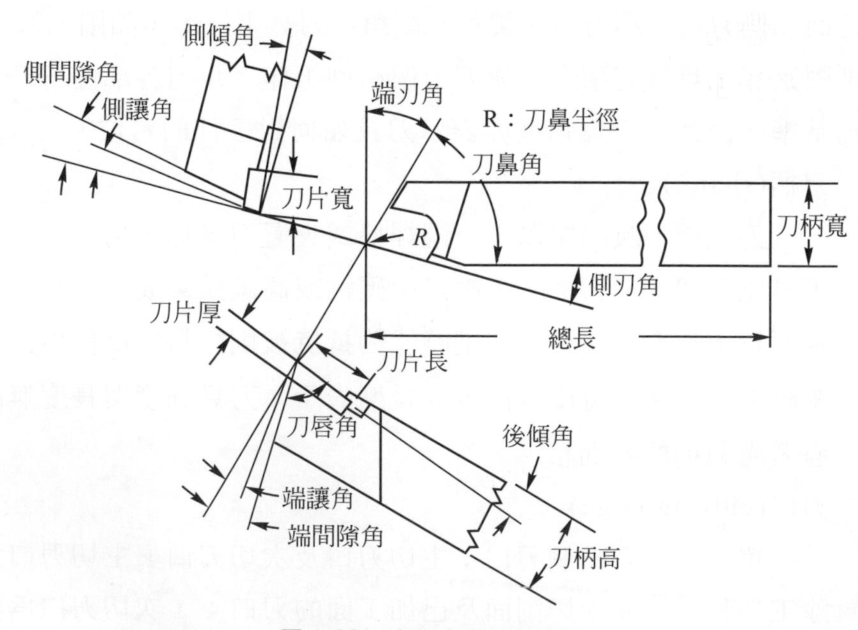

圖 1.22　車刀主要部位名稱

3. 刀鼻(nose)

主切刃口與次切刃口相交的部份稱爲刀鼻(nose)。

4. 刀面(face)

刀具切削工件材料時切屑所流經的刀具面稱爲刀面或傾角面(rake face)。其功用爲排除切屑。

5. 刀腹(flank)

刀具切削工件材料時讓開工件已加工面及切削面之刀具面稱爲刀腹或讓面(relief face)。其功用爲減少刀具與工件材料之摩擦，避免刀具過度磨耗。

6. 側刃角(side cutting edge angle)

側刃角爲刀具主切刃口與沿刀柄邊緣而平行於刀具軸線所夾的角度。其主要功用如下：

⑴ 控制切屑流向及切屑厚度與寬度：由實驗可知，切屑之流向大約與主切刃口垂直，在一定的切削條件下，若改變側刃角，切屑之流向將隨之改變，如圖 1.23 示。

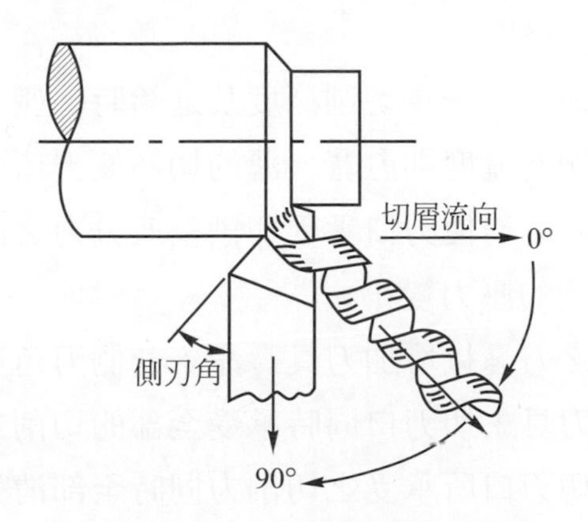

圖 1.23 側刃角對切屑流向之影響

切屑厚度係由主切刃口垂直測量，理論上，若側刃角爲零，切屑厚度等於進給量，如圖1.24(a)示；若側刃角不爲零，切屑厚度恆少於進給量，如圖(b)示。

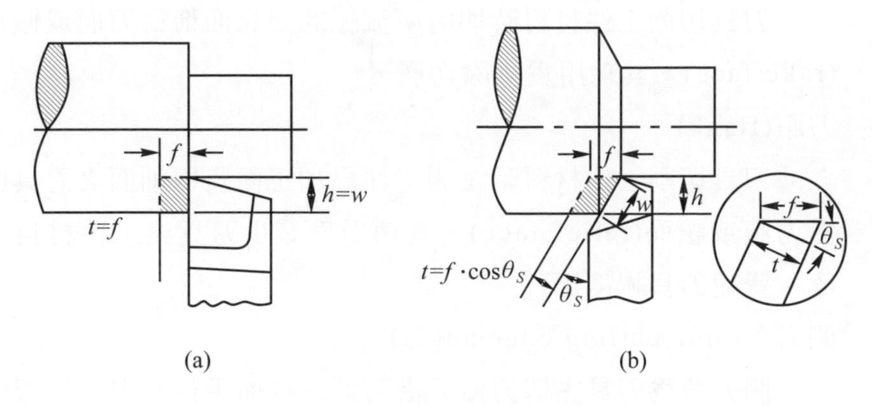

圖1.24　側刃角對切屑厚度之影響

設　切屑厚度t　　切削寬度w　　切削深度h

　　側刃角θ_s　　進給量f

則　$t=f\cdot\cos\theta_s$

　　$w=h/\cos\theta_s$

由上式可知，在一定切削深度及進給時，側刃角愈大，切屑厚度愈薄，切屑寬度則愈寬。薄的切屑使刃口所受切削垂直分力變小。寬的切屑使刃口承受切削垂直分力之面積分佈大，單位面積所承受的壓力變小。

(2) 保護刀具之刀鼻以增加刀具壽命：若側刃角爲零，在開始進刀之瞬間，刀具主切刃口同時承受全部的切削力；在切削終了之瞬間，主切刃口所承受之切削力同時全部消失；此突然產生及消失之衝擊力較大，易使刀具刃口崩裂。反之，刀具有側刃角時，開始進刀之切削力並不施加於刀鼻，而施於切刃口之中間，如圖1.25，繼續進刀後，其他部位始慢慢切入工件，得以減輕承受衝擊；又當切削終了之際，刃口亦係慢慢離開加工面，逐漸減少切削力，以免刀具突然釋放使負荷遽增引起崩裂。

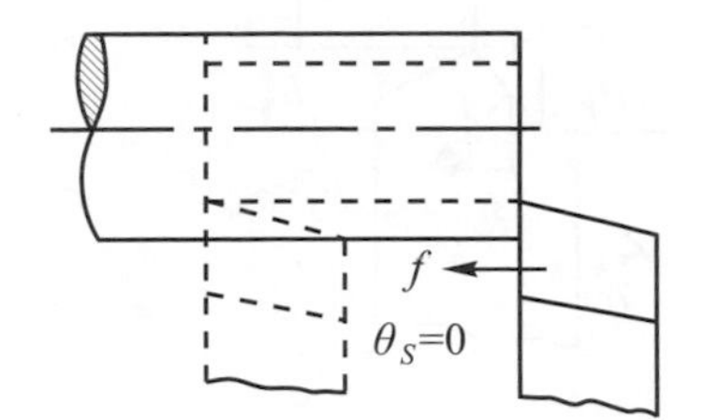

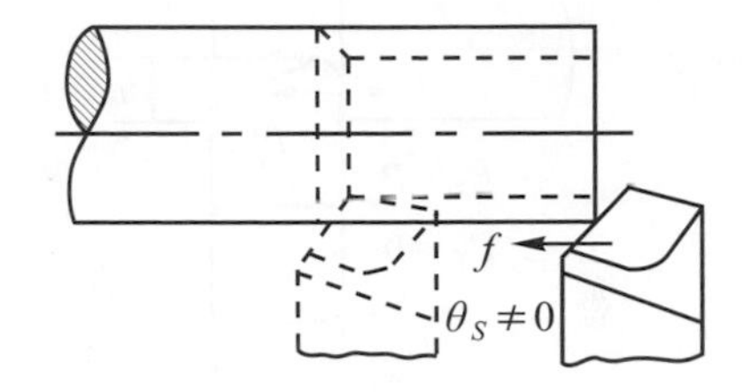

圖1.25　側刃角保護刀鼻

切削鑄件或鍛件等硬皮的工件材料，刀具之側刃角更爲重要。若側刃角爲零，則刀鼻直接觸及硬銹皮磨耗甚大。如以側刃角切削，則切刃口之中間先觸及銹皮，較弱的刀鼻不與之接觸。

(3) 側刃角產生刀具之反作用力可減少切削顫震：若側刃角爲零時，刀具對工件之進給壓力P等於工件對刀具之反作用P'，如圖1.26(a)示，P對工件彎曲之影響甚微，但常使刀具產生側向彎曲。若有側刃角則反作力P'分解爲軸向分力P_X'及徑向分力P_Y'，如圖(b)示，如此，P_X'小於P'，使工件對刀具的反作用力減少，而且由於徑向分力P_Y'之作用使車床複式刀座滑板緊靠於螺桿，可避免齒隙游動而發生顫震現象。

(4) 側刃角減少刀面磨耗：以相同切削深度言，刀具之側刃角較大者主切刃口與切削面之接觸較長，切削力平均作用於刃口，不但可減輕刃口之受力，並使切屑厚度變薄，故刀面之磨耗深度較淺，側刃角較小者主切刃口與切削面之接觸較短，切削力集中於刃口。由此可知，刀具主切刃口之長度不同，承受切削力亦不同，則其磨耗程度各異。

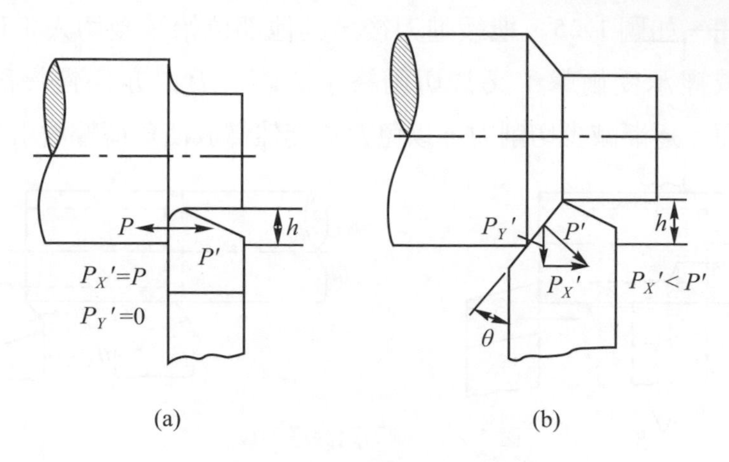

圖 1.26　側刃角對切削力之影響

7. 端刃角(end cutting edge angle)

端刃角為刀具次切刃口與沿刀柄端緣而垂直於刀具軸線之垂線所夾的角度。當刀具主切刃口切削時，端刃角使次切刃口避免擦傷已加工面。端刃角太小時刀鼻角變大，將使刀具不易切入工件，次切刃口與已加工面接觸亦較大，對工件產生很大的壓力，易引起切削顫震。端刃角太大時刀鼻角變小，會減弱刀鼻的剛性。

實際上，端刃角對切削作用並非依研磨角度的大小而定，而是刀具裝於刀架上，次切刃口已與加工面所形成的角度稱為工作端刃角(working end cutting edge angle)，如圖 1.27 示，故工作端刃角可大於、等於或小於磨成角度。

工作端刃角決定主切刃口與欲加工面間之位置，在一定的切削深度及進給時，其位置改變將影響切屑厚度及刃口之受力。工作端刃角大者使主切刃口與切削面接觸較長，形成之切屑寬度變寬、厚度變薄，刀面之受力就小，但切削面較長時刀具容易發生顫震。

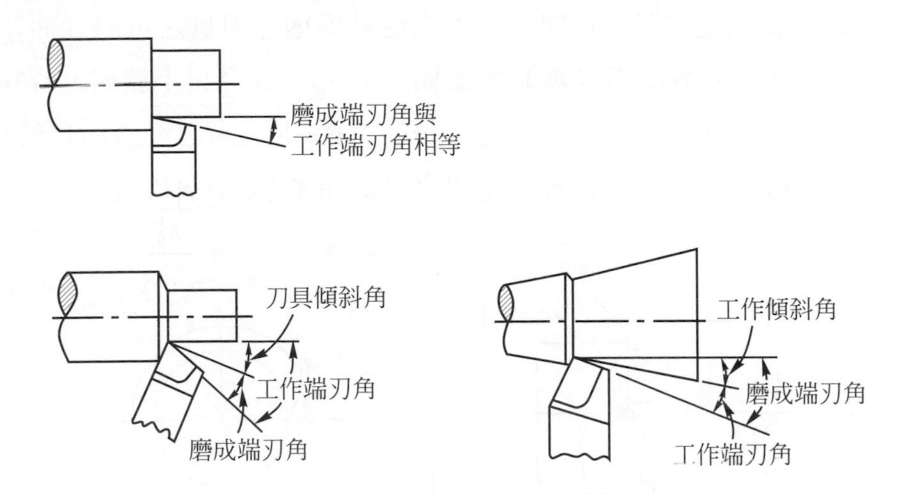

圖 1.27　磨成端刃角與工作端刃角

8. 讓角(relief angle)

工件之切削面或已加工面與刀腹間所夾角度稱爲讓角，分爲側讓角(side relief angle)及端讓角(end relief angle)，如圖 1.28 示。

讓角的大小依照工件材料的性質而定：

① 切削軟性及延性工件材料時選用大讓角，使刀唇角變小，以減小刀具切入工件之作用力，而增加切削效率。

② 切削硬性及脆性工作材料時選用小讓角，使刀唇角變大，以增強刃口之支持力。

讓角大小對刀具磨損之影響：

① 讓角太小則刃口不易切入工件，刀具讓面會與工件切削面或已加工面發生甚大的摩擦，產生大量之切削熱，促使刀具加速磨耗，影響已加工面粗糙度。

② 讓角太大將使刀具插入工件並發生顫震或減低刃口強度，切削時刃口易產生碎屑或變形而損壞。

③ 讓角適宜時，在同一寬度之磨耗區內，刀具之可磨耗面積較大，可延長刀具壽命。如圖 1.31 示，讓角α_1小於α_2，若其磨耗寬度VB相同，則α_2之可磨耗體積VV_2比α_1之可磨耗體積VV_1較大。同時，其刃口位置之磨耗量KV_2亦比KV_1大。

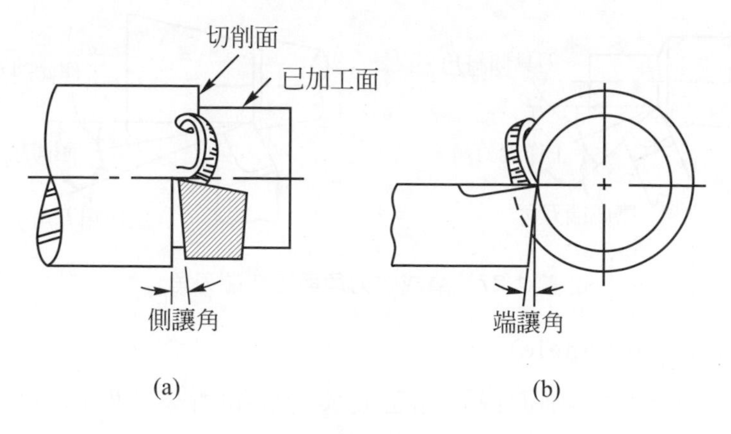

圖 1.28　讓角

(1) 側讓角：主切刃口下之刀腹與自主切刃口向刀具底座之垂線間的夾角，如圖 1.28(a)示。使主切刃口與工件切削面之間有一間隙，讓刀具主切刃口切入工件時減少讓面及切削面間之摩擦，以降低讓面之磨耗。

刀具刃口位置對側讓角之影響：

如圖 1.29 示，圖(a)車刀磨成側讓角 7°，切削工件直徑D爲 125mm，車刀刃口高於中心 1.5mm，則刀具偏斜角爲$1°23'$，故工作側讓角變爲$5°37'$，即側讓角變小，此刀具主切刃口與切削面之接觸面積增大，容易使讓面磨耗。圖(b)車刀刃口低於 1.5mm，則工作側讓角爲$8°23'$，主切刃口承受切削壓力增大，易引起刀具崩裂。若$D = 20$mm，刃口高於或低於中心 1.5mm，刀具偏斜角$A=\sin^{-1}(1.5\div10)=8^\circ38'$。若刃口高於中心 1.5mm，則工作側讓角變爲 $7^\circ-8^\circ38'=-1^\circ38'$，此時刃口已無法切入工件。若刃口低於中心 1.5mm，則工作側讓角變爲 $7^\circ+8^\circ38'=15^\circ38'$，容易使刀具磨耗，或插入工件而嚴重損壞刀具。

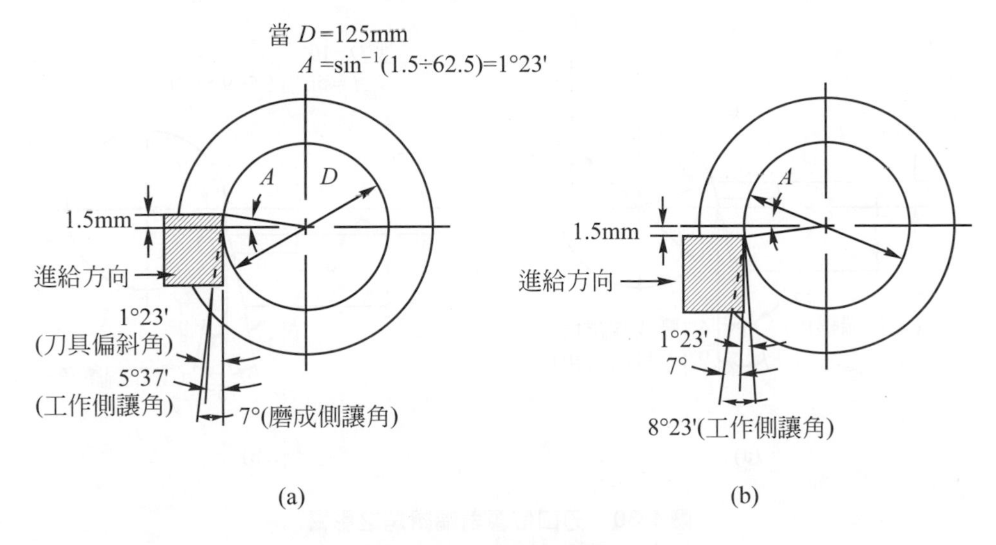

圖 1.29　刃口位置對側讓角之影響

⑵ 端讓角：次切刃口下之刀腹與自次切刃口向刀具底座之垂線間的夾角，如圖 1.28(b)示。使次切刃口與已加工面之間有一間隙避免摩擦，讓刃口容易切入工件。

刀鼻下之讓角爲側讓角及端讓角混合而成，在減低刀具刃口與切削面及已加工面間之摩擦損耗，亦使刃口容易切入工件。

車刀刃口位置對端讓角之影響：

車刀刃口位置若高於或低於車床中心，或工件材料直徑被切削而變小，均足以影響磨成讓角對切削工作的實際角度，此種在切削工作時的讓角稱爲工作讓角(working relief angle)。

如圖 1.30 示，圖(a)工件直徑D爲 19mm，車刀刃口高於中心 1.5mm，刀具偏斜角A應爲 9°，故工作端讓角變爲負 3°，即端讓角變小，此時刀具切入工件困難，切削工件表面很粗糙。圖(b)車刀刃口低於 1.5mm，則工作端讓角增大爲 15°，刀鼻承受切削壓力增大，容易引起插刀或工件跳動現象。

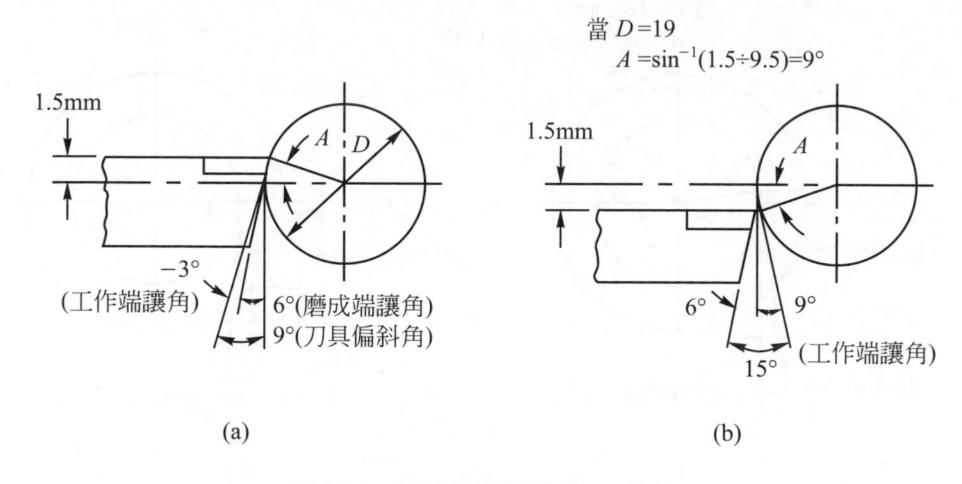

圖 1.30　刃口位置對端讓角之影響

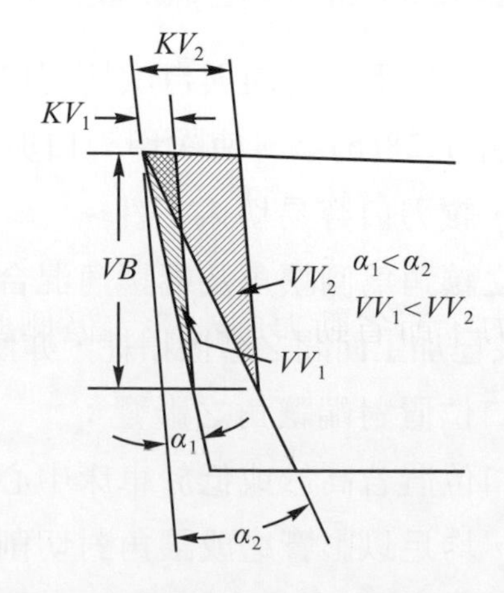

圖 1.31　讓角對刀具刃口磨耗之影響

9. 傾角(rake angle)

刀面的斜度對切削之進行影響甚大，它不但控制切屑流速及流向，而且會控制切屑的形狀。

就切屑流向的斷面考慮傾角：一般取垂直主切刃口方向斷面的側傾角(side rake angle)與刀具軸方向斷面後傾角(back rake angle)。

以刀具之縱向進給言，側傾角是與切削力有關的傾角。以刀具之橫向進給言，後傾角是與切削力有關的傾角。故通常在刀面上自主切刃口向後研磨側傾角，自次切刃口向後研磨後傾角，如圖 1.32 示。

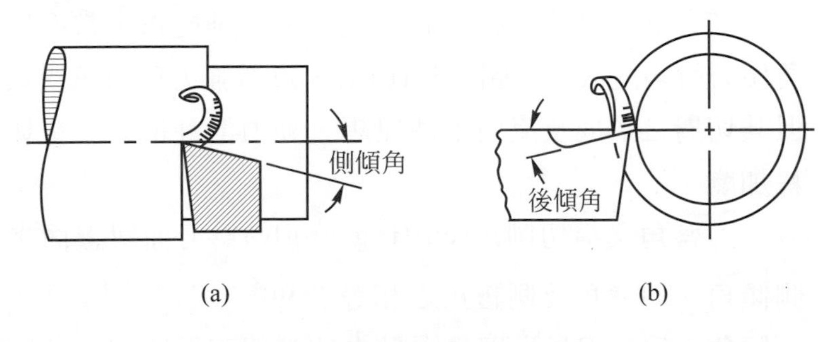

圖 1.32 傾角

(1) 側傾角：爲自刀具主切刃口成垂直方向之切線與刀面所夾之角度，如圖(a)示。側傾角與側讓角形成刀具主切刃口，並決定刀具爲右手切削或左手切削。

理論上，側傾角較大時對切屑之流速較有幫助，並可減輕切削軸向分力，節省動力的消耗。但側傾角過大時則刀唇角(lip angle)變小，如圖 1.33(a)示，刀具抗壓面積亦變小，易使刃口碎屑或崩裂；同時，切削熱大多集中於刃口，散熱面積小，刃口易因過熱而軟化。

若是適當的傾角則刀唇角適中，如圖 1.33(b)示，不但有足夠的抗壓面積承受切削垂直分力，而且散熱面積亦大，可維持刃口之高溫硬度。

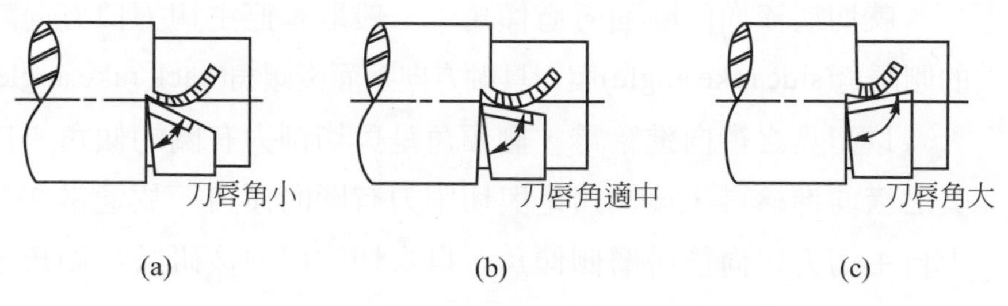

圖 1.33　側傾角對刃口受力之影響

在間斷切削或須較大的切削力及切削能量，常採用負側傾角使刀唇角變大，如圖 1.33(c)示，以增強刃口所承受之負荷，但其切屑之形成及流向不甚理想，動力消耗增大，主切刃口磨耗加劇。

刀唇角又稱切削角(cutting angle)爲刀面與讓面之夾角。側傾角、刀唇角及側讓角之和等於 90°。

(2) 後傾角：爲自刀鼻沿刀具縱軸之切線與刀面所夾之角度，主要功用爲控制切屑流速及流向，改變與控制切削徑向分力，及保護刃口。依研磨刀面之傾斜方向可分爲正後傾角、負後傾角及零後傾角。

正後傾角對刃口受力之影響：正後傾角之刀面係由主切刃口沿刀具軸向或徑向向下傾斜，如圖 1.34(a)示，切削工件材料時，使切屑流離已加工面，切削垂直分力通過端讓面，使刀具次切刃口受剪力作用。就所需動力及切削的觀點言，正後傾角之切削效率最好，因爲正傾角形成之刀唇角在 90°以下，刀具切入工件較容易，切屑之形成時以剪斷方式而非壓縮及推擠成片，其所需切削力較小。

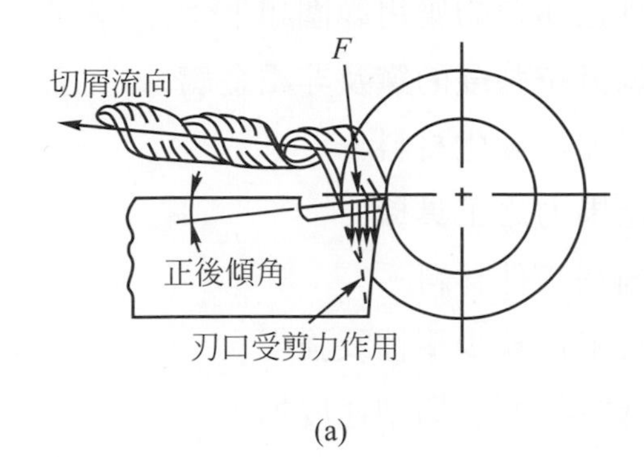

(a)

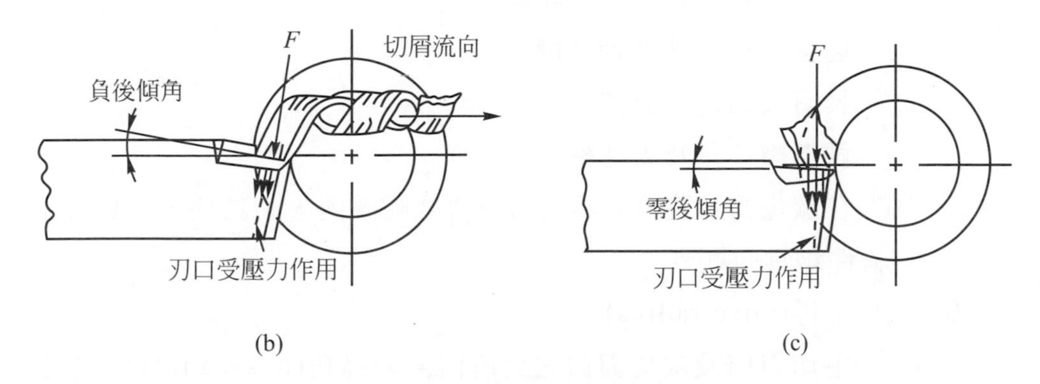

(b) (c)

圖 1.34 後傾角對刃口受力之影響

負後傾角對刃口受力之影響：負後傾角之刀面係由主切刃口沿刀具軸向或徑向向上傾斜，使刀唇角在90°以上，如圖1.34(b)示，切削工件材料時，切屑流向已加工面，切削垂直分力與端讓面平行通過刀面，可以增強刃口承受更大的切削負荷。欲使負後傾角發揮效果，須使用能做高速切削的刀具材料，因爲在高速切削範圍內，傾角對刀具壓力的作用較小。

零後傾角對刃口受力之影響：零後傾角使刀具之刀唇角接近90°，如圖1.34(c)示，切削時切屑與已加工面平行流出，切削垂直分力鉛直通過側讓面，使刀具主切刃口受壓力作用。

刀具正傾角的應用範圍如下：

① 切削低抗拉強度的鐵及非鐵金屬。
② 切削已加工硬化材料。
③ 使用低馬力之工具機。
④ 切削細長工件材料。
⑤ 夾具及工件缺少剛性及強度。
⑥ 必須低於推薦的切削速度加工。

刀具負傾角的應用範圍如下：

① 切削高抗拉強度合金鋼。
② 具有大馬力工具機。
③ 做斷續切削及大進給。
④ 在碳化物及瓷質刀具之切削速度範圍內，工具機、刀具及工件均具有剛性。

10. 刀鼻半徑(nose radius)

主切刃口及次切刃口之夾角稱爲刀鼻角(nose angle)，亦是刀面承受切削力及切削熱最大的部分。由於主切刃口及次切刃口之讓面而減弱刀鼻強度，因此刀鼻常會斷裂，故在刀鼻處磨成圓弧以增強刀具刃口及改善已加工面之粗糙度，此圓弧之半徑稱爲刀鼻半徑。

刀具若不研磨刀鼻半徑，不但加工面粗糙，而且切削力集中於刀鼻，容易造成刀鼻磨耗或崩裂。

就切削效果言，刀鼻半徑愈大者切削力分佈於圓弧面，使刃口所受單位切削力及熱量減少，對防止刀鼻崩裂的效果愈佳。但在同樣地切削條件下，大刀鼻半徑與工件之接觸面較長，所形成之切屑寬度亦比小刀鼻半徑所形成之切屑較寬，亦是易引起刀具顫震之原因。故在正常切削情況下，切屑突然變成細薄，即表示刃口已變鈍，刀鼻半徑變大，很容易引起刀具迅速磨耗。

選擇刀鼻半徑R時須考慮切削深度h及進給量f，其實驗式如下：

(1) 高速鋼刀具

$R = 4 \cdot f$

$R = h/8$

兩式比較，取較大值。

(2) 燒結碳化物刀具

$R = 2 \cdot f$

$R = h/8$

兩式比較，取較大值。

習題 1.4

1. 車刀刀刃之主要部位包括哪些？
2. 何謂刀面？刀腹？
3. 試述刀具主切刃口及次切刃口之作用？
4. 何謂刀具側刃角及端刃角？
5. 何謂刀具讓角及傾角？
6. 何謂刀鼻角及刀鼻半徑？
7. 一碳化物車刀切削中碳鋼工件，切削速度 150m/min，切削深度 1.5mm，進給 0.307mm/rev，若車刀側刃角爲 10°，試求切屑厚度及寬度？
8. 試述側刃角之主要功用？
9. 試述爲何切削鑄件或鍛件的工件材料時使用有側刃角的刀具較佳？
10. 試述爲何有側刃角的刀具可以減少切削顫震？
11. 何謂工作端刃角及工作端讓角？
12. 一車刀裝置車床上，刃口比中心高1.5mm，若研磨端讓角6°，切削工件材料直徑25mm，試求工作端讓角？

13. 試述讓角大小對刀具磨損之影響？
14. 試述車刀刃口位置對端讓角之影響？
15. 試述刀具正傾角使用範圍？
16. 試述刀具負傾角使用範圍？
17. 試述刀具刀鼻半徑之主要功用？
18. 高速鋼車刀切削一鑄件，切削速度 75m/min，切削深度 2mm，進給0.4mm/rev，試依實驗式求刀鼻半徑？

1.8 切削溫度與切削劑

切削過程中，切屑自材料本體剝離時，產生剪切、變形而自刀面排出所需之能量轉換為熱量，及刀腹和工件材料間之摩擦產生的熱量，將使刀具、工件及切屑產生高溫狀態。

刀具溫度之升高，常促使刀具軟化，加速刀具之磨耗，縮短刀具壽命，降低切削效率。故瞭解切削時的溫度產生在何處，或工件材料及刀具的溫度分佈情況，將有助於選擇冷卻劑之浸入刀具的方向。

1. 切削熱(cutting heat)產生

金屬材料被切削時，刃口前的材料先遭受刀具施加的強迫壓力，使材料溫度上升而產生塑性變形，其所耗用的剪切能量大多數將轉變成熱量。

切削熱發生的原因分佈在三個主要區域：剪切區、次變形區、刀具讓面與已加工面之接觸面，如圖 1.35 示。

(1) 在剪切區(或主變形區)產生的熱量Q_s：在剪切面上由於切屑堆積、切屑剪切之內部摩擦與剝離之塑性變形產生的熱量，約佔總切削熱的 60 %。熱量Q_s一部份傳導到工件材料，另一部份隨著切屑排出。

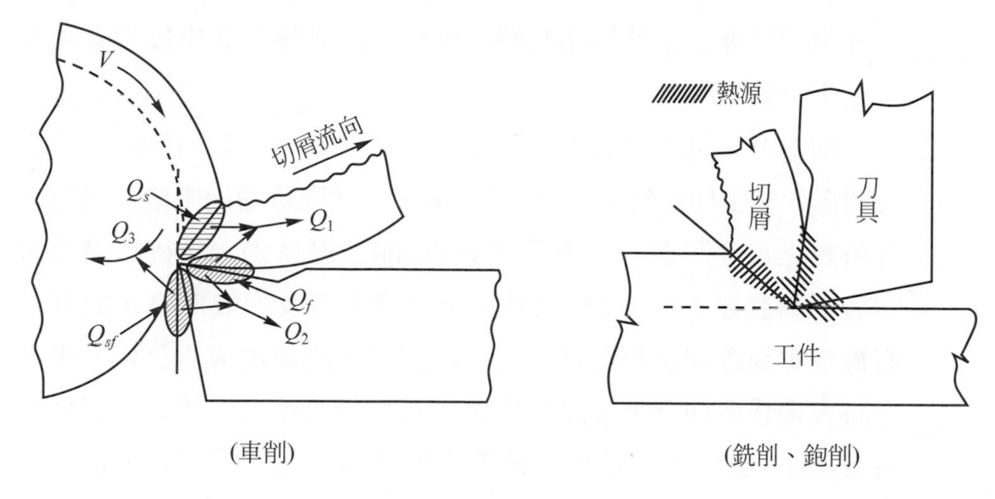

(車削)　(銑削、鉋削)

圖 1.35　切削熱分佈

⑵　在次變形區產生的熱量Q_f：在切屑與刀面之間摩擦產生的熱量，約佔總切削熱的 30 %。熱量Q_f一部份傳導到刀具，另一部份隨著切屑排出。

⑶　在刀具讓面與已加工面之間產生的熱量Q_{sf}：由於刀具並非完全銳利，故經由摩擦產生熱量，約佔總生成熱的 10 %。熱量Q_{sf}一部份傳導到刀具，一部份傳導到工件材料。

上述比例關係，受刀具磨損影響，每次結果並不完全一致。

2.　切削速度對切削溫度的影響

⑴　切削速度低時，切削總熱量大部份流經工件材料，遺留在切屑上之部份熱量因切削刀具之溫度尚低故合成爲Q_f而於刀具上流出。

⑵　切削速度提高時，由於Q_f及Q_{sf}之增加，刀具溫度超過切屑之終極溫度，Q_s幾乎完全存留於切屑中，使切屑溫度增高至接近終極溫度。

⑶　經由切屑導出之熱量Q_1隨切削速度之提高而增加。

(4) 經由刀具導出之熱量Q_2及經由工件導出之熱量Q_3由於刀具溫度之上升而減少。

圖1.36示正交切削時刀具刃口、工件材料、切屑等溫度分佈之情形。當工件材料中之X點正漸漸接近並隨後通過主變形區時，其所具之溫度將會一直上升到X點離開該區爲止，最後該點乃將隨著切屑脫離工件。Y點因其經過主變形區及次變形區，故其一直被加熱到離開次變形區爲止，由於熱量的漸被傳導至切屑中，它將會慢慢冷卻下來而終於使切屑有均匀之溫度。留存於工件材料之Z點，由於藉主變形區傳導將增加熱量。由圖可知，最高溫度點在刃口之略後處，於高速切削時亦爲刀具磨耗最強烈之處，應特別注意冷卻。

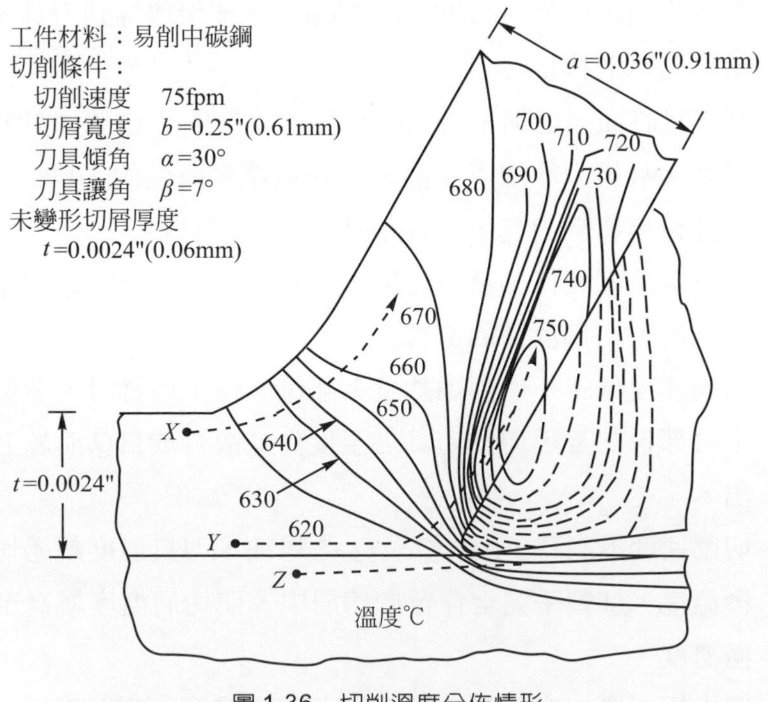

圖1.36 切削溫度分佈情形

由圖 1.36 可知，切削碳鋼材料時，刀面上的溫度達 750℃，剪切區也有 630～650℃。此種切削溫度之上升對切削性有很大影響：

① 刀面溫度上升，使刀面之摩擦應力減少，故切削力亦減少，但剪切角增大。剪切角增大使切屑形狀產生變化及連續性方向移動。

② 刀具溫度上升，降低刀具硬度而容易磨耗。

③ 刀具內部之溫度梯度產生熱應力，使刀具發生缺損。

④ 工件材料與刀具之溫度上升而產生熱膨脹，將降低工件尺寸之精度。

⑤ 已加工面通過刀刃附近時急速加熱，引起劇烈的塑性變形，變成相當硬化之加工變質層，增加切削性難度。

⑥ 切屑溫度上升將增加其延性而不易折斷，增加切屑處理之難度。

3. 切削劑(cutting fluids)的功用

刀具做連續切削工作時，切屑與刀具之間產生甚大的壓力，刀具與工件材料之間亦產生高度摩擦，致使切削溫度上升。若切削壓力甚高時增加動力之消耗，切削溫度升高則導致刀具硬度降低，均會影響切削效率及刀具壽命。若於切削進行中，使用某種液體或氣體，將工件材料及刀具適當的冷卻及潤滑以降低其溫度，改善切削效率及刀具壽命。

切削劑在切削過程中的作用如下：

(1) 移除切削的熱量，減少刀具磨損

當切削劑流過刀具及工件時，切削熱傳給切削劑被帶走，不但降低刀具刃口區域之溫度，並且減少刀具、切屑與工件之間的摩擦。同時冷卻工件材料溫度而減低其受熱變形，保持工件精確度。

⑵ 避免切屑熔焊在刀具上，控制積屑刃口

控制切削劑在刀具的積屑刃口位置及流動性，以減少切屑及刃口之摩擦，以減少積屑刃口之發生，或避免積屑刃口變大而影響工件表面粗糙度。

⑶ 減少切削阻力，改善工件表面粗糙度

切削劑亦為潤滑劑，其添加物會因化學性或極性吸引形成一層保護膜，並黏附在刀鼻邊界處，以減少刃口與已加工面之摩擦，以改善工件表面粗糙度。

⑷ 保護加工面，防銹效果

剛加工的金屬工件材料的表面特別容易產生氧化，切削劑有保護效果，至少可防止工件加工期間之生銹。

⑸ 冲除切屑，增加切削效率

切屑之移除可以減少工件材料及刀具熱量的累積。因為大多數熱量均產生在切屑上，如果切屑不立即移除，熱量將傳至刀具及工件材料，並妨害刀具之切削工作。

4. 切削劑的種類

切削金屬材料所使用之切削劑通常為液體。大多數的切削劑具有礦物油或植物油的本體，而礦物油應用較廣泛。在礦物油中，有些是混合水製成一種乳劑(emulsion)即為水溶性切削劑，有些則以純質態(不再用水稀釋)，或再稍加一點添入物即為非水溶性切削劑。

(1) 非水溶性切削劑(oil type cutting fluid)

不須加水稀釋至一定濃度，含有高成份的抗熔焊及潤滑添加物。抗熔焊添加物有氯、磷、硫，潤滑添加物以脂肪爲主。

純質油則適用於需要潤滑作用之切削中，並且多被限用於低速切削加工，如螺絲切削、拉孔、齒輪切削。

非水溶性切削劑以潤滑效果爲主，分爲礦物油、動植物油、混合油、極壓油等四大類。

① 礦物油(mineral oil)：有輕油(light oil)、錠子油(spindle oil)、機械油(machine oil)、石油(petrolum oil)等潤滑油，分別單獨或混合使用。礦物油之成分爲碳化氫，其分子中不具極性基，因此缺乏境界潤滑性，做爲切削劑則其潤滑效果及溶性等稍差，但浸潤性、熱安定性較佳，因此可用於研磨、搪磨、超光磨，與銅、鋁及其合金等輕切削加工。

② 動植物油：有豬油、鯨油、菜種子油、橄欖油、大豆油等，潤滑性高，溫度安定性不佳，不適於高溫。對拉削、切螺紋等之低速切削及斷續切削之加工面與刀具壽命有很大的幫助，但對重切削則不如極壓油之效果。又其化學的安定性不良，容易氧化腐敗，對工具機或工件表面會附著樹脂狀膜而污損，故不適於長期使用。由於有上述缺點，動植物油逐漸被極壓油代替。

③ 混合油：以錠子油、機械油爲主，混合動植物油、脂肪酸、脂肪酸乙脂及其他油性改善劑而形成之混合油，以改善礦物油之潤滑效果。混合油對切削加工面之改善、刀具壽命之延長有效，但切削條件嚴格，只能在 200℃維持其潤滑性能，超過此溫度時因油性改善劑之吸著分子膜之熱降伏而降低潤

滑效果。因此，混合油適用於較低速切削或輕切削，刀具刃口溫度不太上升之斷續切削，以及會變色或腐蝕之非鐵金屬，特別對銅及銅合金之切削。

④ 極壓油：在礦物油或混合油中添加氯、硫、磷等有機化合物，或硫氯化物等之極壓添加劑(extreme pressure agent)、金屬肥皂、硫黃精等之油稱爲極壓油。添加劑多爲單獨或混合氯化合物與硫化合物。故極壓油可分爲以氯化合物爲主體的氯化油，以硫化合物爲主體的硫化油，以硫鹽化油脂作成的硫鹽化油。

極壓油中的氯或硫在高溫、高壓下，與鐵化學反應成硫化鐵、氯化鐵，發揮固體潤滑效果，減低摩擦係數。

極壓油之效果由於活性類、不活性類及極壓添加劑種類與添加量之不同而異。如鋼料重視光製面之加工則活性類較適合，對非金屬則考慮刀具壽命之加工以不活性類較適合，切削速率愈低及工件材料延性愈高之加工則添加劑之量愈多愈有效。

⑵ 水溶性切削劑(water soluble oil)

須加水稀釋到一定濃度，用於高速切削及輪磨加工。一般油水混合式乳劑多用於需要冷卻作用之高速切削中，因此類乳劑的熱傳導性較純質態油爲優良之故。約有 90 %之工具機需用水溶性切削劑。

水溶性切削劑依水稀釋狀態分爲乳化類(emulsion type)、可溶類(soluble type)、溶液類(solution type)等三種。

① 乳化類：用水稀釋後成爲乳白色水油狀之乳化液，主要由多量礦物油與乳化劑混合而成，礦物油變成2μ以下之粒子，均勻安定的分散於水中，切削用須稀釋10～30倍。

乳化類切削劑起泡沫少，對皮膚之脫脂作用少，但容易起乳化液之不安定、腐爛等現象。為改善切削性能可添加防銹劑、防腐劑及防氧化劑等。

② 可溶類：以水稀釋時變成透明或半透明之膠質溶液，並以界面活性劑為主體，普通稀釋至30～50倍使用。

可溶類比乳化類在切削、潤滑、浸潤及防銹等性能上較佳，尤其硫或氯化合物做為極壓添加劑使水溶性切削劑成為具有最佳性能。又幾乎透明而具可透視工件之優點，油分之分離、腐爛等比乳化類少。但易起泡沫，對皮膚有脫脂作用，易洗去工具機滑動面上之潤滑油而加大滑動阻力等缺點。

③ 溶液類：乳化類及可溶類是以水稀釋油，溶液類則以水稀釋藥品，主要成分為無機鹽(亞硝酸鈉、鉻酸鈉)及醇胺(alkylol amine)。溶液類與水稀釋即成透明的水溶液，無潤滑性能，冷卻性優良，並可清洗切屑，用為研磨劑，普通稀釋至50～100倍使用。

溶液類對防銹性、安定性極優，但對非鐵金屬有腐蝕、塗料脫離等缺點。最近亦有加極壓添加劑以增加潤滑性能。

5. 液體切削劑的性質

(1) 沒有毒性，不妨礙操作人員之健康。

(2) 防銹性良好，不浸蝕塗料，不損害機器。

(3) 黏度要適當，滲透性良好，能浸入刀具與工件之接觸處，並能排除切屑。

(4) 良好的冷卻性，即熱傳導效果好。

(5) 不揮發性、不起泡沫、富安定性。

(6) 摩擦係數小，富潤滑性。

(7) 閃火點要高，即高溫時不易燃燒著火。

6. 切削劑選用的因素

選用切削劑主要由工件材料性能、切削加工性質、切削速率及使用工具機設備等決定。

(1) 工件材料性質

① 展性：是決定切屑形狀及積屑刃口最重要的性質。脆性金屬材料形成不連續切屑，展性及半展性金屬材料形成連續切屑。展性愈大者刃口之積屑量愈多，故需要良好抗熔焊性質之切削劑。

② 硬度：金屬材料硬度愈高時愈會使刀具磨耗，故需要具潤滑性質的切削劑。

(2) 切削加工性質

① 車削：車削加工是一種急劇的旋削工作，刀具刃口幾乎與切削熱直接接觸，但很容易藉切削劑及連續流動的切屑帶走。在大量生產時切速、切深及進給是必須考慮，或表面粗糙度很重要時，則需以切削劑作爲冷卻作用，潤滑則使刀具有較長的壽命。

② 銑削：因會有震動負荷及工件粗糙度要求較高，選用切削劑之主要考慮仍爲冷卻，但須含有潤滑添加物方可。

③ 鑽削：是一種屬於嚴厲切削工作，因鑽頭切邊是埋入工件中，利用輻射或大量的切削劑可得到輕微的冷卻效果，而當切屑被壓迫沿著鑽槽流出時，將傳送大量的熱量至鑽頭，故需有具備良好潤滑性及抗熔焊性之切削劑。

④ 搪孔：是一種旋削工作，加工劇烈程度與鑽削相同，故所用的切削劑較他種旋削工作更具有良好的潤滑性及摩擦小的性質。

⑤ 銑削齒輪：銑刀要承受很大的震動，因與齒輪胚相接觸，切屑之冲洗及刃口積屑量之控制亦很困難，故切削劑須具有高抗熔焊性以控制刃口積屑，而具有高潤滑性以保護刀刃，避免快速磨耗。

⑥ 切削螺紋：攻絲及螺紋輥製所用之切削劑必須具有特別高的抗熔焊性及潤滑性，以保護攻絲或鉸絲鈑之許多小刀刃及其尖端，避免過份的磨耗、灼傷或損壞。

⑦ 內孔拉製：是一種很嚴厲的金屬加工，每一拉製刀刃在整個切削過程均與工件材料接觸，而且深入其中，要在加工過程中使切削劑流至每一刀刃很難，故要使用黏度高的切削劑使其黏附在刀刃上，以便整個拉製加工過程均具有潤滑作用。而且切屑亦會限制加工之進行，因其將陷於工件與刀具之間，亦需具有很高的抗熔焊及潤滑性以保護刀刃。

⑶ 切削速率

切削速率主要由工件材料性質及切削刃口角度而定，在低、中切削速率下，切削劑之抗熔焊及潤滑性很重要，故最好採用非水溶性切削劑。在高切削速率下，熱量累積很快，刃口積屑量較少，切削劑到達刃口尖端所需時間亦較短，使用水溶性切削劑可產生很好的除熱能力。

⑷ 工具機設備

有些工具機設備很難防止潤滑油流入切削劑系統或切削劑流入潤滑系統。在此種情形下，切削劑必須爲多用途，使其皆適用於潤滑及切削系統，並且具有無腐蝕及摩擦少之特質。

7. 切削劑供應區

為發揮更有效的冷卻或潤滑的功用，切削劑必須能掩蓋刀具及工件被切削部位。在大多數情形下，以採用低壓流動供應大量的切削劑，而不產生過份的飛濺現象比較合適。故供應切削劑應以切削工作需要最大馬力時所需的量為基準。

切削劑的供應依切削加工的性質而異：

車削工作時大量的切削劑必須直接加於材料加工處及切屑形成處。

銑削時切削劑則直接加於銑刀刃口處及側邊。

鑽削、攻絲及內孔拉製時，切削劑必須對準加工孔，如果孔太深，輔助切削劑直接流過工件表面。

8. 切削劑的使用與儲存

切削劑流回工具機之貯油箱時，會帶回相當數量的金屬細粒，假使這些雜質再循環至加工處，會刮傷工件表面，亦會增加刀具及泵之損耗及降低切削劑之使用壽命，尤其是水溶性切削劑。移除這些雜質最普遍且容易的方法是採用兩段過濾法。

切削劑在使用中，其性狀慢慢變化而降低性能，如果使用方法不當將引起急烈變化。故依切削劑的種類確定適當的使用方法，儘量在使用中減少性狀變化。

(1) 非水溶性切削劑之使用

使用中的性狀變化，主要受切削熱、金屬面之接觸作用(切削時顯出新金屬表面，發生多量切屑微粒，增大金屬接觸面等不良條件)、水分、光、細菌等之作用而氧化變質。

此種切削劑惡化所呈之特徵為色彩變化、氧化增加、黏度增大、及油脂分量與極壓添加劑之減少，因而降低切削劑之性能。在使用上須經常選擇色彩、酸價、黏度等並作適當之補給與交換，以免性狀之顯著變化。

表 1.4　切削劑之適用工作

種類	項目		被削材料	加工方法	切削速度		加工目的		適用工作
非水溶性切削劑	1 種	1 號	非鐵	切削	速度約 80m/min 以下	高↑中低↓	光製面爲主之加工	刀具壽命	一般切削加工。
		2 號	鋼料						被削性良好之鋼料高速切削及非鐵金屬之一般切削。
		3 號	非鐵						一般切削加工。
	2 種	1 號 2 號 3 號 4 號	一般鋼料(有時銅合金不可用)			高↑中低↓		光製面與刀具壽命	被削性良好之鋼料深孔鑽削及一般高速切削、螺絲輪磨、超光製、搪磨、研磨等。
									被削性中等之鋼料一般中速切削。
									被削性中等之鋼料低速光製切削加工(切齒加工、拉削、攻螺絲、鉸孔等)。
		5 號 6 號 7 號 8 號	一般鋼料(銅合金不可用)			高↑中低↓		光製面精度	被削性中等之鋼料深孔鑽削、搪孔、搪磨等。
									被削性中等之鋼料一般中速切削加工。
									被削性極劣之鋼料低速光製切削加工(拉削、切螺紋、攻螺紋、鉸孔等)。
水溶性切削劑	*W*1 種	1 號	鋼料	切削及輪磨	自低速至高速		工具壽命爲主之加工	一般輪磨	1 號爲鋼料。 2 號爲非鐵金屬之一般切削加工(低速重切削加工除外)及輪磨加工。
		2 號	非鐵						
	*W*2 種	1 號	鐵料					光製輪磨	
		2 號	非鐵						
	*W*3 種	1 號	鐵料		約 800m/min 以上			快速輪磨	一般鐵料之輪磨。
		2 號							一般大形外徑鐵料之輪磨。

註：一般切削加工指普通車削、銑削、鑽削等。

⑵ 水溶性切削劑之使用

比非水溶性切削劑之成份複雜，在處理上更應注意。乳化類要注意稀釋原劑所使用之水質，尤其要避免硬水(若使用硬水時要用碳酸鈉、硼砂等軟化)，並應使用不含腐爛菌之清淨水。使用中應注意浮在表面之油類、沉澱物、切屑等之去除，工具機之清淨等，以免油劑之污染。檢查 PH 濃度並經常維持正常稀釋倍率。

貯藏原劑時，乳化類或可溶類有時發生膠化、起毛狀層、互相分離等。為避免發生此類情況，當貯藏油類時應在溫度變化少，無通氣之狀態下為主，並儘量防止水分之蒸發，避免使用大容器貯藏少量劑料。

習題 1.5

1. 試述金屬切削加工時熱源之產生及流出的方向？
2. 試述切削溫度對切削性之影響？
3. 試述切削劑的功用？
4. 試述切削劑之性質？
5. 何謂水溶性切削劑？非水溶性切削劑？
6. 非水溶性切削劑的種類有哪些？
7. 試述礦物油切削劑的性能？
8. 試述混合油切削劑的性能？
9. 何謂極壓油？其主要的添加劑是什麼？
10. 試述極壓油添加劑的作用？
11. 試述使用極壓油做切削劑之原則？

12. 水溶性切削劑的種類有哪些？
13. 試述乳化類水溶性切削劑之性能？
14. 試述可溶類水溶性切削劑之性能？
15. 試述溶液類水溶性切削劑之性能？
16. 試述選用切削劑考慮的因素？
17. 試述非水溶性切削劑儲用的方法？
18. 試述水溶性切削劑儲用的方法？

1.9 刀具磨耗與刀具壽命

在切削過程中，刀具與切屑之接觸面會產生一個高溫地帶，這種熱量足以使刀具的材質起化學擴散作用，而形成所謂化學反應磨耗。最嚴重的化學分離地帶爲刀具和切屑的接觸面，也是刀具溫度最高的部份，這是凹陷的現象發生。如果由於機械振動、斷續切削、切削材料中的雜質、及刀具冷熱驟變等造成刀具刃口剝落微小碎片之現象稱爲機械磨耗。因此，刀具磨耗與刀具壽命息息相關。

在金屬切削加工中，刀具壽命乃爲刀具使用經濟性非常重要因素之一。粗切削時刀具形狀及切削條件之擇定均以刀具之經濟性爲前提。造成刀具壽命非常短的切削條件並不合乎經濟要求，此乃因刀具研磨及刀具更換所需費用將會很高。然而，利用低切削速度及微小進給以求刀具壽命之增長亦不一定合乎經濟原則，因在此情況下，生產效率會大幅降低。

1. 刀具壽命定義

   刀具壽命之定義爲當刀具達至刀具壽命標準之情況時所經之切削時間；即刀具磨銳後，使用至變鈍需要重新磨銳之切削時間。討論刀具壽命的標準可分爲兩大類：

⑴ 切削工件材料之相關標準

① 表面粗糙度：精切削時須註明工件的加工符號，而刀具壽命可由刀具磨耗時工件表面粗糙度漸漸變差之程度而定。

② 公差：在刀具壽命標準，尺寸公差之失掉爲刀具磨耗帶或刀鼻半徑磨耗最明顯而直接的關係。

⑵ 刀具本身之標準

刀具本身壽命的標準則爲刀具之損壞。若刀具能繼續切削滿意的零件，則其壽命由總損壞或經濟的重新研磨刀具磨耗的程度來決定。由刀具損壞或磨耗做爲決定刀具壽命的依據包括：

① 刃口產生碎屑或細裂痕(crack)。

② 讓面產生磨耗帶(flank wear)。

③ 刀面產生凹陷(crater)。

④ 刀具材料之體積或重量磨損(worn off)。

⑤ 刀具全部損壞(destruction)。

2. 刀具本身之標準

在正常的切削條件下，刀具是隨著切削工作之進行而漸漸地產生磨耗現象，其主要原因如下：

⑴ 因刃口與工件之切削面或切屑與刀面之接觸面連續摩擦所致。

⑵ 刃口所承受的單位面積的切削壓力大。

⑶ 刃口與切削面及切屑之接觸面溫度高。

⑷ 切削熱和接觸壓力使切屑對刀面引起熔著作用。

⑸ 切削劑所含的化學元素引起氧化或硫化作用。

3. 刀具磨耗方式

刀具之磨耗依下列各種方式進行：

⑴ 摩擦式磨耗(abrasion wear)：具有堅硬顆粒之切屑底面流經刀面時，由於機械力之作用，一部份刀具材料會被磨去，則刀具

便發生摩擦式磨耗。這些切屑底面上的堅硬顆粒可能是積屑刃口上不穩定的加工硬化變質層，或是在摩擦式磨耗中所磨除之堅硬刀具材料，或是工件材料中的堅硬粒子。

(2) 熔著式磨耗(welding wear)：當兩個表面受負荷作用而接觸在一起時隨時有摩擦產生，且由於塑性變形和摩擦使得溫度增高，因此可能有熔著現象發生。其磨耗是由於刀具和切屑間或刀具和工件間之接合或凹陷之破壞所生。刀具與工件間之溫度產生熔著現象是隨著刀具與工件間之組成而改變，且亦隨著刀具和工件間之作用力而改變。

(3) 擴散式磨耗(diffusion wear)：當金屬結晶格子之原子自高原子密度區移向低原子密度區時，即發生固態擴散現象，此一現象與所發生處之溫度有關，而隨著該處溫度之增加，其擴散率更能依此溫度之提高作指數性的增加。當金屬切削加工中，刀具與工件材料將會有緊密的接觸且會產生高溫，故此時即會產生固態擴散，有些刀具材料中之原子會移向工件材料，且能使刀具之表面結構軟化。

(4) 化學及電解式磨耗：化學磨耗係由於在切削劑中，刀具與工件間之化學交互作用所致。電解磨耗係由於刀具與工件間之電流浸蝕所致。

(5) 氧化式磨耗：若以高速作金屬切削加工時，易產生高切削溫度，刀具將產生氧化作用。若是碳化物刀具發生氧化作用時，會使刀具基本組織軟化，減弱刃口強度，故其亦為一種磨耗。

4. 刀具磨耗形態

在正常的切削條件下，刀具的磨耗是隨著切削過程逐漸地發生，主要分為刀腹之讓面磨耗、刀面之凹陷磨耗、刀鼻半徑磨耗等，如圖 1.37 示。

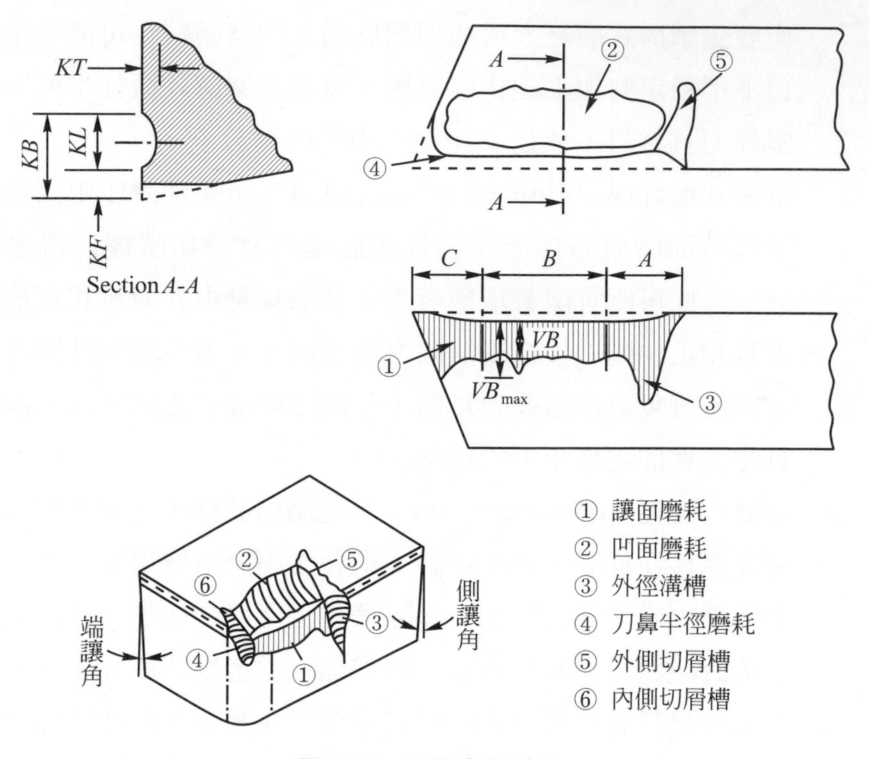

圖 1.37　刀具磨耗形態

(1)　讓面磨耗(flank wear)

刀具在切削過程中，刀腹與工件切削面之間因接觸摩擦而逐漸產生磨耗基地(wear land)，並緊鄰刃口之下。由於磨耗基地與切削面平行，故磨耗將因之逐漸擴至刃口邊緣，而引起切削力及切削溫度之驟增，終於使刀具損壞。

圖 1.37 中，*C*區之磨耗爲最嚴重，因其靠近刀鼻，該處在切削過程中承受之切削溫度較高及承受切削力之面積較小。*A*區係接近工件外徑處之讓面，因工件材料受加工硬化而產生外徑溝槽，其對於加工面無關，但會影響刀具再研磨的時間。在一定限度內，*B*區之中央部位的磨耗近於均勻狀況，用工具顯微鏡測其寬度*VB*，做爲判定刀具壽命的準則。

圖 1.38 示碳化物刀具在切削進行時讓面磨耗區寬度之變化情形。此曲線可分作三段說明：

① *AB*段：初期磨耗區，銳利之刃口會快速地摩擦而有微小的磨耗區出現。

② *BC*段：均勻磨耗區，磨耗約以直線等速增加，直至因快速磨耗率使刀具將近缺損爲止。

③ *CD*段：急速磨耗區，磨耗寬度急速增加。本段因刀具溫度升高，故做爲刀具磨耗敏感性反應之區域。其所以對刀具溫度敏感乃是此時刀腹磨耗區已占有全部區域相當大的比例之故。顯然地，當讓面磨耗進入此階段前，刀具應該重新研磨。

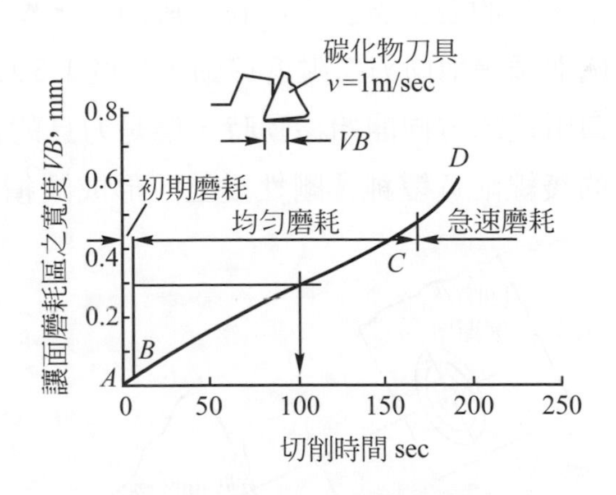

圖 1.38 讓面磨耗區寬度之變化

(2) 凹陷磨耗(crater wear)

凹陷磨耗又稱焊疤，切削形成連續切屑之工件材料，如軟鋼、合金鋼等，因其連續不斷的與刀面接觸摩擦，由於高接觸應力及高交互面溫度使刀面軟化而產生焊疤，其形狀與切屑捲曲之形狀相符合。

初期的焊疤並不直接影響刀具的切削作用，反而增大傾角或形成斷屑槽，利於切屑之流出或控制。切削繼續進行時焊疤的深度及寬度逐漸增大，刀背將漸消失，終於與讓面的磨耗基地相接，而使刀具損壞。

凹陷磨耗的原因如下：

① 切屑與刀面之接觸部份因高溫高壓作用，使切屑的一部分熔著於刀面上。

② 熔著的部分因切削熱而擴散於刀具材料內部而引起化學結合。

③ 刀具材料的表面層變成脆弱，被擦過其上的切屑挖起。

④ 被挖起的部份由切屑帶走而形成凹陷。

凹陷磨耗的發生處離刃口有一段距離，磨耗進行的方向自離刃口處而緩慢地向刃口附近移動，如圖 1.39 示。實際上，凹陷向刃口附近的方向開始移動時，應是刀具的再研磨時期，此時刃口的稜線附近變鈍，剛性變差，形成缺損前的狀態。

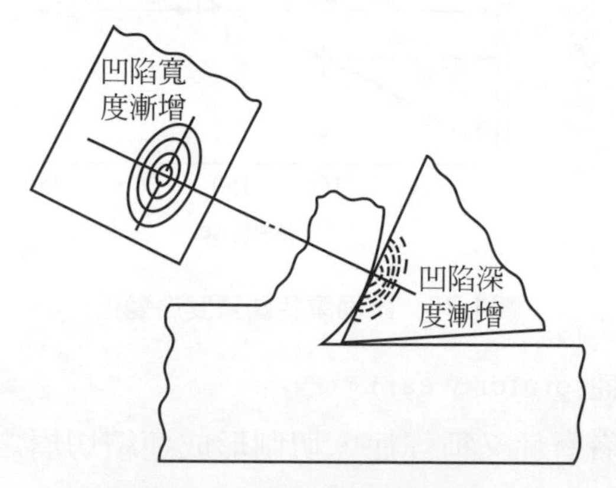

圖 1.39　凹陷磨耗漸增情形

5. 刀具磨耗準則

切削工作進行時，由於切削溫度及切削力相當高，致使刀具之硬度降低，產生塑性變形，逐漸使刀具失去切削能力或使刃口形狀改變。於是切削進行中將產生下列現象：

(1) 切削尺寸起變化，實際切削量以預定切削深度小。
(2) 已加工面會產生全面或零散之強光澤面，使光製表面粗糙化。
(3) 切削力增大，切削溫度升高。
(4) 切屑的形態改變，積屑增大。
(5) 加工應變增大，動力消耗增加。
(6) 刀具刃口磨耗率變成不合理，終使刀具損壞。

因此，刀具在完全磨損或已失去其原來之幾何形狀以前，需要更換或研磨，以免造成刀具嚴重的損壞。

過鈍的刀具若繼續切削工件材料將引起下列的結果：

(1) 減少生產能力。
(2) 產生不良的加工面。
(3) 影響加工的精確度。
(4) 增加刀具的損壞率。
(5) 重新修磨時需要較多的磨除量及研磨時間。

切削操作時必須有一允許刀具磨耗限量值做爲其更換或重磨的標準，此稱爲刀具壽命之磨耗準則(wear criterion for tool life)。

(1) 讓面磨耗準則

在實際切削加工中，刀面或讓面之磨耗並非沿著刃口作均勻之進展。因此，在考慮刀具壽命之磨耗準則時，須同時標示刀具磨耗處之位置及其磨耗量之大小。

讓面磨耗有端讓面磨耗及側讓面磨耗。端讓面磨耗以刃口後退量表示。但通常判定刀具的壽命則以側讓面磨耗量VB表示。由ISO訂定刀具讓面磨耗標準以下列任一標準均可適用：

① 刀具產生遽然的破損碎裂。

② 當讓面具有均勻之磨耗情況，且$VB = 0.3$mm(如圖1.37示)。

③ 當讓面具有嚴重磨損溝槽，非均勻磨耗的情況出現，且$VB_{max} = 0.8$mm(高速鋼刀具)。

⑵ 凹陷磨耗準則

凹陷磨耗與讓面磨耗伴隨而生，將使刀具重新研磨所需的時間增長，故亦會影響刀具壽命。在切削速度會改變的切削情況下，凹陷磨耗常為決定刀具壽命之主要因素，因為凹陷情況漸趨嚴重將使刃口強度減弱終致碎裂。

凹陷磨耗量以KI表示，但不如讓面磨耗VB容易量測及規定，須考慮凹陷深度KT、寬度KL及刀背KF，如圖1.37示。

$$KI = \frac{KT}{KF + \frac{KL}{2}}$$

高速鋼及碳化物刀具之$KT = 0.06 + 0.3f$，f為進給。

6. 泰勒氏刀具壽命(Taylor's tool life)方程式

有關刀具壽命之影響因素很多，其相互關係複雜。為設定一項合於成本要求之適當刀具壽命，由諸多影響因素中選定較為重要者，並將其經由簡單之數值決定其特性。下列各項可作為判斷因素：

⑴ 刀具材料與工件材料配合情形。

⑵ 切削速度。

⑶ 切削厚度。

(4) 切削寬度。

假設工件材料、刀具材料、刀具形狀、刀具裝置狀態、切削深度及進給均為一定，則影響刀具壽命最主要的因素乃為切削速度。

泰勒氏即把切削條件保持一定，則刀具磨耗的時間可用切削速度表示，換言之，以相當的切削速度表示刀具壽命。圖 1.40 示以各種切削速度V_1, V_2, V_3,……，切削時間T_1, T_2, T_3,……進行切削實驗，以工具顯微鏡測定VB磨耗量，在方格紙畫出切削時間T與磨耗量VB的關係曲線圖。再將此$(T_1 V_1)$, $(T_2 V_2)$, $(T_3 V_3)$,……各點畫於雙對數紙上，即得圖 1.40 的線性關係。

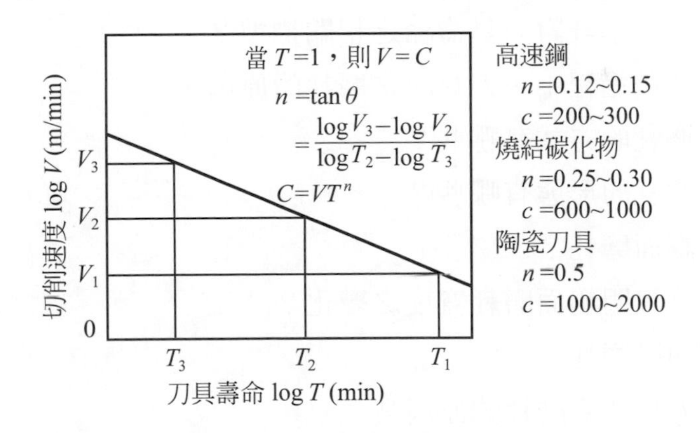

圖 1.40 刀具壽命方程式的求法

泰勒氏刀具壽命方程式：

$$VT^n = C$$

式中，

V= 切削速度(m/min)

T= 實際切削時間(min)

n＝ 指數，可由兩對數曲線上的V-T直線之斜率求出。表示V的變化對T的變化之影響程度。

C＝ 常數(m/min)，是延長直線而取爲於T＝1min 縱軸交點的切削速度。即爲刀具壽命1分鐘的切削速度。

此V與T具有類似雙曲線的關係：若以較高速使用該刀具，則其壽命T變短；若要延長壽命，則須選用較低的切削速度V。

習題 1.6

1. 何謂刀具壽命？
2. 試述切削工件材料對刀具壽命之相關標準？
3. 試述刀具本身對刀具壽命之相關標準？
4. 試述切削過程中，刀具正常磨耗的原因？
5. 刀具磨耗的方式有哪些？
6. 刀具磨耗的形態有哪些？
7. 何謂讓面磨耗？
8. 試繪圖說明讓面磨耗寬度之變化？
9. 何謂凹陷磨耗？
10. 試述刀具凹陷磨耗的原因？
11. 試述切削過程中，刀具逐漸磨耗時將產生何種現象？
12. 過鈍的刀具若繼續切削工件材料將引起什麼結果？
13. 試述ISO訂定高速鋼刀具讓面磨耗標準？
14. 試述ISO訂定碳化物刀具讓面磨耗標準？
15. 試述泰勒氏刀具壽命方程式中，切削速度對刀具壽命之影響？

1.10 切削條件與切削力

切削條件包括切削速度、進給、及切削深度，對切削效率、切削力、及刀具壽命影響很大。

刀具切削工件材料時，在切屑形成過程中，在刃口與工件材料接觸處剪切面發生應變所需之力稱爲切削阻力。此力對切削所需動力、工具機所需剛性、加工精度、切削熱、及刀具磨損有密切關係。

1. 切削速度(cutting speed)

切削速度是工件與刀具相對移動的速度。各種工具機切削速度之定義如下：

車床之切削速度是工件的表面速度，即工件通過刀具之速度。

$$CS=\frac{\pi DN}{1000}(\mathrm{m/min})$$

D＝工件直徑(mm)

N＝車床轉數(rpm)

鑽床、銑床、磨床、搪床之切削速度是刀具的圓周速度。

$$CS=\frac{\pi DN}{1000}(\mathrm{m/min})$$

D＝工件或刀具直徑(mm)

N＝機器轉數(rpm)

鉋床之切削速度是刀具於切削行程中之平均速度，由衝程之長度L及每分鐘之衝程次數N決定。

$$CS=\frac{LN}{1000\times\frac{3}{5}}=\frac{LN}{600}(\mathrm{m/min})$$

選擇適當的切削速度必須考慮下列因素：

(1) 工件材料的性質：切削速度主要受到材料的硬度及韌性而定。材料硬度愈高或韌性愈大者，切速宜低。換言之，易削材料方可提高切速。

(2) 刀具材料及刀刃銳利度：依刀具材料考慮切速應以紅硬性為依據。陶瓷刀具之切速比碳化物高，而碳化物比高速鋼高。刀刃銳利度係指刀具傾角及讓角均稍大些，而刀唇角比較小，容易楔入材料內，切速可以提高。

(3) 切削深度及進給：切深影響切屑寬度，進給則影響切屑厚度。若大切深及大進給表示切削量多，切削阻力亦增大，為維護刀具之一定壽命，應降低切速。

(4) 切削劑效率：使用切削劑可以降低切削溫度，冲洗切屑，維持刀具刃口穩定性，因而可以提高切速。

(5) 工具機型態及性能：工具機之馬力較小或結構鬆動、剛性不足，應採用低切速，以免高速切削發生震顫引起刀具損壞。反之，剛性強、馬力足之工具機可以採用高切速。

(6) 加工品質及加工方式：精切削、粗切削、連續切削、斷續切削、或工件夾持的穩固性等均足以影響切速。

2. 進給(feed)

進給是指刀具或工件每轉一周或一往復行程，刀具對工件移動之量。

車床之進給是工件每轉一周，刀具移動之量。

鉋床、平面磨床之進給是在每一往復行程，刀具與工件相對移動之量。

鑽床、搪床之進給是刀具每轉一周移動之量。

銑床之進給是刀具每轉一周，工件移動之量。

適當的進給與切速及材料性質有密切的關係。假若切速高，工件材料硬度大，材料延展性高，不使用切削劑，機器之剛性欠佳等，進給必須降低。依實驗結果，爲提高產量，宜選用較大進給，而不宜採用較高切速，主要是切速增高至某一臨界狀況，刀具壽命大爲降低。

3. 切削深度(depth of cut)

切深是由工件表面至已加工面之垂直距離。

車床、搪床、圓柱磨床之切深是工件被切削前之半徑與切削後之半徑差。

鉋床、銑床、平面磨床之切深是工件被切削前之厚度與切削後之厚度差。

一般所謂切削量即依進給與切深而定。就切削效率言，宜選用較大的切深，而不採用高切速。因高切速容易使刀具磨耗，若採大切深及大進給則切削量亦大。

4. 切削力(cutting force)

刀具切削工件材料時，切屑形成之過程中，在刃口與材料接觸處，材料產生彈性變形、塑性變形、及剪切面發生應變所需之力稱爲切削阻力，而刀具必定有一種和它大小相等與方向相反的作用力去克服阻力，此種力稱爲切削力。

(1) 斜交切削之切削力

單刃刀具之車刀及多刃刀具之鑽頭、銑刀等通常做斜交切削，其刃口承受之切削力可分解爲相互垂直之三個分力，故又稱爲三次元切削，如圖 1.41(a)示。

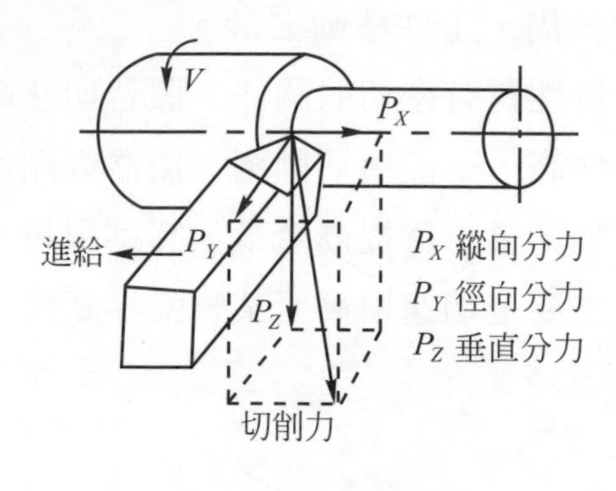

(a) 斜交切削之切削力

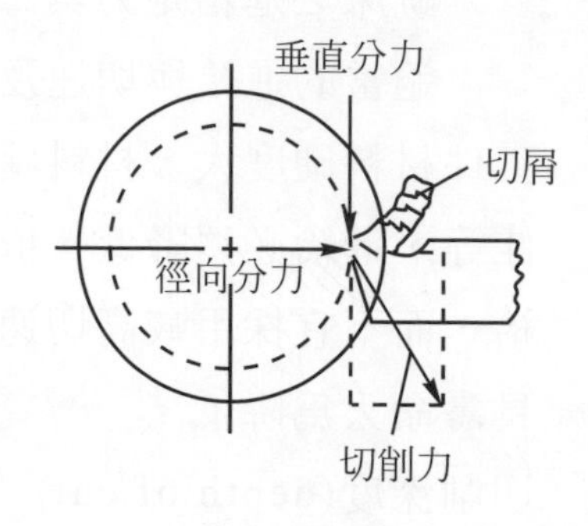

(b) 正交切削之切削力

圖 1.41 切削力之分解

① 縱向分力P_X：沿刀具進給方向，使其向反方向彎曲之進給作用力。

② 徑向分力P_Y：垂直於已加工面方向，將刀具向後推壓之推向作用力，爲三個分力中最小之力。

③ 垂直分力P_Z：垂直於刀面方向，作用於切削速度之主要切削作用力，爲三個分力中最大之力，故又稱爲主分力。

⑵ 正交切削之切削力

刀具之傾角爲 0°，側刃角爲 90°之切削則成爲正交切削，其刃口承受之切削力分解爲兩個分力：垂直分力及徑向分力，故又稱爲二次元切削，如圖 1.41(b)示。

通常分析切削力系統時，均以切屑形成之模型，如圖 1.42 示，配合下列之假設分析之。

① 刀具非常銳利，僅刀面接觸切屑，沒有讓面(刀腹)磨耗。

② 刀具刃口須與切削速度向量垂直。

③ 切屑主要變形在鄰接剪切面很薄的平面發生。

④ 切屑不發生側流，即不沿刀面側邊流出。

⑤ 切削深度是定數。

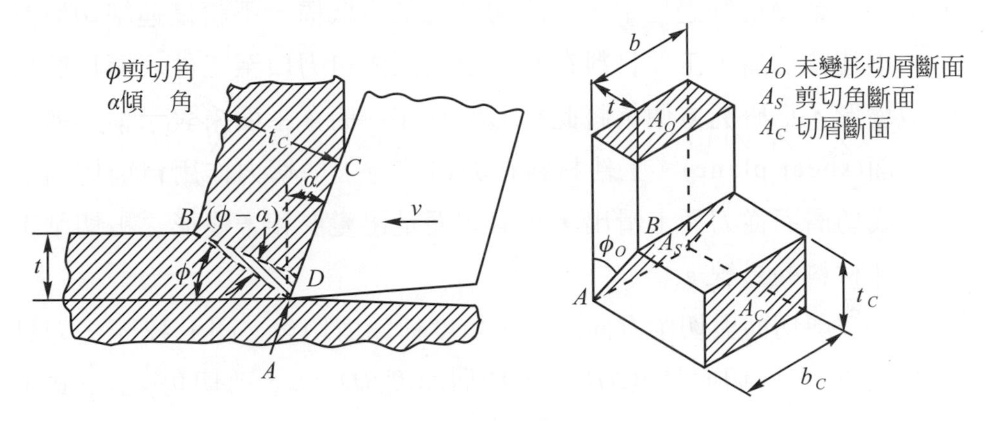

圖 1.42 切屑形成模型

5. 切屑厚度與切削比(cutting ration)

切削工作時，刀具所欲切除之工件材料層厚度稱爲未變形切屑厚度，車刀之進給，鉋刀或銑刀之切深皆屬之。當切屑形成後之厚度不但受到刀具幾何形狀及未變形切屑厚度的影響，亦會因切屑與刀具接觸處存在摩擦情況之不同而異。

由於切屑厚度在切削過程中會產生變化，無法直接控制，因此不能完全確定其形狀，故常以切屑厚度比亦稱切削比做爲判定切削材料的變形質、切削品質、切削條件是否良好、工件材料之被削性等。

如不計切屑與刀面之摩擦，則未變形切屑厚度與切屑厚度之比稱爲切削比r_c。即

$$r_c = \frac{t}{t_c}$$

在實驗性的工作中，切屑厚度t_c及切屑寬度b均可由游標卡尺或分厘卡量測。

6. 剪切角(shear angle)

金屬切削過程中，形成切削之基本機構，不論是連續切屑或不連續切屑，工件材料在基本變形區內自刃口至工件表面以剪切變形，爲研究方便常將此變形區當作一簡單平面來表示稱爲剪切面(shear plane)。工件材料在刃口前方因剪切力作用自剪切面形成切屑而從刀面上滑出，故剪切面是已變形和未變形之被切削工件材料的界線。

剪切面與切削方向所夾之角度稱爲剪切角。圖 1.42 示，刀具傾角α，剪切面長度$AB=l$，切屑厚度$BD=t_c$，剪切角ϕ由下式求出：

$$l_s=\frac{t}{\sin\phi}=\frac{t_c}{\cos(\phi-\alpha)}$$

$$\sin\phi=\frac{t}{t_c}\cos(\phi-\alpha)$$

上式兩邊各除以$\cos\phi$

得$\tan\phi=\dfrac{(t/t_c)\cos\alpha}{1-(t/t_c)\sin\alpha}$

因$r_c=\dfrac{t}{t_c}$　代入上式

得$\tan\phi=\dfrac{r_c\cos\alpha}{1-r_c\sin\alpha}$

由上式可知，剪切角受切削條件及工件材料之影響甚大。如圖 1.43 示，以相同的未變形切屑厚度t切削，若剪切角小則剪切面變長，切屑厚度增加，隨著切屑的發生，切削阻力或切削熱增多，故所需切削力亦大。若剪切角大則剪切面較短，切屑變薄，切屑流出速度增快，切削阻力或切削熱亦少，故所需切削力亦小。所以，剪切角愈大對切削愈有利。

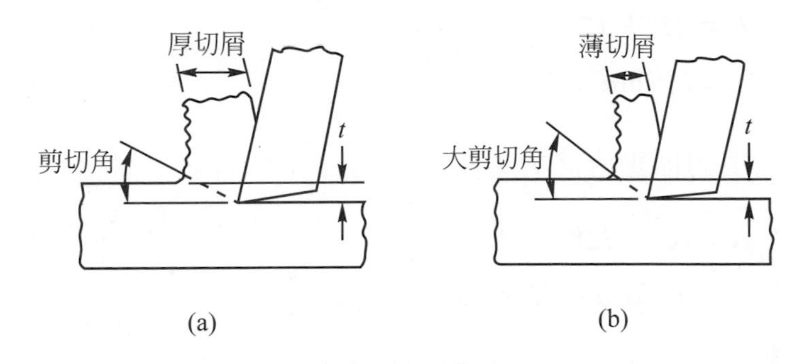

圖 1.43 剪切角對切屑形成之影響

7. 正交切削之切削力分析

由正交切削之切削力系圖，切削力可沿著刀面方向、切削進行方向、剪切面方向等求出其分力，如圖 1.44 示。

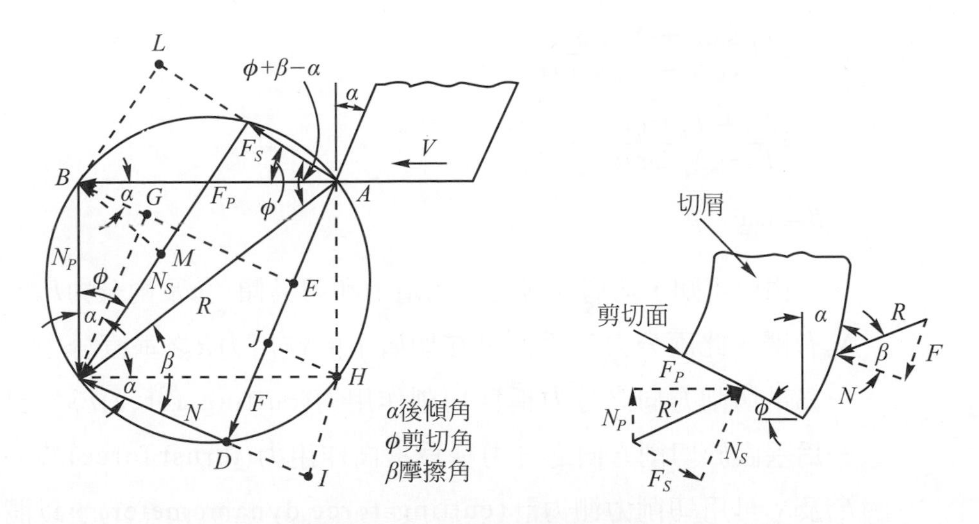

圖 1.44 正交切削之切削力系

(1) 刀面上之切削力

切削力可沿著刀面的方向分解兩個分力：

① 與刀面平行之分力 F

$$F = AE + ED$$
$$= F_p \sin\alpha + N_p \cos\alpha$$

② 與刀面垂直之分力N

$$N = IC - ID$$
$$= F_p \cos\alpha - N_p \sin\alpha$$

由上式可知，當切屑接觸於刀面時，將在垂直方向及水平方向產生作用力，前者稱爲正壓力，後者稱爲摩擦力。切屑與刀面間之摩擦係數μ及摩擦角β由下式求出：

$$\mu = \frac{F}{N}$$
$$= \frac{F_p \sin\alpha + N_p \cos\alpha}{F_p \cos\alpha - N_p \sin\alpha}$$
$$= \frac{N_p + F_p \tan\alpha}{F_p - N_p \tan\alpha}$$
$$\beta = \tan^{-1} \mu$$

由此可知，切屑滑離刀面的阻力和刀具傾角α及兩分力F_p、N_p有關。此兩分力乃係刀具在切屑上的作用力R之垂直分力：一爲沿切削方向之分力稱爲切削作用力(cutting force)F_P，另一爲垂直於切削方向之分力稱爲推向作用力(thrust force)N_p。F_p及N_p可用切削力測力計(cutting-force dynamometer)予以測定。

(2) 剪切面上之切削力

切削力可沿著平行於剪切面的方向分解兩個分力：

① 與剪切面平行之分力F_s，為剪切工件材料以形成切屑所需之作用力稱為剪力(shear force)。

$$F_s = AL - KL$$
$$= F_p\cos\phi - N_p\sin\phi$$

剪切面上之平均剪應力(mean shear stress)τ_s應等於工件材料的剪切強度，下式求出：

$$\tau_s = \frac{F_s}{A_s}$$

因$A_s = b \cdot l_s = b\,t/\sin\phi$，$A_c = bt$，如圖 1.43 示。

$$\therefore \tau_s = \frac{(F_p\cos\phi - N_p\sin\phi)\sin\phi}{A_c}$$

式中：A_s＝剪切面面積

A_c＝未變形切屑之截面積

② 與剪切面垂直之分力N_s，為剪切面引起之壓縮應力。

$$N_s = KM + MC$$
$$= F_p\sin\phi + N_p\cos\phi$$

剪切面上之壓縮應力(compressive stress)σ_s可以下式求出：

$$\sigma_s = \frac{N_s}{A_s}$$
$$= \frac{(F_p\sin\phi + N_p\cos\phi)\sin\phi}{A_c}$$

(3) 切削方向之切削力

切削中作用於剪切面的剪應力τ_s可視爲工件材料的剪切強度，若已知剪切角ϕ，刀面的摩擦角β，刀具後傾角α，則切削作用力F_p及推向作用力N_p可以下式求出：

$$F_s = R \cdot \cos(\phi + \beta - \alpha)$$

$$F_p = R \cdot \cos(\beta - \alpha)$$

$$\frac{F_p}{F_s} = \frac{R\cos(\beta-\alpha)}{R\cos(\phi+\beta-\alpha)} = \frac{\cos(\beta-\alpha)}{\cos(\phi+\beta-\alpha)}$$

$$\because F_s = \tau_s \cdot A_s = \tau_s \cdot \frac{bt}{\sin\phi}$$

$$\therefore F_p = \tau_s \cdot bt\left[\frac{\cos(\beta-\alpha)}{\sin\phi\cos(\phi+\beta-\alpha)}\right]$$

同理$N_p = \tau_s \cdot bt\left[\dfrac{\sin(\beta-\alpha)}{\sin\phi\cos(\phi+\beta-\alpha)}\right]$

由上式可知影響切削力的因素有：

① 工件材料的機械性質及剪應力。

② 刀具傾角。

③ 未變形切屑厚度。

④ 切屑寬度。

⑤ 刀面之摩擦係數變化所致的剪切角。

8. 切屑形成之速度

若不考慮切屑與刀面摩擦和切屑捲曲的情形，則切屑形成時有三種速度，如圖1.45示。

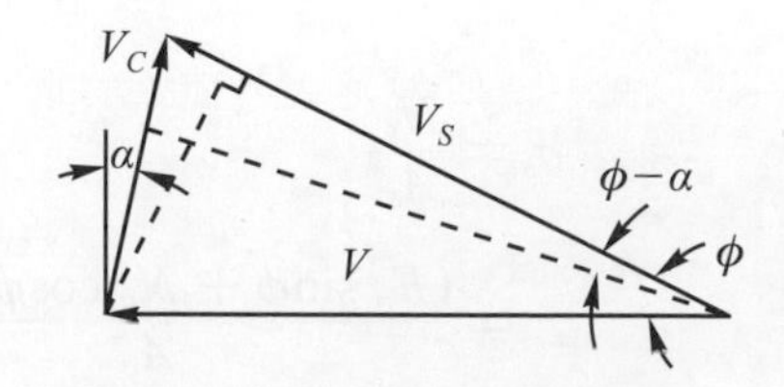

圖 1.45 切屑形成之速度

(1) 切削速度V：刀具對工件的相對速度，沿工件之加工面方向。

(2) 剪切速度V_s：切屑對工件的相對速度，沿剪切面方向。

(3) 切屑速度V_c：切屑對刀具的相對速度，沿刀面方向。

根據動力學原理，可知此三個速度向量必構成一個閉合速度圖，換言之，切削速度和切屑速度向量和等於剪切速度。由正弦定律得：

$$V_s=\frac{V\cos\alpha}{\cos(\phi-\alpha)}$$

$$V_c=\frac{V\sin\phi}{\cos(\phi-\alpha)}$$

9. 單位體積切削能量

切削過程中所消耗的功率為主切削力F_p與切削速度V的乘積。因此，單位體積所消耗的能量

$$U=\frac{F_p\cdot V}{b\cdot t\cdot V}=\frac{F_p}{bt}$$

單位體積的總能量可假設為單位體積的剪切能量U_s與摩擦能量U_f的和，即

$$U=U_s+U_f$$

(1) 單位體積的剪切能量U_s：剪切面上切屑之堆積及剪切時內部摩擦與剝離之塑性變形產生的能量。

$$U_s=\frac{F_s\cdot V_s}{b\cdot t\cdot V}=\frac{\tau_s\cdot b\cdot t\cos\alpha}{b\cdot t\cdot\sin\phi\cos(\phi-\alpha)}$$

$$=\frac{\tau_s\cos\alpha}{\sin\phi\cos(\phi-\alpha)}$$

(2) 單位體積的摩擦能量U_f：切屑流經刀面時摩擦產生的能量。

$$U_f = \frac{F \cdot V_c}{b \cdot t \cdot V}$$

$$= \frac{\tau_s \cdot b \cdot t \sin\phi}{b \cdot t \cdot \cos\alpha \cos(\phi - \alpha)}$$

$$= \frac{\tau_s \sin\phi}{\cos\alpha \cos(\phi - \alpha)}$$

1.11 切削刀具的效率

切削刀具的設計與使用之目的是提高生產效率，改善產品品質，降低生產成本，增加產品利潤。

1. 評估切削刀具效率的因素
   (1) 刀具切除工件材料的能力。
   (2) 加工後成品的品質。
   (3) 刀具重新研磨或更換前，其完成的加工量。
2. 增進切削刀具效率的因素
   (1) 刀具刃口各部位角度要正確。
   (2) 依切削材料的性質選擇刃口的形狀。
   (3) 刃口的銳利度及平滑度。
   (4) 依切削材料的性質選擇正確的刀具材料。
3. 影響切削刀具效率的其他因素
   (1) 切削條件：切削速度、切削深度、進給。
   (2) 對刀具的熱處理。
   (3) 切削前的正確使用。
   (4) 工件的形狀。
   (5) 工具機的條件。

習題 1.7

1. 何謂切削速度？切削深度？進給？
2. 試述選擇切削速度考慮的因素？
3. 何謂切削力？
4. 試述分析切削力系統時有哪些假設？
5. 何謂切屑厚度？未變形切屑厚度？
6. 何謂切削比？
7. 何謂剪切面？
8. 何謂剪切角？
9. 一車刀之傾角 5°做正交切削工作，若車床轉數 500rpm，工件直徑 55mm，進給 0.3mm/rev，切屑厚度t_c＝ 0.6mm，試求：①切削速度？②切削比r_c？③剪切角ϕ？
10. 依照上題切削條件，若以測力計測知切削作用力F_p爲 58kg，推向作用力N_p爲 21.5kg，試求：①與刀面平行之分力F，②與刀面垂直之分力N，③切屑與刀面間之摩擦係數μ？
11. 試述影響切削力的因素？
12. 試述評估切削刀具的因素？
13. 試述增進切削刀具效率的因素？
14. 試述影響切削刀具效率的其他因素？

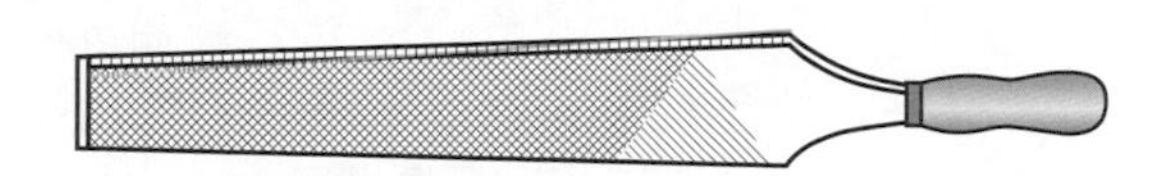

鋸條、銼刀

CUTTING TOOLS

不論是工具機或手工具之切削工作，其所需的材料均事先鋸切成適當的長度以利於加工。鋸切材料常用的機械爲弓鋸機及帶鋸機，常用的工具爲手工鋸，兩者使用的刀具均稱爲鋸條。

鉗工的基本工作是銼削工作，有些機件之配合亦常用手工銼削稍爲誤差的部位以利於裝配。銼削工作所使用的刀具稱爲銼刀。

2.1 鋸條各部位的名稱

鋸條(Hacksaw blade)係由高速鋼或合金工具鋼經淬火及回火處理製成。

鋸條各部位的名稱：齒面、齒背、齒根、齒根深、齒距、傾角、後間隙角、厚度、寬度、長度等如圖 2.1 示。

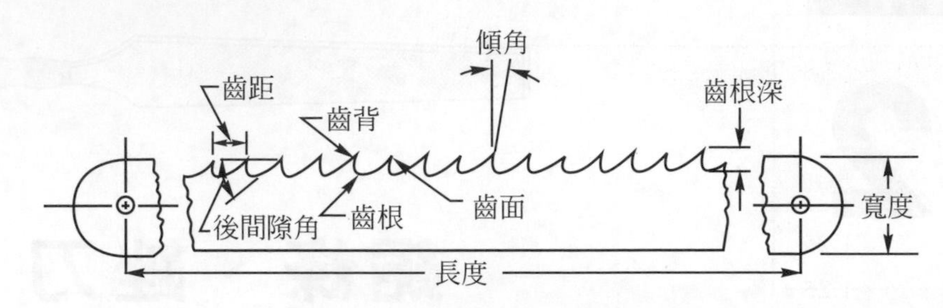

圖 2.1　鋸條各部位名稱

鋸條由製造方式分爲硬式鋸條及撓式鋸條。

1. 硬式鋸條

硬式鋸條之鋸背與鋸齒全被硬化，因其質脆故使用不當容易折斷。硬式鋸條裝置於手弓鋸及往復式帶鋸機以往復式鋸切材料。

鋸條粗細以每 25.4mm 間之齒數表示。齒數愈多則鋸齒愈細。

手弓鋸鋸條之齒數有 14、18、24、32，長度有 250、300mm 等。

弓鋸鋸條之齒數有 6、8、9、10、12、14，長度有 300、350、400、450mm 等。

硬式鋸條規格的表示法：

長度 × 寬度 × 厚度——每 25.4mm 齒數

表 2.1 手弓鋸鋸條規格，表 2.2 弓鋸機鋸條規格。

表 2.1　手弓鋸鋸條規格

單位：mm

稱呼尺寸 (長 × 寬 × 厚)	齒數 (25.4mm 長)
250 × 12 × 0.64	14　18　24　32
300 × 12 × 0.64	14　18　24　32

表 2.2 弓鋸機鋸條規格

單位：mm

稱呼尺寸 (長×寬×厚)	齒數 (25.4mm 長)	稱呼尺寸 (長×寬×厚)	齒數 (25.4mm 長)
300×25×1.25	8 9 10 12 14	400×32×1.65	4 6 8 9 10
350×25×1.25	6 8 9 10 12 14	450×32×1.65	4 6 8 9 10
400×25×1.25	6 8 9 10 12 14	500×32×1.65	4 6 8 9
450×25×1.25	6 8 9 10 12	525×32×1.65	4 6 8 9
350×32×1.25	6 8 9 10	450×38×1.65	4 6 8 9
400×32×1.25	6 8 9 10	500×38×1.65	4 6 8
450×32×1.25	6 8 9 10	525×38×1.65	4 6 8
300×25×1.65	8 9 10 12 14	550×38×1.65	4 6 8
350×25×1.65	6 8 9 10 12 14	600×38×1.65	4 6
400×25×1.65	6 8 9 10 12 14	525×50×1.65	4 6
450×25×1.65	6 8 9 10 12	550×50×1.65	4 6
350×32×1.65	6 8 9 10	600×50×1.65	4 6

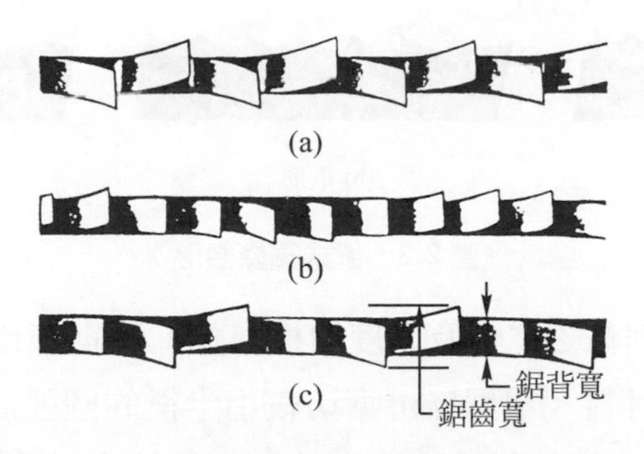

圖 2.2 硬式鋸條齒形

爲防止鋸切時，鋸條與工件上鋸槽之兩側發生不必要的摩擦，鋸齒之刃尖爲彎曲鋸齒狀。硬式鋸條之齒形如圖 2.2 示，分爲：①標準形(圖(a))，鋸齒交互彎曲爲細鋸齒，適於鋸切薄鐵板；②波浪形(圖(b))，鋸齒作成正弦波形為中鋸齒，適於鋸切非鐵金屬材料或形狀不規則的材料；③掃射形(圖(c))，每隔一齒交互彎曲為粗鋸齒，適於鋸切鋼材、鋁等。

2. 撓式鋸條

撓式鋸條僅鋸齒部分被硬化，鋸條背部軟而具撓性，比硬式鋸條耐用。撓式鋸條裝置於臥式帶鋸機及立式帶鋸機以旋轉式鋸切材料。

撓式鋸條之齒形如圖 2.3 示，分為：①精密形鋸齒(圖(a))，沒有傾角，有後讓角約 30°，齒數有 3、4、6、8、10，適於鋸切鋼、銅、鋁合金、型鋼，需要精光及正確的工件；②爪形鋸齒(圖(b))，有正傾角及比精密形較小的後讓角，齒數有 2、3、4，適於鋸切特殊鋼及不銹鋼；③斜方鋸齒之齒形(圖(c))，與精密形相似，齒數有 2、3，故齒間比較大，更易容納鋸屑，適於鋸切三合板、合成樹脂、輕合金、大截面的工件、軟材料之深鋸切。

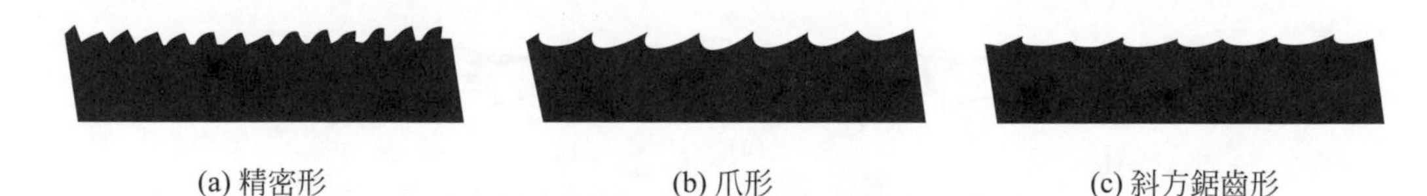

(a) 精密形　　(b) 爪形　　(c) 斜方鋸齒形

圖 2.3　撓式鋸條齒形

撓式鋸條之寬度及厚度均標準化。厚鋸條比薄鋸條較強韌，可鋸切硬材料。窄鋸條可鋸切較小半徑的圓弧曲線。如圖 2.4 示撓式鋸條鋸切材料的情形。表 2.3 示鋸輪廓用的鋸條規格。表 2.4 示鋸斷用的鋸條規格。

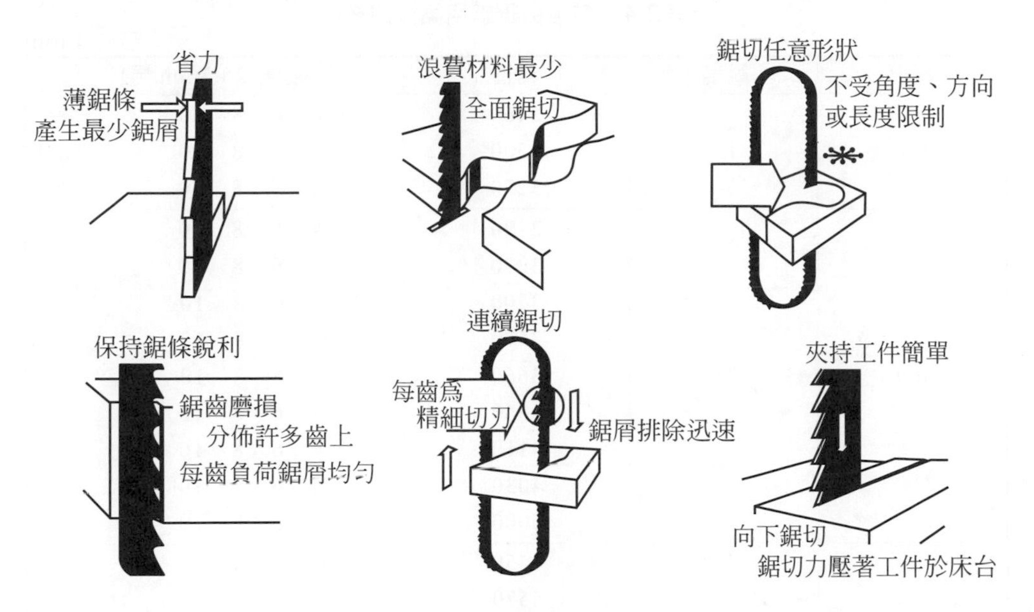

圖 2.4　撓式鋸條鋸切材料

表 2.3　帶鋸機鋸輪廓用鋸條規格

單位：mm

厚度	寬度	全長(m)	齒數(25.4mm 長)
0.6	2	30	18 24
0.6	3	30	14 18 24 32
0.6	5	30	10 12 14 18 24 32
0.6	6	30	10 12 14 18 24 32
0.6	8	30	10 12 14 18 24 32
0.6	10	30	6 8 10 12 14 18 24 32
0.6	13	30	4 6 8 10 12 14 18 24 32
0.8	16	30	3 4 6 8 10 12 14 18 24
0.8	19	30	3 4 6 8 10 12 14 18
0.9	25	30	3 4 6 8 10 12 14
1.0	32	30	3 4 6 8
1.0	38	30	3 4 6 8
1.0	50	30	3 4 6 8

表 2.4 帶鋸機鋸斷用鋸條規格

單位：mm

寬度	厚度	全長	齒數(25.4mm 長)
0.8	19	2460	4 6 8 10
		3500	4 6 8 10
		3270	4 6 8 10
0.9	25	2190	4 6 8 10
		3270	4 6 8 10
		3500	3 4 6 8 10
		3570	3 4 6 8 10
		3660	3 4 6 8 10
		3840	4 6 8 10
		4110	4 6 8 10
		4030	4 6 8 10
		5000	4 6 8 10
1.0	32	4450	3 4 6 8
		4570	3 4 6 8
		4600	3 4 6 8
		4030	3 4 6 8
		4460	3 4 6 8
		5370	3 4 6 8
		7100	3 4 6 8
		5000	3 4 6 8
1.0	38	4580	3 4 6 8
		5390	3 4 6 8
		6175	3 4 6 8
		6210	3 4 6 8
		5780	3 4 6 8
1.0	50	6500	3 4 6
		7390	3 4 6
		7490	3 4 6
		9900	3 4 6
		10320	3 4 6
		6985	3 4 6
		7760	3 4 6
		8000	3 4 6

表 2.5　手弓鋸鋸條選用原則

鋸條齒節	鋸切材料	正確齒節	適用原因	不正確齒節	不適用原因
14 齒／25.4mm	軟鋼、冷作鋼、斷面大的工件。	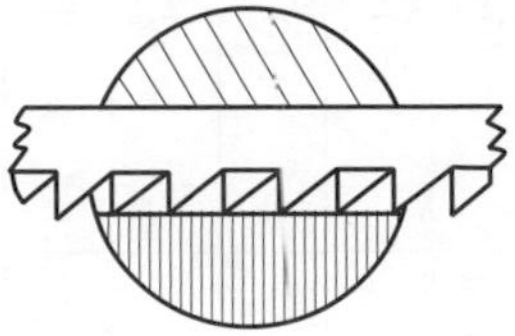	粗齒節有充分齒間容納鋸屑，使金屬鋸割工作輕快迅速。	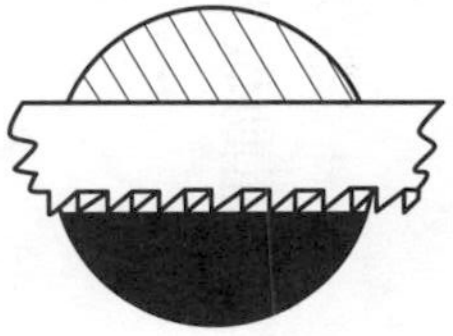	細齒節無空隙排除鋸齒。
18 齒／25.4mm	高速鋼、工具鋼、白合金、鑄鐵。	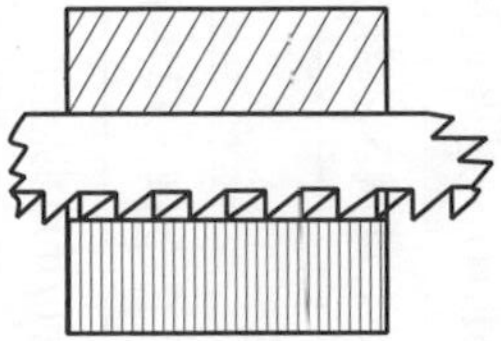	適當的齒節仍有充分齒間使鋸割推力均勻分擔於各鋸齒，較不易磨損。	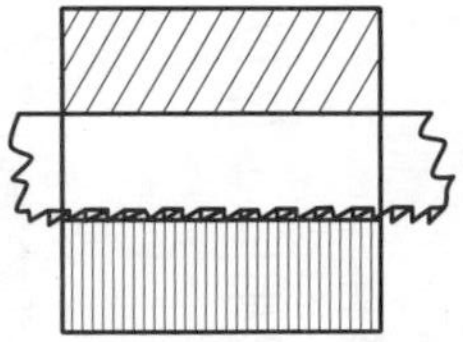	若用粗齒節者鋸齒容易磨損。
24 齒／25.4mm	黃銅、#18 以上鐵板、角鐵、U 型鐵。	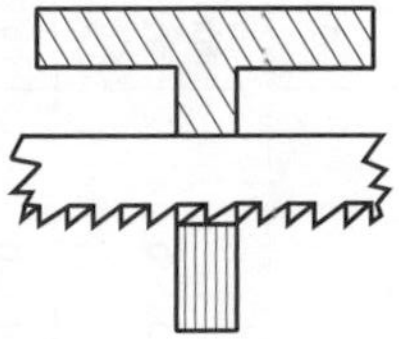	適當的齒節仍有足夠齒間以排除鋸屑，至少有兩個鋸齒在工作上。	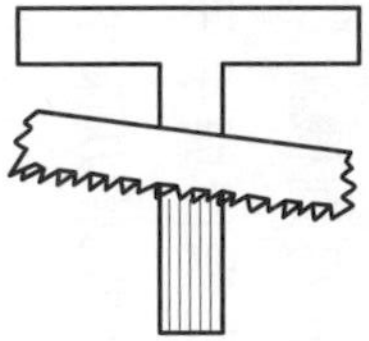	過喜齒節無空隙以排除鋸屑。
32 齒／25.4mm	小鐵管、#18 以下鐵板。	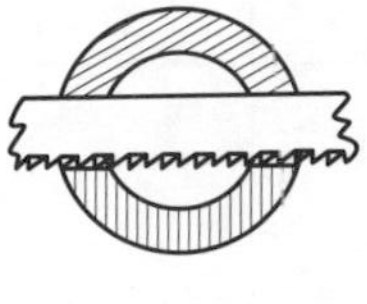	至少有兩個鋸齒在工件上面才能鋸割。	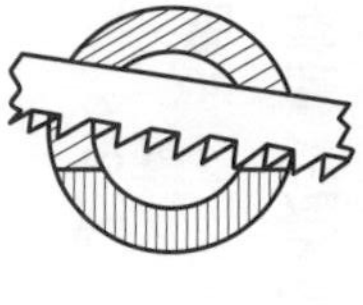	粗齒節如鋸割薄工件鋸齒易斷裂。

2.2 鋸條的選用

1. 鋸條選用的原則

手弓鋸鋸條之選用依鋸切材料的形狀或性質而不同，如表2.5示。

2. 硬式鋸條用於弓鋸機鋸切條件

弓鋸機之操作與手弓鋸相同，係以往復式運動做鋸切工作。表2.6示弓鋸機鋸切條件。

表2.6 弓鋸機鋸切條件

鋸條材質	齒數(每25.4mm)	工件材質	鋸切衝程數(每分鐘)
合金工具鋼	6	非鐵金屬	125～135
		合金鋼	75～90
	6～9	碳鋼(軟鋼)	125～135
		碳鋼(硬鋼)、退火工具鋼	75～90
		未退火工具鋼、不銹鋼	50～70
高速鋼	3～6	鋁合金	110～150
		構造用合金鋼，模用鋼	60～90
	4～9	厚鋼管(7mm以上)	120
	6～9	鑄鐵、黃銅、青銅	90～135
		可鍛鑄鐵	90～120
		高速鋼、鎳鋼、鋼軌	60～90
		不銹鋼	60
	8～14	鋼管(2～7mm)	120～135
	14	薄鋼管(2mm以下)	120
		黃銅管	135

3. 撓式鋸條用於弓鋸機鋸切條件

帶鋸機係由撓式鋸條做旋轉循環之鋸切，比往復式弓鋸機之鋸切效率高，用途亦較廣泛。

撓式鋸條於臥式帶鋸機主要爲鋸斷材料用；於立式帶鋸機主要爲鋸切工件的外形，故立式帶鋸機又稱爲輪廓帶鋸機。表 2.7 示帶鋸機鋸切條件。

表 2.7 帶鋸機鋸切條件

工件材質 ＼ 鋸切條件 ＼ 工件厚度(mm)	1.5	5	25	75	150	1.5	5	25	75	150
	鋸條齒數(25mm 長)					切削速度(m/min)				
純碳鋼	24	14	10	6	4	80	60	50	45	40
易削鋼	18	14	10	6	4	80	60	50	45	40
錳鋼	18	14	12	8	6	60	45	40	30	25
鎳鋼	18	14	12	8	6	50	40	30	20	20
鉬鋼	18	14	12	6	4	45	40	30	20	20
鎢鋼	18	14	12	8	6	45	30	20	15	15
高速鋼	24	14	12	8	6	45	30	20	15	15
不銹鋼	24	14	10	8	6	30	20	15	15	15
可鍛鑄鋼	18	12	8	6	4	60	50	45	40	35
米漢納鑄鐵	18	10	8	6	4	45	30	30	15	15
鑄鐵	18	14	12	8	6	70	60	45	20	20
鋁及鋁合金	18	10	6	6	4	450	450	340	230	230
巴氏合金	14	8	6	6	4	450	450	450	450	450
黃銅(軟)	18	14	8	6	4	450	230	100	90	90
鋁青銅	18	12	10	6	4	150	90	70	45	35
海軍黃銅	18	12	10	6	4	90	75	70	60	60
電木	10	8	6	4	—	450	450	450	450	—
軟木	10	8	6	6	4	450	450	450	360	360
塑膠	14	10	6	4	—	450	450	450	450	—
木材	14	8	6	4	—	450	450	450	450	—

2.3 銼刀各部位的名稱

銼刀(Files)係在高碳鋼表面鑿單排或交錯平行銼齒再經熱處理而成，用於銼削平面及曲面。銼刀必須裝入刀柄後才能使用，不但方便而且安全。

銼刀各部位的名稱：刀根、刀踝、刀面、刀端、刀長、銼齒邊、安全邊(無銼齒)等如圖 2.5 示。

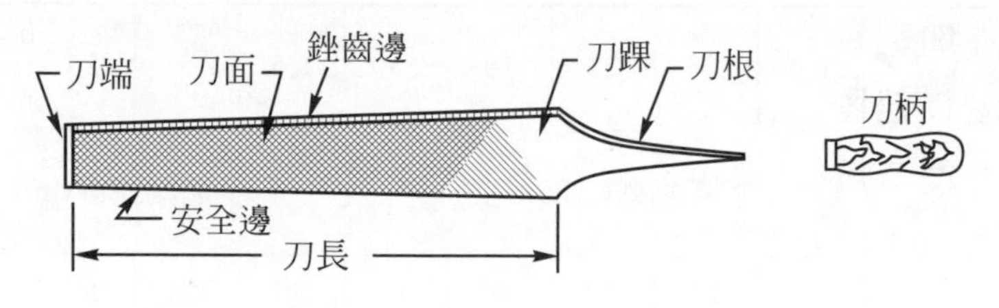

圖 2.5 銼刀各部位名稱

2.4 銼刀的分類及規格

銼刀依銼刀長度、斷面形狀、切齒粗細、切齒形式等分類。

1. 依銼刀長度分類

   銼刀長度爲自銼刀頂端至刀踝距離，有 100mm、150mm、200mm、250mm、300mm、350mm、400mm 等七種。

2. 依銼刀斷面形狀分類

   銼刀依斷面形狀分爲平銼、方銼、三角銼、半圓銼、圓銼等五種如圖 2.6 示。

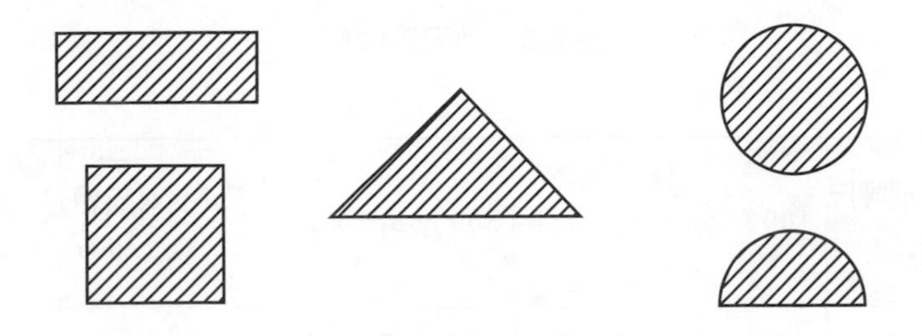

圖 2.6 銼刀斷面形狀

(1) 平銼：有雙銼齒及單銼齒兩種，兩邊及兩面向頂端稍爲傾斜；用以銼削平面。

(2) 方銼：爲雙銼齒，銼刀四面均向頂端傾斜；用以銼削方孔、長方孔、溝槽等。

(3) 三角銼：三面均爲雙切齒且有斜齒；用以銼削工件之銳凹角。

(4) 圓銼：普通多爲單銼齒；用以銼削圓孔及凹曲面。

(5) 半圓銼：平面爲雙銼齒，半圓面爲單銼齒或雙銼齒，兩邊及兩面均向頂端傾斜，用以銼削凹曲面及圓孔。

3. 依銼齒粗細分類

鋰齒之粗細以單位長25.4mm之齒數分類，通常分爲粗齒、中齒、細齒、特細齒等四種。銼齒的粗細是指相互平行的切齒間距離之大小，以同長度之銼刀爲準。二種不同長度之銼刀，其粗細不同，例如300mm中銼比150mm粗銼較粗，故粗、中、細均以同長度之銼刀做比較。

表2.8示銼刀銼齒數。表2.9示銼刀規格。

表 2.8 銼刀銼齒數

單位：mm

齒數(25.4mm長) 粗細 ＼ 稱呼尺寸	100	150	200	250	300	350	400	5 支組 (215)	8 支組 (200)	10 支組 (184)	12 支組 (170)
粗齒	36	30	25	23	20	18	15	—	—	—	—
中齒	45	40	36	30	25	23	20	45	50	58	66
細齒	70	64	56	48	43	38	36	70	75	80	90
特細齒	110	97	86	76	66	58	53	110	118	125	135

表 2.9 銼刀規格

單位：mm

稱呼尺寸 (長度)	平銼		半圓銼		圓銼	方銼	三角銼
	寬度	厚度	寬度	厚度	直徑	邊長	邊長
100	12	3	11	4	4	4	8
150	16	4	16	4.5	6	6	11
200	21	5	21	6	8	8	15
250	25	6.5	25	7	10	10	18
300	30	7	30	8.5	12	12	21
350	35	7.5	35	10	15	15	24
400	39	9	40	11	18	18	27

4. 依銼齒之形狀分類

銼齒之形狀分為單銼齒、雙銼齒、曲銼齒等三種如圖 2.7 示。

(1) 單銼齒(圖(a))：銼刀面上切成單排的平行銼齒，所有銼齒與銼刀邊成 65°～85°；銼削時不易黏著銼屑，故常為精光之用。

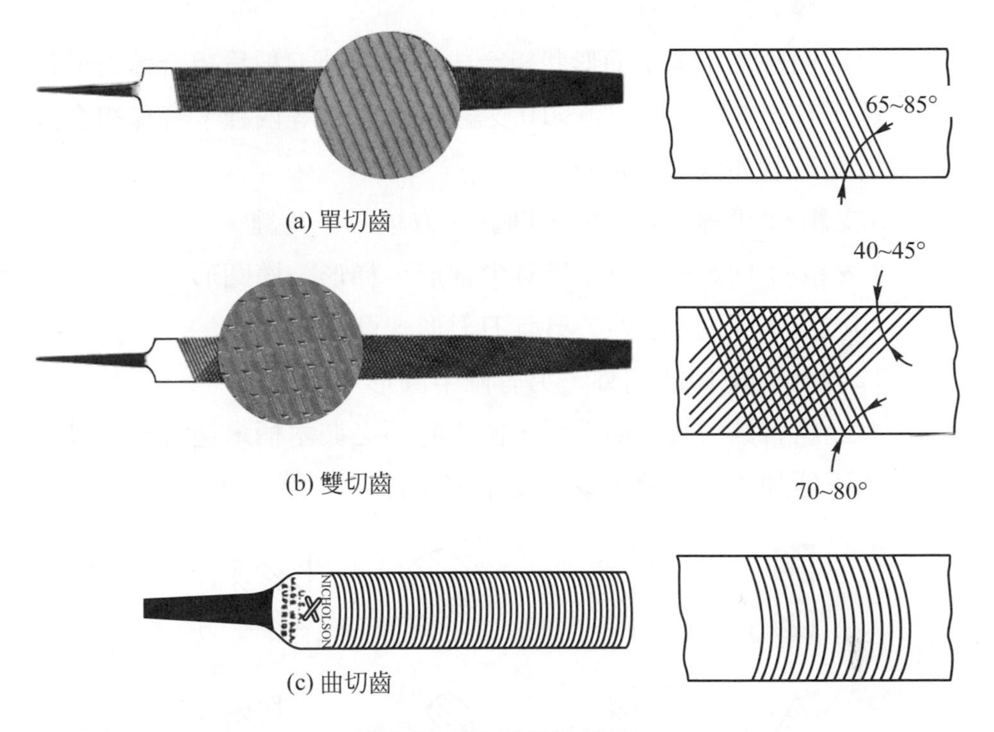

圖 2.7　鉎刀鉎齒的形式

⑵　雙鉎齒(圖(b))：鉎刀面上切成兩排相互交錯的平行鉎齒，第一排與鉎刀邊成 70°～80°，鉎齒較粗，稱爲左鉎齒，主要目的爲鉎削作用；第二排與鉎刀邊成 40°～45°，鉎齒較細，稱爲右鉎齒，主要目的爲排除鐵屑。如欲將工件鉎去較多部份而又需光滑平面時，則須先用雙鉎齒鉎刀，而後用單鉎齒鉎刀鉎削之。

⑶　曲鉎齒(圖(c))：鉎刀面上切成半圓形狀，因曲線使鉎屑容易脫落，故鉎削軟金屬最適宜。

鉎刀另一特徵爲鉎刀邊。一邊有單鉎齒，用於鉎削工件較粗硬的表皮，如鑄件或鍛造表面。另一邊無鉎齒稱爲安全邊，當鉎削工件內稜角時，將安全邊靠著稜角邊，以免稜角邊被鉎削。

5. 組合銼刀(什錦銼)

由數支不同斷面形狀組合成一組的銼刀稱爲組合銼刀或什錦銼；有5支組、8支組、10支組、12支組等四種。各種組合銼的斷面形狀如圖2.8示。

5支組 ：平銼、半圓銼、圓銼、方銼、三角銼。

8支組 ：同5支組外，另有尖細形、梯形、橢圓形。

10支組：同8支組外，另有刀刃形、凸圓形。

12支組：同10支組外，另有兩半圓形、蛤形。

組合銼刀之柄部扁平，使用時不必裝木柄，適合於一般銼刀所不能加工的位置，或須要精密工作。

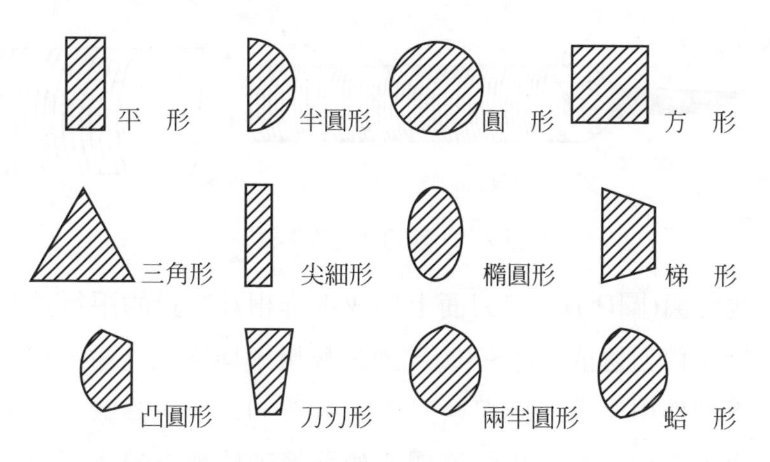

圖2.8 組合銼刀斷面形狀

習題 2.1

1. 鋸條的主要部位有哪些？
2. 硬式鋸條之規格如何？
3. 試述硬式鋸條及撓式鋸條之特性？
4. 試述硬式鋸條鋸齒之形狀及其適於鋸切哪種工件材料？

5. 試述撓式鋸條鋸齒之形狀及其適於鋸切哪種工件材料？
6. 爲何 14 齒／25.4mm 之鋸條不適於鋸切小鐵管或較薄的工件材料？
7. 爲何 18 齒／25.4mm 之鋸條適於鋸切工具鋼、鑄鐵等工件材料？
8. 爲何 32 齒／25.4mm 之鋸條不適於鋸切大斷面的工件材料？
9. 鉎刀的主要部位有哪些？
10. 試述鉎刀依斷面形狀的分類及其用途？
11. 試述鉎刀依鉎齒形狀的分類及其用途？
12. 試述組合鉎刀的用途？

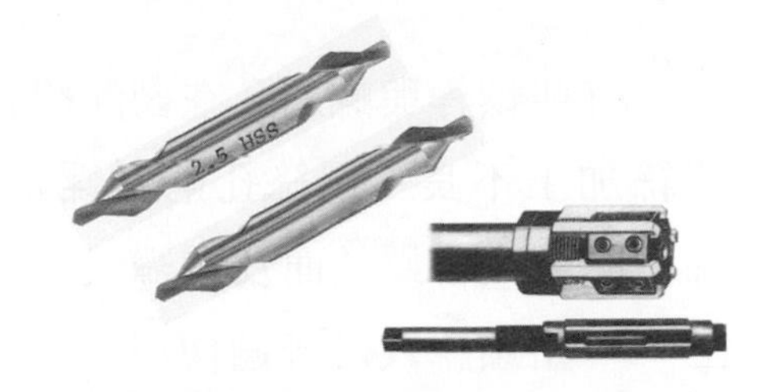

3 鑽頭、鉸刀 螺絲攻、螺絲鏌

CUTTING TOOLS

機器中兩個零件的裝配組合大多是利用螺桿穿過兩個零件的孔再以螺帽旋緊，或以螺桿穿過一個零件的孔旋入另一零件的螺絲孔內以固定之。這些零件的孔有些是鑄造成形，有些是經過鑽孔而成。

鑽孔工作通常是鉸孔、攻絲、搪孔、拉削等工作之前置作業。因此，鑽孔使用的刀具稱爲鑽頭，是金屬材料或非金屬材料加工中應用最多的刀具之一。鑽頭可以在實心材料上鑽孔或在已形成的孔上再予擴大孔徑。一般鑽頭的加工精度爲IT11～IT13，粗糙度爲1.6a～6.3a。

一般由鑽頭鑽削的孔徑精確度及孔面粗糙度均較差，爲改善孔的精確度及粗糙度可以使用鉸刀鉸削孔面。因此，鉸刀常做爲孔的精加工刀具，其加工精度爲IT6～IT8，粗糙度爲0.8a～3.2a。

大型的零件螺絲孔或不能以螺絲車刀加工之螺絲孔都使用成形的刀具──螺絲攻。許多機器或器具零件之組合都應用螺絲孔，因此，螺絲攻也是金屬材料或非金屬材料加工中應用最多的刀具之一。

有些螺桿與螺絲孔在裝配組合時若有困難，可能是螺絲孔或螺桿之螺絲加工不良。螺絲孔則用螺絲攻再予攻絲，螺桿可用鉸絲鏌再予鉸絲，即可改善螺絲面及螺絲尺寸。因此，鉸絲鏌僅用於少量的外螺紋加工，不如螺絲攻之普遍使用。

3.1 鑽頭各部位的名稱

鑽頭(Twist drill)為旋轉式端型切削刀具，具有兩個刀刃故屬於多刃刀具，裝置於手電鑽、鑽床、車床、銑床等主軸上，用於金屬或其他材料之鑽孔。

鑽頭的材質有碳鋼、高速鋼、碳化物等。碳鋼鑽頭價格便宜，但鑽唇容易破裂，不適合於金屬鑽孔。高速鋼鑽頭硬度較高，鑽腹較強韌，高溫時能保持其硬度而不易磨耗，鑽削速度較高。碳化物鑲口鑽頭用於高速鋼不易鑽孔的工作，鑽削速度為高速鋼的三倍，主要鑽削鑄鐵。

鑽頭可分為鑽柄、鑽身、鑽頂等三個主要部分，各部位名稱如圖 3.1 示。

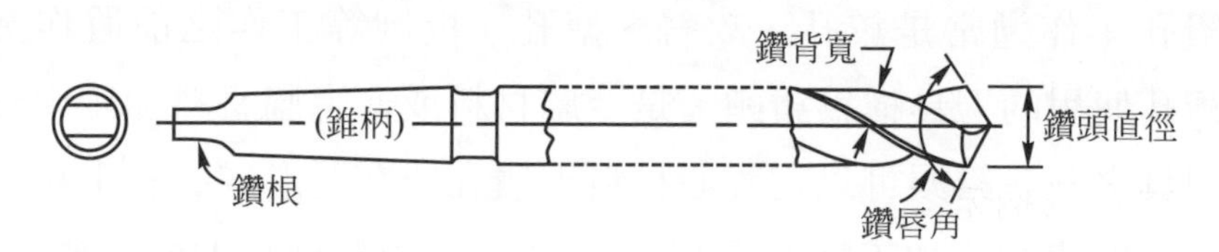

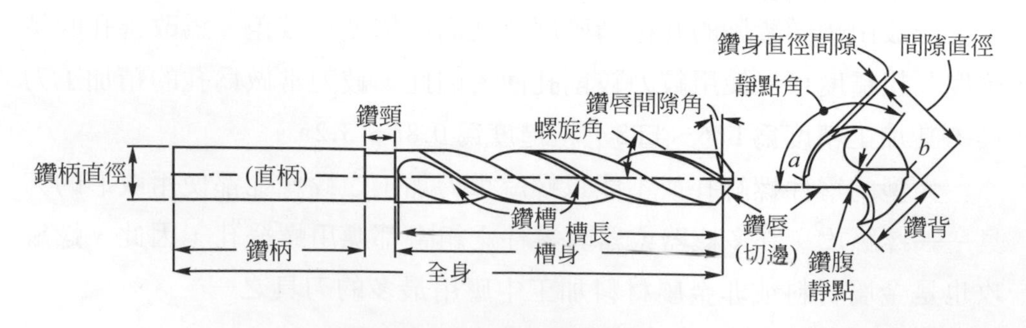

圖 3.1 鑽頭各部位名稱

1. 鑽柄

鑽柄(shank)爲裝置於鑽床主軸內或夾持於鑽頭夾頭的部分。一般鑽頭直徑13mm以下爲直柄，須由鑽頭夾頭如圖3.2(a)示夾持，再裝於鑽床主軸內。13mm以上者爲錐柄，可套接套筒如圖3.2(b)示或直接套入鑽床主軸內。錐柄依鑽頭大小而異，以莫斯錐度(morse taper)爲標準。

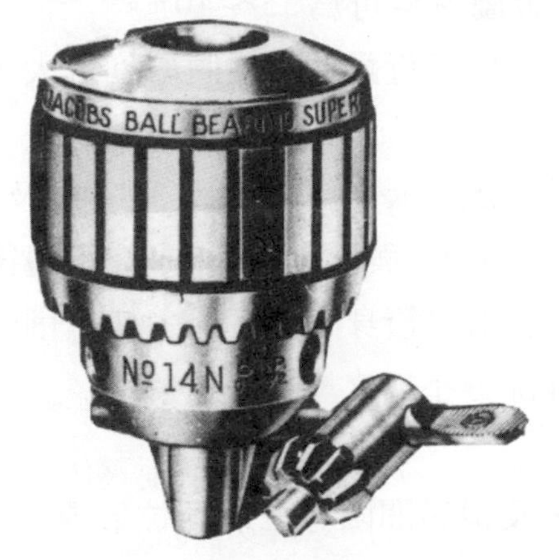

(a) 鑽頭夾頭與扳手

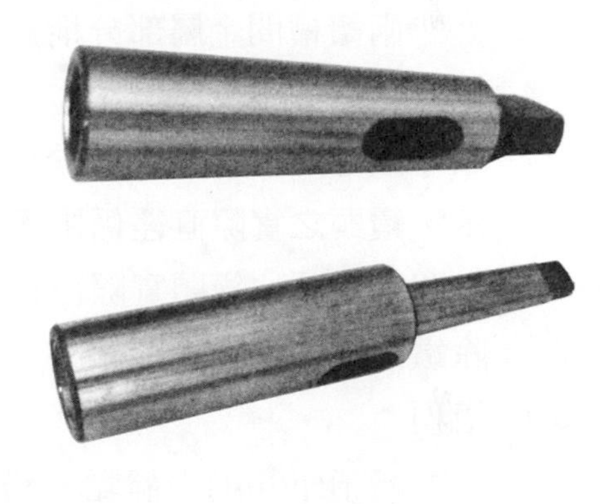

(b) 套筒

圖 3.2 鑽頭夾具

錐柄末端之扁平狀稱爲鑽根(tang)，使鑽頭套入主軸內能穩定，避免鑽削時鑽頭滑動，並讓鑽頭自主軸或套筒內退出而不傷害鑽柄。

表3.1示錐柄莫斯錐度號數。

表 3.1 錐柄莫斯錐度號數

鑽頭直徑 (mm)	2～14	14.5～23	23.5～32	33～50	51～76	77～100
莫斯(MT)號數	No.1	No.2	No.3	No.4	No.5	No.6

2. 鑽身

鑽身(drill body)由鑽槽、鑽邊、鑽腹等三個部位形成。

鑽槽係沿鑽身縱向銑切成螺旋槽或直槽，有二槽、三槽、四槽，以排除鑽屑及使切削劑流到鑽唇。最常用的鑽頭爲兩個螺旋槽，俗稱蔴花鑽頭(twist drill)，其螺旋角相當於車刀的傾角，角度大時鑽削阻力小，容易鑽削，但鑽頭強度減低，影響壽命。螺旋角度一般爲20～25°，鑽削軟金屬材料可爲35～40°。

兩鑽槽間金屬部分稱爲鑽腹，愈接近鑽柄之鑽腹厚度愈大，以增強鑽頭強度。

鑽邊爲沿著鑽槽並緊鄰鑽槽凸起狹長的部分如圖3.1中a及b示，鑽頭之實際直徑係由鑽邊形成，即a與b間之直徑。在鑽邊後之凹低部分比鑽頭實際直徑爲小者稱爲鑽身間隙直徑，使鑽削時除鑽邊與被鑽孔邊接觸外，鑽身部分不與之摩擦。

3. 鑽頂

鑽頂(point)由靜點、鑽唇、及鑽唇間隙等三個部位形成。

靜點爲兩個錐形面在鑽頭頂端相互之線，其中點必須與鑽軸中心相符合。

鑽唇係一銳利直邊由鑽槽及圓錐形面相交而成，其長度由靜點至鑽邊(由靜點端至a之長度)。兩鑽唇的夾角稱爲鑽頂角，鑽唇與鑽軸中心的夾角稱爲鑽頂半角。

在兩鑽唇後之圓錐形面磨成斜形之間隙稱爲鑽唇間隙。

3.2 鑽頂與鑽腹對鑽削作用的影響

鑽頭常被認爲粗削刀具，它能很快地鑽孔但並不能產生光滑及精確的圓孔。然而如能依照鑽削的材料，適當的研磨鑽頂及鑽腹厚度，則鑽頭將更能正確有效地鑽削，並能延長鑽頭壽命。

適當的研磨鑽頂角、鑽唇間隙、鑽腹厚度等，則鑽削時可以達到下列效果：

(1) 控制切屑的形成。
(2) 控制切屑的大小及形狀。
(3) 控制切屑流出鑽槽。
(4) 增加鑽唇強度。
(5) 減少鑽唇磨耗。
(6) 減少鑽削阻力。
(7) 控制鑽孔後的大小、精確度及平直度。
(8) 控制鑽孔端的毛邊量。
(9) 容許較大的鑽削速度及進給做更有效的鑽孔。
(10) 減少摩擦發熱。

1. 鑽唇角對鑽削作用的影響

鑽唇角依鑽削材料之不同而異，一般鑽唇角爲118°，適合於一般鋼料的鑽孔。鑽頭之兩鑽唇半角及兩鑽唇長度均須相等，如圖3.3示。

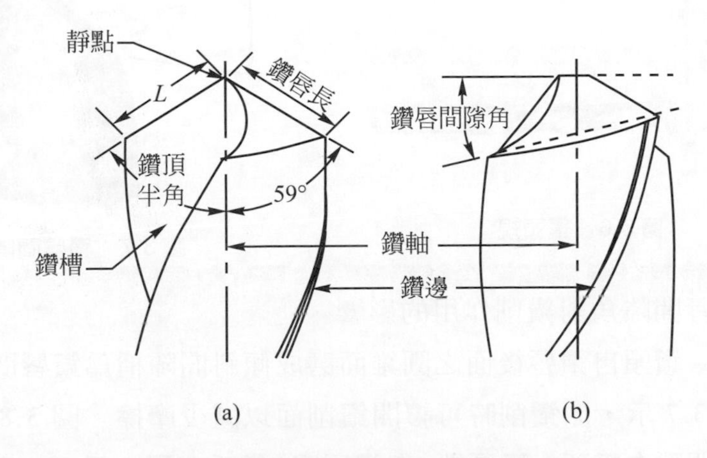

圖3.3 兩鑽唇半角及兩鑽唇長須相等

鑽頭之兩鑽唇長度相等但兩鑽唇半角不相等，鑽削時形成單邊鑽唇之作用而引起擺動，結果孔徑較大，如圖 3.4 示，則鑽頭及鑽床主軸產生極大的應變，引起過度的磨耗及縮短鑽頭的壽命。

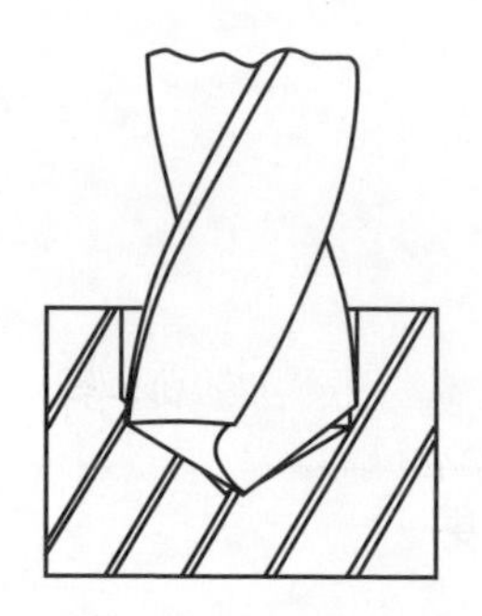

圖 3.4 鑽唇半角不相等對鑽削的影響

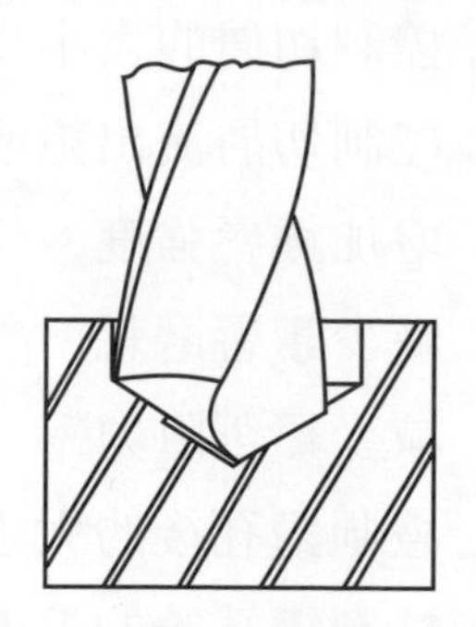

圖 3.5 鑽唇長不相等對鑽削的影響

兩鑽唇半角相等但兩鑽唇長度不相等，則靜點偏離鑽軸中心線，鑽孔時亦會擺動而引起孔徑擴大現象，如圖 3.5 示。如果鑽唇長度相差愈大，靜點離鑽軸中心線愈遠，鑽頭擺動愈烈。

研磨鑽頭時須用鑽頭規檢查鑽唇角及鑽唇長，如圖 3.6 示。

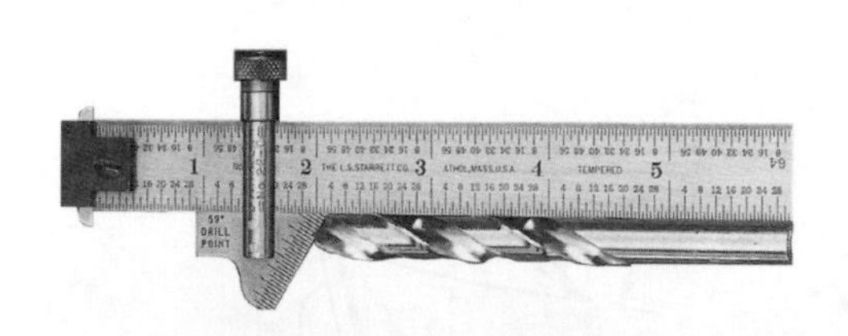

圖 3.6 鑽頭規

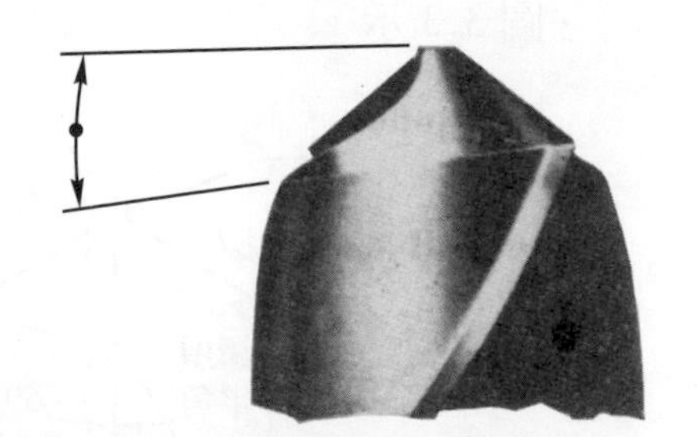

圖 3.7 鑽唇間隙角

2. 鑽唇間隙角對鑽削作用的影響

鑽頭自鑽唇後面之圓錐面磨成傾斜間隙稱爲鑽唇間隙角，如圖 3.7 示，於鑽削時可讓開鑽削面以減少摩擦。圖 3.8(a)示無鑽唇間隙之鑽頂，鑽唇端*A*與鑽唇跟*B*幾乎在同一平面，則兩鑽唇後之圓錐形面完全與孔底接觸，此種鑽頭不能切入工件，僅是摩擦而無鑽削作用。圖 3.8(b)示鑽唇跟B低於鑽唇端A之差距表示鑽唇間隙之大小。

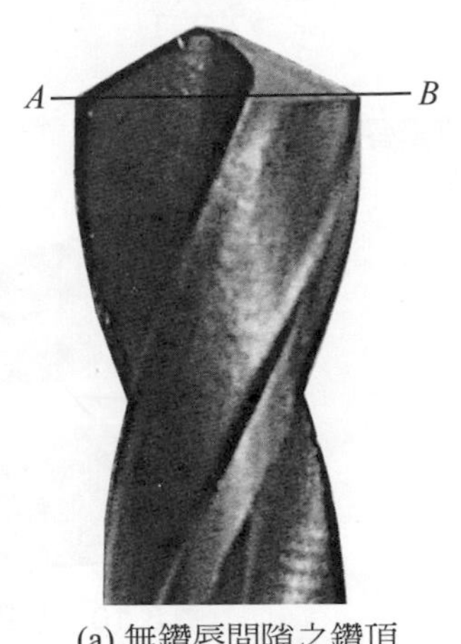

(a) 無鑽唇間隙之鑽頂

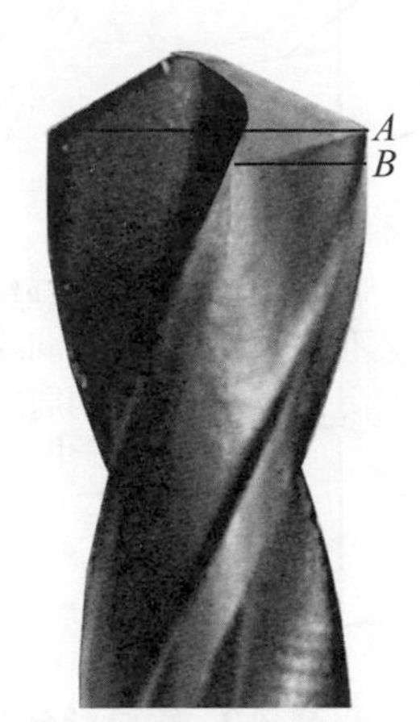

(b) 有鑽唇間隙之鑽頂

圖 3.8 鑽唇端與鑽唇跟之關係

鑽唇間隙角太大時，鑽唇後面無適當支持面，鑽唇較脆弱，易引起鑽唇缺口或破裂；間隙角太小時，鑽唇不易切入工件，鑽頂在工件上摩擦，將增加鑽削阻力，產生過度熱量，加速鑽唇磨耗或使鑽腹裂開。

鑽唇間隙角沿鑽唇而變化，越接近靜點時越大，而傾角越接近靜點時越小，如圖 3.9 示。通常以靜點角判斷鑽唇間隙角的大小。鑽唇與靜點之夾角稱爲靜點角，如圖 3.10 示。靜點角爲 125°～130°時，鑽唇間隙角爲 8°～10°；靜點角爲 135°時鑽唇間隙角爲 12°～15°。鑽頭直徑 2.4mm(3"/32)以下，鑽唇間隙角可增至 15°～25°，靜點角爲 130°～145°，以獲得適宜的鑽削品質。

表 3.2 示鑽頭切削各種材料的角度。

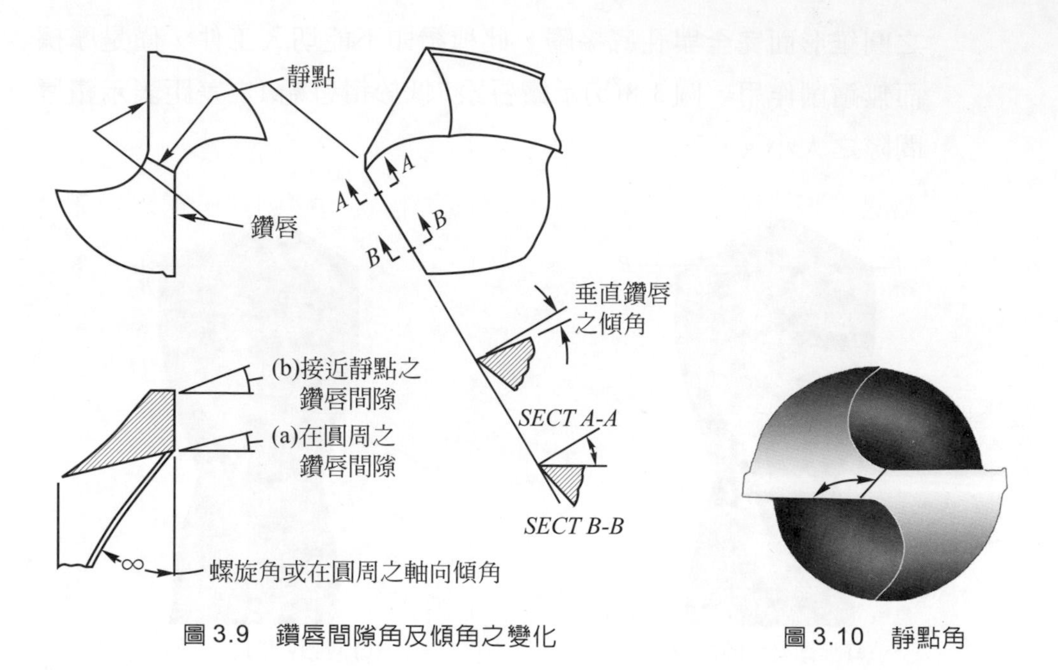

圖 3.9 鑽唇間隙角及傾角之變化

圖 3.10 靜點角

表 3.2 鑽頭切削各種材料的角度

單位：度

工件材料 \ 角度	鑽唇角	鑽唇間隙角	靜點角
碳鋼、鑄鋼、鑄鐵	118	12～15	125～135
錳鋼	150	10	115～125
鎳鋼、氮化鋼	130～150	5～7	115～125
鑄鐵	90～118	12～15	125～135
黃銅、青銅	118	12～15	125～135
銅、銅合金	110～130	10～15	125～135
塑膠	90～118	12～15	125～135
硬橡膠	60～90	12～15	125～135

3. 鑽腹對鑽削作用的影響

當鑽頭漸被磨短時，鑽腹厚度漸增，靜點長度亦漸長，如圖3.11示，則其鑽削並非眞正的切削而是推除金屬。短鑽頭長靜點之鑽削將需要很大的動力，結果產生較大的切削熱，縮短鑽頭壽命。

爲使鑽頭有良好的切削作用，必須減少刀腹厚度，使靜點恢復正常的長度，此種操作稱爲磨薄鑽腹。

表3.3示鑽腹厚度爲鑽頭直徑之百分率。

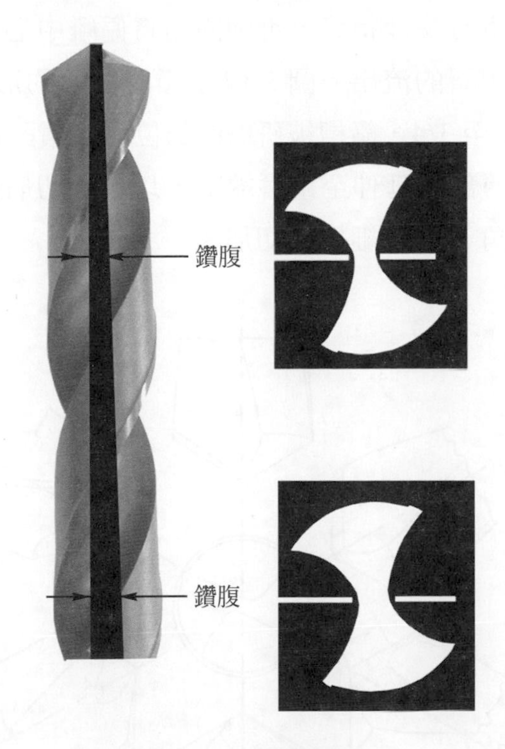

圖3.11 鑽腹厚度

表 3.3 鑽腹厚度百分率

鑽頭直徑(mm)	鑽腹厚度(鑽頭直徑的百分率)
3.175	20
6.35	17
12.7	14
25.4	12
25.4 以上	11

研磨鑽腹可用鑽腹厚度研磨機、工具磨床、砂輪機等研磨，並要選用軟砂輪使研磨鑽頭時不會燒毀鑽唇。磨薄鑽腹時必須注意保持兩鑽唇長度相等，否則靜點將偏離中心；並且磨薄的形狀不可妨礙切屑的流出。圖 3.12 示鑽腹磨薄的形式，長度 A 為鑽唇長度的 1/2 至 3/4，鑽槽被研磨的部位約為鑽頭直徑的 1/4 至 1/2。有時將磨薄部位延伸至鑽唇端點，以改變切屑的形狀，使鑽唇為較大的傾角，可得細捲的切屑。

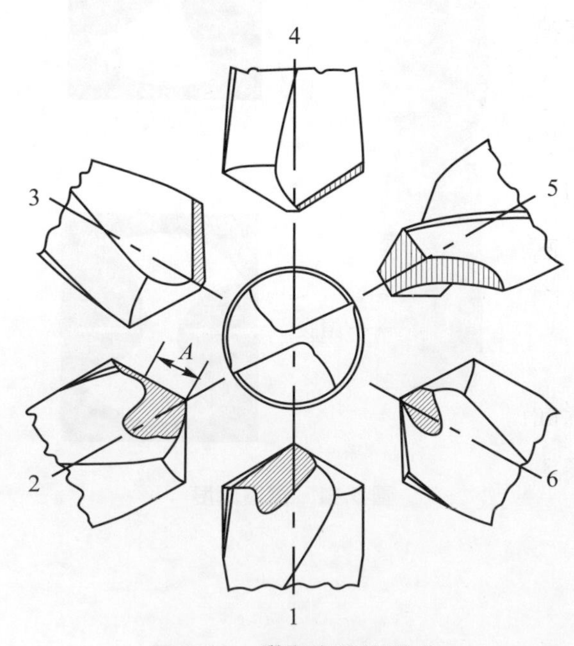

圖 3.12 鑽腹磨薄的形式

3.3 鑽頭分類

鑽頭因使用範圍廣泛，常依其製作方式、夾持方式、鑽削加工的性質而分類。

1. 依結構分類

⑴ 整體式鑽頭：由同一材料整體所製成，如高速鋼鑽頭。

⑵ 端焊式鑽頭：鑽刃由碳化物焊接而成，如電氣鑽頭。

2. 依鑽柄分類

⑴ 直柄鑽頭：鑽柄爲圓柱形，其直徑可等於或不等於鑽身直徑。

⑵ 錐柄鑽頭：鑽柄爲錐形，其大小以莫斯錐度(morse taper)表示。

3. 依鑽槽分類

⑴ 二螺旋槽鑽頭：鑽身有二個螺旋槽爲最常用的鑽頭，直接做鑽孔用。

⑵ 三螺旋槽或四螺旋槽鑽頭：鑽身有三個或四個螺旋槽，主要用於擴孔工作，而不直接鑽孔。其鑽削精光度比二螺旋槽鑽頭較佳，故有時取代鉸刀精光內孔。

4. 特殊鑽頭

爲了高度生產效率或特殊用途而製造特殊鑽頭。

⑴ 中心鑽頭(combined drill and countersinks)：由普通的蔴花鑽頭及60°錐坑鑽頭組成，如圖3.13示，用於鑽床或車床上鑽削工件端面的中心孔。中心鑽頭的大小以蔴花鑽頭直徑表示。

表3.4示中心鑽頭規格。

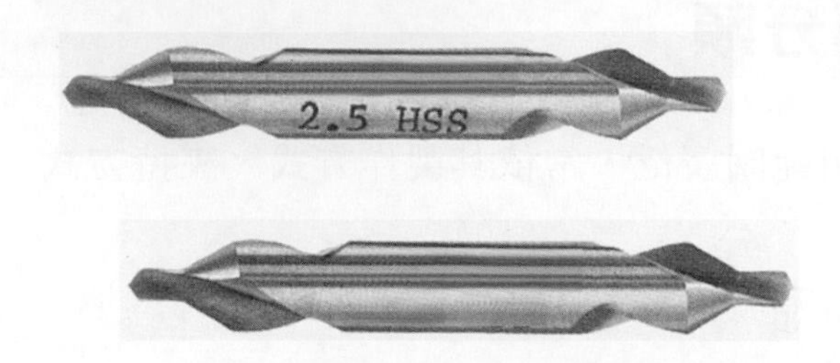

圖 3.13 中心鑽頭

表 3.4 中心鑽頭規格

鑽頂直徑		鑽身直徑	全長	鑽頂直徑		鑽身直徑	全長
公制	英制			公制	英制		
0.4	1/32	3	30	1.5	1/16	5	40
0.5		3	30	2.0	5/64	6	45
0.6		3.5	35	2.5	3/32	7.7	55
0.7		3.5	35	3.0	1/8	7.7	55
0.8		4	35	4.0	5/32	1	68
0.9		4	35	5.0	3/16	1	68
1.0		4	35	6.0		1	90
1.2		5	40				

⑵ 油孔鑽頭(oil hole drill)：在鑽頭中心內自鑽柄至鑽唇附有油孔，如圖 3.14 示。自鑽柄上的油孔加壓使切削劑流入油孔至工件鑽孔部位，以冷卻鑽唇及排除鑽唇。

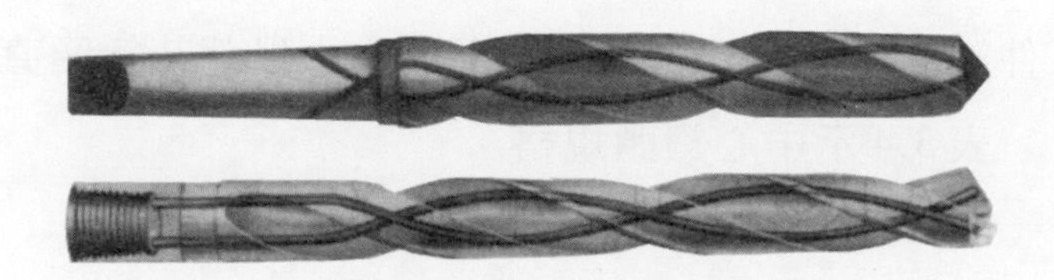

圖 3.14 油孔鑽頭

⑶ 直槽鑽頭：鑽唇爲半月形(straight woodruff)，如圖3.15示，用於鑽削軟材料如黃銅、青銅、非鐵金屬、薄金屬片等。

圖3.15 直槽鑽頭

⑷ 大螺旋角鑽頭(high helix drill)：鑽槽螺旋角爲35～40°，如圖3.16示，用於鑽削鋁、銅、壓鑄件等之深孔，及鑽削容易壓擠孔內之材料。大螺旋角鑽頭直徑爲 1～13mm，全長及鑽槽長均與標準鑽頭相同。

圖3.16 大螺旋角鑽頭

⑸ 小螺旋角鑽頭(low helix drill)：如圖3.17示，主要鑽削黃銅，並常做鑽削鋁及鎂合金之淺孔。鑽槽之排除鑽屑，係由高度鑽穿率促成，尤其在螺絲機或轉塔車床操作。小螺旋角鑽頭直徑爲2～10mm，其全長及鑽槽長與標準鑽頭相同。

圖3.17 小螺旋角鑽頭

⑹ 砲身鑽頭(gun drill)：砲身鑽頭係在圓空心柱體之一端繫一支平角鑽頂之雙槽鑽刃，鑽刃爲端焊碳化物，如圖3.18示，用於鑽砲身之深孔，故亦稱爲深孔鑽頭。鑽削時切削劑壓入空心柱內以排除孔內鑽屑。砲身鑽頭直徑 3～25mm，鑽槽長 110～890mm，全長200～1000mm。

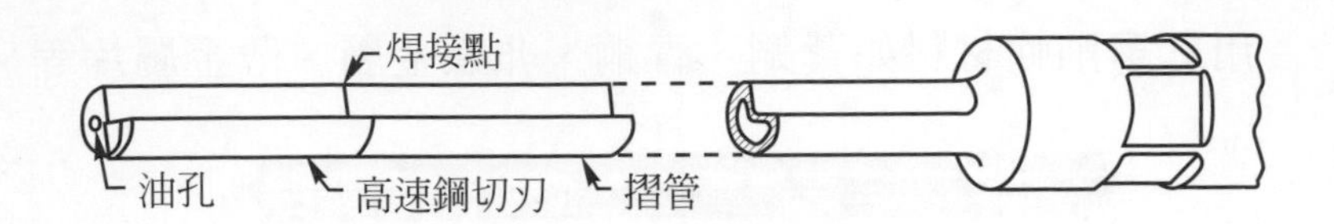

圖 3.18　砲身鑽頭

(7) 左螺旋槽鑽頭：如圖 3.19 示，用於機械之主軸爲左向迴轉之鑽削。

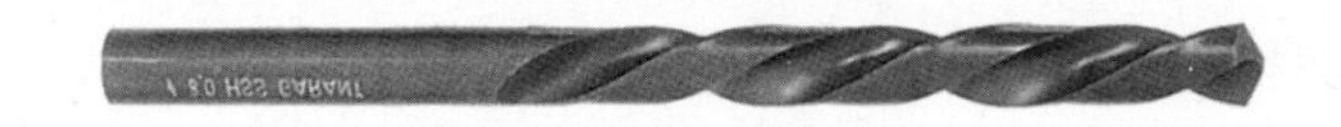

圖 3.19　左螺旋槽鑽頭

3.4　鑽頭規格

鑽頭尺寸以直徑表示之，分爲英制尺寸及公制尺寸。

1. 英制尺寸

英制尺寸鑽頭分爲三種：

(1) 分數鑽頭：自 $\frac{1''}{64}$ ～ $3\frac{1''}{4}$，每隔 $\frac{1''}{64}$ 一支。

(2) 號數鑽頭：自 1 號(最大直徑 0.228")至 80 號(最小直徑 0.0135")，每號一支。

(3) 字母鑽頭：自 A(最小直徑 0.234")至 Z(最大直徑 0.413")，每字母一支。

表 3.5 示英制鑽頭規格。

表 3.5 英制鑽頭規格

直徑			長度		直徑			長度	
小數	分數	號數或字母	總長	槽長	小數	分數	號數或字母	總長	槽長
0.0135		80	3/4	1/8	0.0595		53	1 7/8	7/8
0.0145		79	3/4	1/8	0.0625	1/16		1 7/8	7/8
0.0156	1/64		3/4	3/16	0.0635		52	1 7/8	7/8
0.0160		78	7/8	3/16	0.0670		51	2	1
0.0180		77	7/8	3/16	0.0700		50	2	1
0.0200		76	7/8	3/16	0.0730		49	2	1
0.0210		75	1	1/4	0.0760		48	2	1
0.0225		74	1	1/4	0.0781	5/64		2	1
0.0240		73	1 1/8	5/16	0.0785		47	2	1
0.0250		72	1 1/8	5/16	0.0810		46	2 1/8	1 1/18
0.0260		71	1 1/4	3/8	0.0820		45	2 1/8	1 1/8
0.0280		70	1 1/4	3/8	0.0860		44	2 1/8	1 1/8
0.0292		69	1 3/8	1/2	0.0890		43	2 1/4	1 1/4
0.0310		68	1 3/8	1/2	0.0935		42	2 1/4	1 1/4
0.0312	1/32		1 3/8	1/2	0.0937	3/32		2 1/4	1 1/4
0.0320		67	1 3/8	1/2	0.0960		41	2 3/8	1 3/8
0.0330		66	1 3/8	1/2	0.0980		40	2 3/8	1 3/8
0.0350		65	1 1/2	5/8	0.0995		39	2 3/8	1 3/8
0.0360		64	1 1/2	5/8	0.1015		38	2 1/2	1 7/16
0.0370		63	1 1/2	5/8	0.1040		37	2 1/2	1 7/16
0.0380		62	1 1/2	5/8	0.1056		36	2 1/2	1 7/16
0.0390		61	1 5/8	11/16	0.1094	7/64		2 5/8	1 1/2
0.0100		60	1 5/8	11/16	0.1100		35	2 5/8	1 1/2
0.0410		59	1 5/8	11/16	0.1110		34	2 5/8	1 1/2
0.0420		58	1 5/8	11/16	0.1130		33	2 5/8	1 1/2
0.0430		57	1 3/4	3/4	0.1160		32	2 3/4	1 5/8
0.0465		56	1 3/4	3/4	0.1200		31	2 3/4	1 5/8
0.0469	3/64		1 3/4	3/4	0.1250	1/8		2 3/4	1 5/8
0.0520		55	1 7/8	7/8	0.1285		30	2 3/4	1 5/8
0.0550		54	1 7/8	7/8	0.1360		29	2 7/8	1 3/4

表 3.5　英制鑽頭規格(續)

直徑			長度		直徑			長度	
小數	分數	號數或字母	總長	槽長	小數	分數	號數或字母	總長	槽長
0.1405		28	2 7/8	1 3/4	0.2130		3	3 3/4	2 1/2
0.1406	9/64		2 7/8	1 3/4	0.2187	7/32		3 3/4	2 1/2
0.1440		27	3	1 7/8	0.2210		2	3 7/8	2 5/8
0.1470		26	3	1 7/8	0.2280		1	3 7/8	2 5/8
0.1495		25	3	1 7/8	0.2340		*A*	3 7/8	2 5/8
0.1520		24	3 1/8	2	0.2344	15/64		3 7/8	2 5/8
0.1540		23	3 1/8	2	0.2380		*B*	4	2 3/4
0.1562	5/32		3 1/8	2	0.2420		*C*	4	2 3/4
0.1570		22	3 1/8	2	0.2460		*D*	4	2 3/4
0.1590		21	3 1/4	2 1/8	0.2500	1/4		4	2 3/4
0.1610		20	3 1/4	2 1/8	0.2500		*E*	4	2 3/4
0.1660		19	3 1/4	2 1/8	0.2570		*F*	4 1/8	2 7/8
0.1695		18	3 1/4	2 1/8	0.2610		*G*	4 1/8	2 7/8
0.1719	11/64		3 1/4	2 1/8	0.2656	17/64		4 1/8	2 7/8
0.1730		17	3 3/8	2 3/16	0.2660		*H*	4 1/8	2 7/8
0.1770		16	3 3/8	2 3/16	0.2720		*I*	4 1/8	2 7/8
0.1800		15	3 3/8	2 3/16	0.2770		*J*	4 1/8	2 7/8
0.1820		14	3 3/8	2 3/16	0.2810		*K*	4 1/4	2 15/16
0.1850		13	3 1/2	2 5/16	0.2812	9/32		4 1/4	2 15/16
0.1875	3/16		3 1/2	2 5/16	0.2900		*L*	4 1/4	2 15/16
0.1890		12	3 1/2	2 5/16	0.2950		*M*	4 3/8	3 1/16
0.1910		11	3 1/2	2 5/16	0.2969	19/64		4 3/8	3 1/16
0.1935		10	3 5/8	2 7/16	0.3020		*N*	4 3/8	3 1/16
0.1960		9	3 5/8	2 7/16	0.3125	5/16		4 1/2	3 3/16
0.1990		8	3 5/8	2 7/16	0.3160		*O*	4 1/2	3 3/16
0.2010		7	3 5/8	2 7/16	0.3230		*P*	4 5/8	3 5/16
0.2031	13/64		3 5/8	2 7/16	0.3281	21/64		4 5/8	3 5/16
0.2040		6	3 3/4	2 1/2	0.3320		*Q*	4 3/4	3 7/16
0.2055		5	3 3/4	2 1/2	0.3390		*R*	4 3/4	3 7/16
0.2090		4	3 3/4	2 1/2	0.3437	11/32		4 3/4	3 7/16

表 3.5　英制鑽頭規格(續)

直徑			長度		直徑			長度	
小數	分數	號數或字母	總長	槽長	小數	分數	號數或字母	總長	槽長
0.3480		*S*	4 7/8	3 1/2	0.4687	15/32		5 3/4	4 5/16
0.3580		*T*	4 7/8	3 1/2	0.4844	31/64		5 7/8	4 3/8
0.3594	23/64		4 7/8	3 1/2	0.5000	1/2		6	4 1/2
0.3680		*U*	5	3 5/8	0.5156	33/64		6 5/8	4 16/16
0.3750	3/8		5	3 5/8	0.5312	17/32		6 5/8	4 13/16
0.3770		*W*	5	3 5/8	0.5469	35/64		6 5/8	4 13/16
0.3960		*V*	1/8	3 3/4	0.5625	9/16		6 5/8	4 13/16
0.3906	25/64		5 1/8	3 3/4	0.5781	37/64		6 5/8	4 13/16
0.3970		*X*	5 1/8	3 3/4	0.5938	19/32		7 1/8	5 13/16
0.4040		*Y*	5 1/4	3 7/8	0.6094	39/64		7 1/8	5 13/16
0.4062	13/32		5 1/4	3 7/8	0.6250	5/8		7 1/8	5 13/16
0.4130		*Z*	5 1/4	3 7/8	0.6406	41/64		7 1/8	5 13/16
0.4219	27/64		5 3/8	3 15/16	0.6562	21/32		7 1/8	5 13/16
0.4375	7/16		5 1/2	4 1/16	0.6719	43/64		7 5/8	5 5/8
0.4531	29/64		5 5/8	4 3/16	0.6875	11/16		7 5/8	5 5/8

2. 公制尺寸

公制尺寸鑽頭分爲二種：

(1) 直柄鑽頭：表 3.6 示公制直柄鑽頭規格。

表 3.6　公制直柄規格

材質：高速鋼　單位：mm

直徑	號數或字母	總長	槽長	直徑	號數或字母	總長	槽長
0.20		19	2.5	1.75	51	46	22
0.25		19	3	1.80	50	46	22
0.30		19	3	1.85		46	22
0.35	80	19	4	1.90	49	46	22
0.40	79	20	5	1.95		49	24
0.45	78	20	5	2.00	48、47	55	29
0.50	77	22	6	2.1	46、45	55	29
0.55	76、75	24	7	2.2	44	58	33
0.60	74	24	7	2.3	43	58	33
0.65	73、72	26	8	2.4	42	61	35
0.70	71	28	9	2.5	41、40	61	35
0.75	70、69	28	9	2.6	39、38	64	37
0.80	68	30	10	2.7	37、36	64	37
0.85	67、66	30	10	2.8	35	67	39
0.90	65	32	11	2.9	34、33	71	42
0.95	64、63	32	11	3.0	32	71	42
1.00	62、61	34	12	3.1	31	71	42
1.05	60、59	34	12	3.2		71	42
1.10	58、57	36	14	3.3	30	73	45
1.15		36	14	3.4		73	45
1.20	56	38	16	3.5	29	73	45
1.25		38	16	3.6	28	76	48
1.30		38	16	3.7	27	76	48
1.35	55	40	18	3.8	26、25	76	48
1.40	54	40	18	3.9	24	79	51
1.45		40	18	4.0	23、22	83	54
1.50		40	18	4.1	21	83	54
1.55	53	43	20	4.2	20	83	54
1.60		43	20	4.3	19	83	54
1.65		43	20	4.4	18、17	86	56
1.70	52	43	20	4.5	16	86	56

表 3.6 公制直柄規格(續)

材質：高速鋼 單位：mm

直徑	號數或字母	總長	槽長	直徑	號數或字母	總長	槽長
4.6	15	86	56	7.7	*N*	114	81
4.7	14、13	89	59	7.8		114	81
4.8		89	59	7.9		114	81
4.9	12、11	92	62	8.0		114	81
5.0	10、9	92	62	8.1	*O*	117	84
5.1	8	92	62	8.2		117	84
5.2	5、6	95	64	8.3		117	84
5.3	5	95	64	8.4		121	87
5.4	4	95	64	8.5	*Q*	121	87
5.5	3	95	64	8.6		121	87
5.6		98	67	8.7	*R*	121	87
5.7	2	98	67	8.8		121	89
5.8	1	98	67	8.9	*S*	124	89
5.9		98	67	9.0		124	89
6.0	*A*	102	70	9.1	*T*	124	89
6.1	*B*	102	70	9.2		127	92
6.2	*C*	102	70	9.3		127	92
6.3	*D*	102	70	9.4	*U*	127	92
6.4	*E*	105	73	9.5		127	92
6.5		105	73	9.6	*V*	130	95
6.6	*F*	105	73	9.7		130	95
6.7	*G*	105	73	9.8		130	95
6.8	*H*	105	73	9.9	*W*	130	95
6.9		105	73	10.0		130	95
7.0	*I*	105	73	10.1	*X*	133	98
7.1	*J*	108	75	10.2		133	98
7.2	*K*	108	75	10.3	*Y*	133	98
7.3		108	75	10.4		133	98
7.4	*L*	111	78	10.5	*Z*	137	100
7.5	*M*	111	78	10.6		137	100
7.6		111	78	10.7		137	100

表 3.6 公制直柄規格(續)

材質：高速鋼 單位：mm

直徑	號數或字母	總長	槽長	直徑	號數或字母	總長	槽長
10.8		140	103	大徑直柄鑽頭			
10.9		140	103	13.1		168	122
11.0		140	103	13.2		168	122
11.1		140	103	13.3		168	122
11.2		143	106	13.4		168	122
11.3		143	106	13.5		168	122
11.4		143	106	13.6		168	122
11.5		143	106	13.7		168	122
11.6		146	109	13.8		168	122
11.7		146	109	13.9		168	122
11.8		146	109	14.0		168	122
11.9		146	109	14.2		168	122
12.0		149	111	14.5		168	122
12.1		149	111	14.8		181	132
12.2		149	111	15.0		181	132
12.3		149	111	15.2		181	132
12.4		152	114	15.6		181	132
12.5		152	114	15.8		181	132
12.6		152	114	16.0		181	132
12.7		152	114	16.5		181	132
12.8		152	114	17.0		194	143
12.9		152	114	17.5		194	143
13.0		152	114				

⑵ 錐柄鑽頭：表 3.7 示公制錐柄鑽頭規格。表 3.8 示直柄碳化物鑽頭規格。表 3.9 示錐柄碳化物鑽頭規格。表 3.10 示鑽頭公差。

表 3.7　公制錐柄鑽頭規格

材質：高速鋼　單位：mm

直徑	總長	槽長	M.T No.	直徑	總長	槽長	M.T No.
2.0	105	28	1	9.8	178	95	1
2.2	110	32	1	10.0	178	95	1
2.5	110	32	1	10.2	182	98	1
2.8	115	38	1	10.5	182	98	1
3.0	115	38	1	10.8	185	102	1
3.2	122	45	1	11.0	185	102	1
3.5	122	45	1	11.2	188	105	1
3.8	128	50	1	11.5	188	105	1
4.0	128	50	1	11.8	192	108	1
4.2	135	55	1	12.0	192	108	1
4.5	135	55	1	12.2	195	112	1
4.8	140	60	1	12.5	195	112	1
5.0	140	60	1	12.8	198	115	1
5.2	145	65	1	13.0	198	115	1
5.5	145	65	1	13.2	202	118	1
5.8	148	68	1	13.5	202	118	1
6.0	148	68	1	13.8	205	122	1
6.2	152	72	1	14.0	205	122	2
6.5	152	72	1	14.5	222	122	2
6.8	155	75	1	15.0	225	125	2
7.0	155	75	1	15.5	228	128	2
7.2	158	78	1	16.0	230	130	2
7.5	158	78	1	16.5	232	132	2
7.8	162	82	1	17.0	235	135	2
8.0	162	82	1	17.5	240	140	2
8.2	168	85	1	18.0	240	140	2
8.5	168	85	1	18.5	245	145	2
8.8	172	88	1	19.0	245	145	2
9.0	172	88	1	19.5	250	150	2
9.2	175	92	1	20.0	250	150	2
9.5	175	92	1	20.5	255	155	2

表 3.7 公制錐柄鑽頭規格(續)

材質：高速鋼　單位：mm

直徑	總長	槽長	M.T No.	直徑	總長	槽長	M.T No.
21.0	255	155	2	41	365	220	4
21.5	260	160	2	42	370	225	4
22.0	260	160	2	43	370	225	4
22.5	265	165	2	44	375	230	4
23.0	265	165	3	45	375	230	4
23.5	285	165	3	46	380	235	4
24	285	165	3	47	380	235	4
24.5	285	165	3	48	385	240	4
25.0	285	165	3	49	385	240	4
25.5	285	165	3	50	390	245	5
26.0	285	165	3	51	425	240	5
26.5	290	170	3	52	430	250	5
27.0	290	170	3	53	430	255	5
27.5	295	175	3	54	435	255	5
28.0	295	175	3	55	435	250	5
28.5	300	180	3	56	440	260	5
29.0	300	180	3	57	440	265	5
29.5	305	185	3	58	445	265	5
30.0	305	185	3	59	445	260	5
30.5	310	190	3	60	450	270	5
31.0	310	190	3	61	450	275	5
31.5	315	195	3	62	455	275	5
32	315	195	4	63	455	275	5
33	345	200	4	64	460	280	5
34	350	205	4	65	460	280	5
35	350	205	4	66	465	285	5
36	355	210	4	67	465	285	5
37	355	210	4	68	470	290	5
38	360	215	4	69	470	290	5
39	360	215	4	70	475	295	5
40	365	220	4	71	475	295	5

表 3.7　公制錐柄鑽頭規格(續)

材質：高速鋼　單位：mm

直徑	總長	槽長	M.T No.	直徑	總長	槽長	M.T No.
72	480	300	5	87	580	335	6
73	480	300	5	88	580	335	6
74	485	305	5	89	580	335	6
75	485	305	5	90	580	335	6
76	490	310	6	91	590	345	6
77	560	315	6	92	590	345	6
78	560	315	6	93	590	345	6
79	560	315	6	94	590	345	6
80	560	315	6	95	590	345	6
81	570	325	6	96	600	355	6
82	570	325	6	97	600	355	6
83	570	325	6	98	600	355	6
84	570	325	6	99	600	355	6
85	570	325	6	100	600	355	6
86	580	335	6				

表 3.8　直柄碳化物鑽頭規格

單位：mm

直徑	總長	槽長
5.0	71	32
5.5	71	32
6.0	71	32
6.5	71	32
7.0	80	40
7.5	80	40
8.0	80	40
8.5	90	50
9.0	90	50
9.5	90	50
10.0	100	56
10.5	100	56
11.0	100	56
11.5	112	63
12.0	112	63
12.5	112	63
13.0	112	63

表 3.9　錐柄碳化物鑽頭規格

單位：mm

直徑	總長	槽長	MT No.
12	150	70	1
13	160	80	1
14	160	90	1
15	200	100	2
16	200	100	2
17	200	100	2
18	200	100	2
19	210	110	2
20	210	110	2
21	210	110	2
22	220	120	2
23	220	120	2
24	250	130	3
25	250	130	3
26	250	130	3
27	260	140	3
28	260	140	3
29	260	140	3
30	270	150	3
31	270	150	3
32	270	150	3
35	330	180	4
40	340	190	4
45	350	200	4
50	360	210	4

表 3.10 鑽頭公差

直徑(mm)		公差(μ)	
以上	(含)以下	上限	下限
	3	+0	−14
3	6	+0	−18
6	10	+0	−22
10	18	+0	−27
18	30	+0	−33
30	50	+0	−39
50	80	+0	−46
80	100	+0	−54

3.5 鑽頭使用的經濟性

每個使用鑽頭者不論是鑽大孔或小孔，均面臨如何獲得最經濟的使用效果。下列幾個因素可以減少鑽頭無謂的磨耗，延長鑽頭壽命，保持鑽孔的精確度。

1. 適當的鑽頂

   鑽頭之設計在於能鑽削任何工件材料，唯其鑽唇角及鑽唇間隙角的大小應配合工件材料的性質。

2. 適當的鑽床性能

   鑽床須具有剛性、足夠的強度及動力以承受鑽削力。鑽床主軸的懸臂應儘量縮短。進刀機構的齒隙須保持最小，以減少鑽穿孔之際的張力。鑽模及夾具必須牢固避免游動。

3. 適當的夾持鑽頭

   鑽床主軸孔不能有毛邊或刮傷，以免鑽頭轉動發生偏轉現象。同樣地，鑽柄、鑽頭套筒或鑽頭夾具之所有配合部分亦不可有毛邊，並且裝入鑽床主軸前應擦拭乾淨。鑽頭裝入夾具內，不可以鋼鎚敲擊靜點，否則會使鑽唇碎屑。

4. 適當的工件材料

許多非必要的損壞鑽唇係因所鑽削的工件材料表面不良所致。鑽頭遇到此種不良表面的工件，將使其提前鈍化而縮短鑽頭壽命。工件材料表面不良有不同的原因：

(1) 鑄件表面之砂孔、雜質、冷硬點。

(2) 鍛造件或圓材之表面被硬化、氧化鱗皮、冷硬點。

鑽削之前對上述工件材料表面先做適當的處理，如鼓風、打磨、浸洗、洗滌、正常化、回火等，將有助於鑽頭壽命的延長。

5. 適當的重磨鑽頭

鑽頭如同其他切削刀具，不可讓其鈍化至不能用爲止再行研磨，當鑽頭開始變鈍時應即刻將其磨銳。

6. 適當的保護鑽頂

鑽頭之損壞大多由於缺乏保養所致，鑽唇、靜點、鑽邊等均容易撞傷或碎屑。因此，鑽頭之保存須置於木盒或木盤內，以增長鑽頭的有效壽命。

3.6 埋頭孔刀具各部位的名稱

埋頭孔刀具(counterbore)亦爲端型刀具，用於鑽床或銑床在工件孔端切削成垂直孔或擴孔，如圖 3.20 示。埋頭孔的用途是使螺桿頭部或螺帽埋入所配合機件本體內，與工件表面平齊。

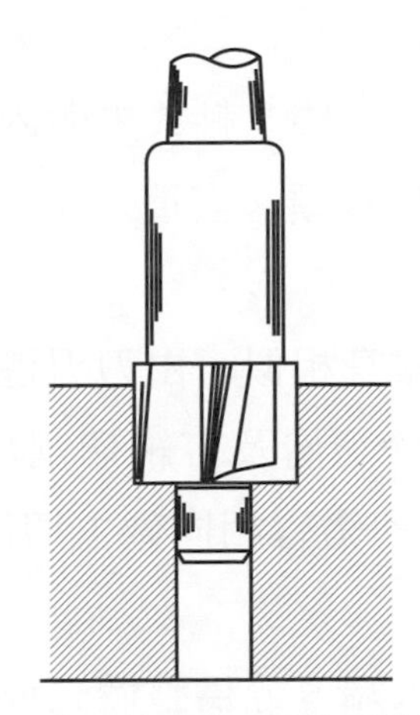

圖 3.20　埋頭孔刀具切削擴孔

埋頭孔刀具分為刀柄、刀刃、導桿等三個主要部分，如圖 3.21 示。

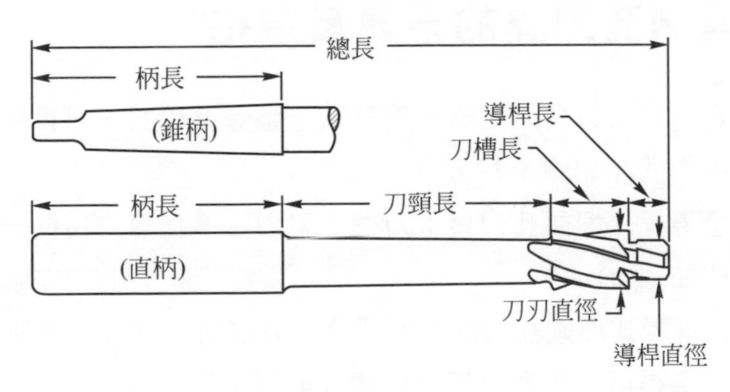

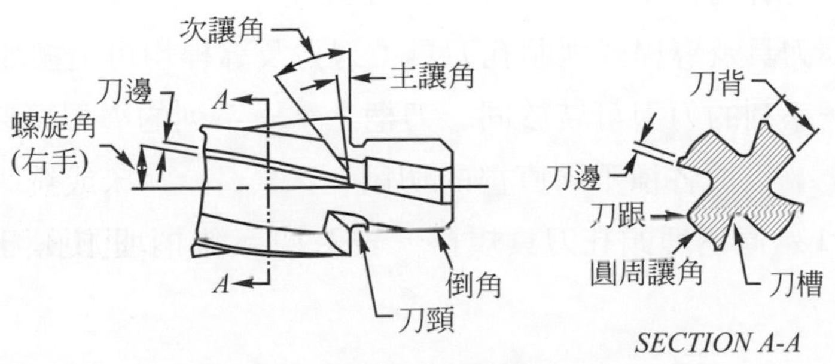

圖 3.21　埋頭孔刀具各部位名稱

1. 刀柄

刀柄爲裝置於工具機主軸或夾頭內的部分，有直柄及錐柄兩種。刀柄可直接裝於接頭、套筒、工具機主軸。

2. 刀刃

刀刃與鑽頭之鑽身相似，由刀刃邊及刀刃槽形成。刀刃槽有螺旋槽及直槽以排除切屑及容納切削劑。在刀具端面有兩個(含兩個)以上之刃口，與鑽唇相同做主切削工作。

3. 導桿

導桿附於刀具末端，分爲整體式或更換式，以保持刀具切削時刀柄之穩定並使切削孔與原鑽孔同心。

3.7 埋頭孔刀具的分類及規格

埋頭孔刀具依刀具的結構分爲三類：整體導桿式、可換導桿式、可換刀具及導桿式，如圖 3.22 示。

1. 整體導桿式埋頭孔刀具：刀柄、刀刃、導桿等均由同一材料一體製成如圖(a)示。
2. 可換導桿式埋頭孔刀具：刀柄及刀刃由同一材料一體製成如圖(b)示，導桿可以更換以適合原鑽孔直徑。
3. 可換刀具及導桿式埋頭孔刀具：刀刃及導桿均可更換如圖(c)示，使一系列的刀刃可裝於同一刀柄上，一系列的導桿可裝於同一刀刃上，以做各種不同直徑的切削。

表 3.11 示直柄埋頭孔刀具規格。表 3.12 示錐柄埋頭孔刀具規格。

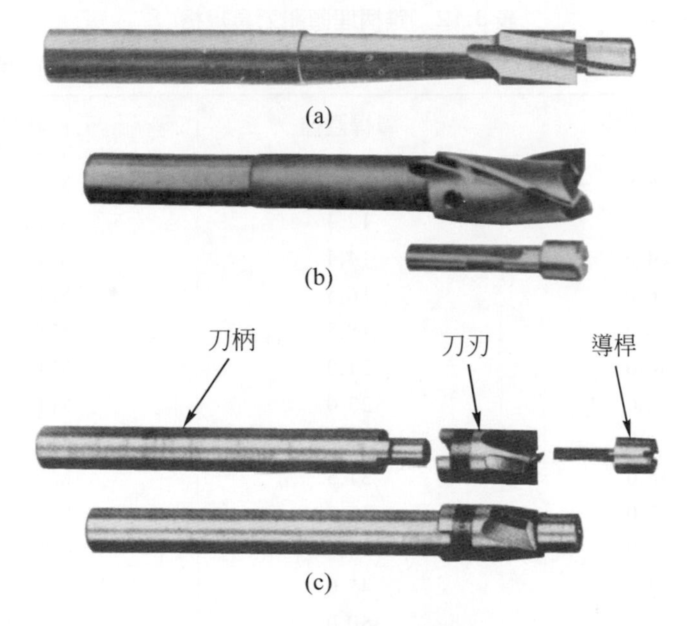

圖 3.22　埋頭孔刀具種類

表 3.11　直柄埋頭孔刀具規格

材質：高速鋼　單位：mm

刀刃直徑	導桿直徑	刀柄直徑
5.9	3.2	6
7.4	4.2	6
8.9	5.2	6
10.4	6.2	8
13.4	8.2	10
16.8	10.3	12
18.8	12.4	12

表 3.12　錐柄埋頭孔刀具規格

材質：高速鋼　單位：mm

刀刃直徑	導桿直徑	刀柄錐度
16.8	10.3	MT1
18.8	12.4	MT1
24.0	14.4	MT1
26.0	16.5	MT2
28.0	18.5	MT2
30.0	21.0	MT2
32.0	23.0	MT2
36.0	25.0	MT3
45.0	31.5	MT3
53.0	37.5	MT3
59.0	44.0	MT3
64.0	47.0	MT4
67.0	50.0	MT4

3.8　魚眼刀具各部位的名稱

魚眼刀具(spotfacer)與埋頭孔刀具相似，唯其刀具兩端面均可有刃口，以切削埋頭孔刀具不易切削的部位。在工件孔頂端凸出的部分切削為平面稱為切魚眼，如圖 3.23 示。魚眼孔的用途做為螺桿頭部、螺帽、配合件肩部的基座。

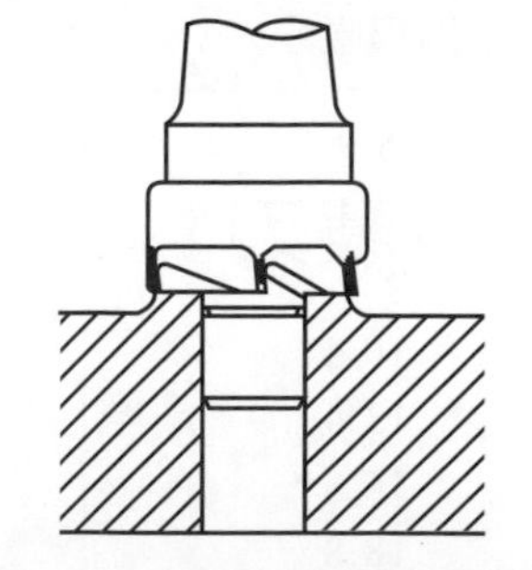

圖 3.23　魚眼刀具切削魚眼孔

魚眼刀具由刀柄、刀刃、導桿等三個主要部分組成，如圖 3.24 示。

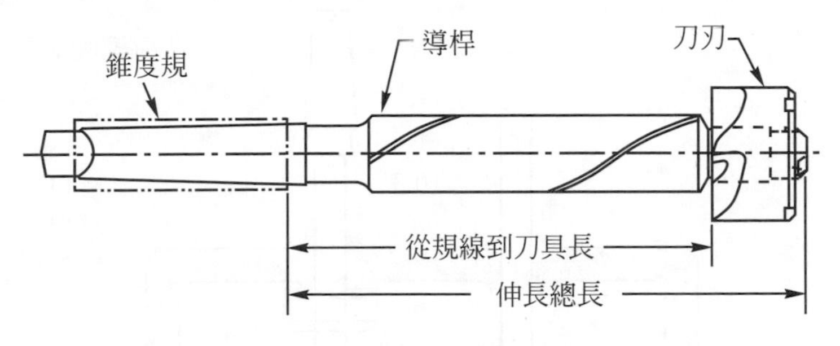

圖 3.24 魚眼刀具各部位名稱

1. 刀柄

 刀柄爲裝於工具機主軸內的部份，有直柄及錐柄兩種。刀柄可直接裝於接頭、套筒或工具機主軸。

2. 刀刃

 刀具之一端或兩端均可有刃口，裝於導桿上可沿導桿移動以調整切削位置。

3. 導桿

 導桿位於刀柄與刀刃之間並與刀柄同一體，其長度較埋頭孔刀具爲長，做長距離切削時使刀具穩定，並保持刀桿與原孔同心。

3.9 魚眼刀具的分類

魚眼刀具依結構分爲二類：倒置魚眼刀具、兩端魚眼刀具，如圖3.25示。

1. 倒置魚眼刀具(inverted spotfacer)：刀柄與刀刃分離，以便在刀柄穿過欲切魚眼的孔內後再行裝置刀刃，如此可以切削工件之隱藏部位，如圖(a)示。刀具僅一端具有刃口，非推向而是拉向工件材料做切削工作。

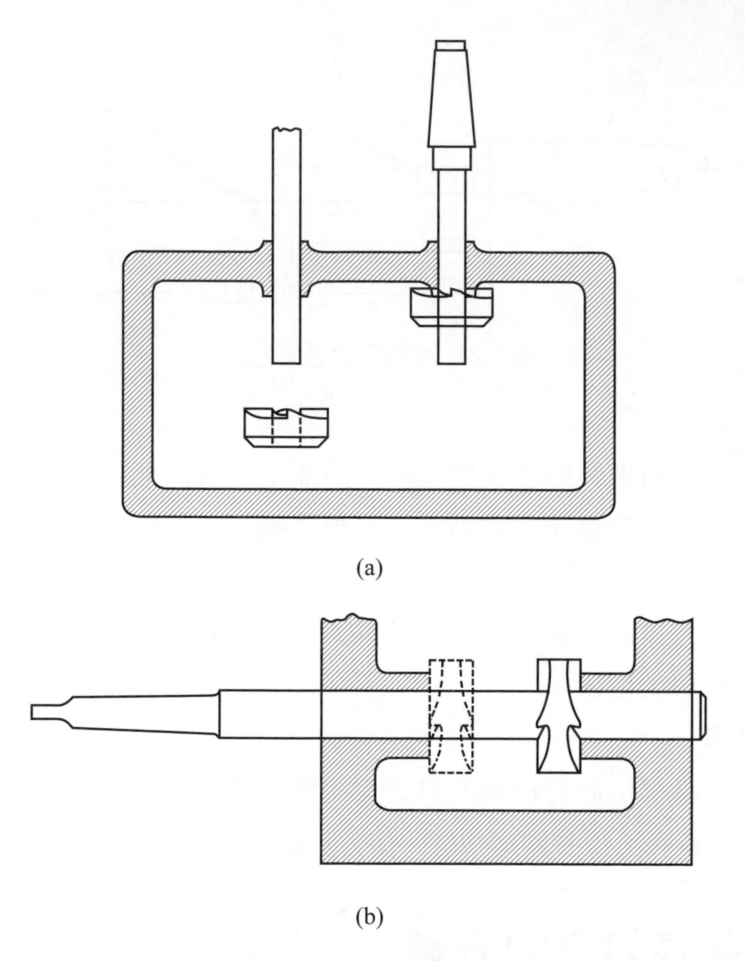

(a)

(b)

圖 3.25 魚眼刀具種類

2. 兩端魚眼刀具(double end spotfacer)：刀柄與刀刃分離，以便在刀柄穿過欲切魚眼的孔內後再行裝置刀刃。刀具兩端均有刃口，因此可以推向或拉向工件材料做切削工作。此種刀具經常切削工件內面兩個相對的魚眼孔，如圖(b)示。

3.10 埋頭孔刀具及魚眼孔刀具使用注意事項

埋頭孔或魚眼經常在鑽孔之後再行切削，故埋頭孔刀具或魚眼刀具常以鑽孔之鑽床使用之。若切削時遭遇困難，宜先檢查鑽床情況是否良好，再行檢查刀具。惟在使用時宜注意下列事項：

1. 不可濫用(小導桿用於大孔徑，未考慮工件材料)以免損壞。
2. 切削深孔的埋頭孔(深度爲孔徑的 1/4)，務必使用附導桿之刀具。
3. 引導導桿之孔徑務必有足夠的間隙(導桿孔徑大於導桿直徑 0.025mm～0.18mm，依孔徑大小而定)。
4. 導桿長度不可太長。
5. 考慮切屑的排除。
6. 修磨刀刃各部位角度要正確。
7. 魚眼刀具不可當做埋頭孔刀具使用。

習題 3.1

1. 試述鑽頭之鑽身主要部位及其功用？
2. 試述鑽頭之鑽頂主要部位及其功用？
3. 試述若鑽頭之兩鑽唇長度相等，但兩鑽頂半角不相等時對鑽削作用時的影響？
4. 試述若鑽頭之兩鑽頂半角相等，但兩鑽頂長度不相等時對鑽削作用時的影響？
5. 試述鑽唇間隙角對鑽削作用的影響？
6. 試述鑽腹對鑽削作用的影響？
7. 直槽鑽頭可鑽削哪些材料？
8. 大螺旋角鑽頭可鑽削哪些材料？
9. 試述使用鑽頭之經濟性？
10. 試述埋頭孔刀具之用途？

11. 試述魚眼孔刀具之用途？

12. 試述使用埋頭孔刀具及魚眼孔刀具應注意事項？

3.11 鉸刀各部位的名稱

鉸刀(Reamer)為旋轉運動刀具，沿其軸線有數條直線或螺旋線的刀刃。鉸刀亦為多刃刀具用於鉸削工件上已鑽孔或搪孔部位使成為光滑精確的圓孔。因此，鉸削工作的特點是加工餘裕很小，刀槽較淺，刀刃數較多，剛性及導向性良好，鉸削平穩。

鉸刀分為刀柄及刀身等兩個主要部分，各部位的名稱如圖 3.26 示。

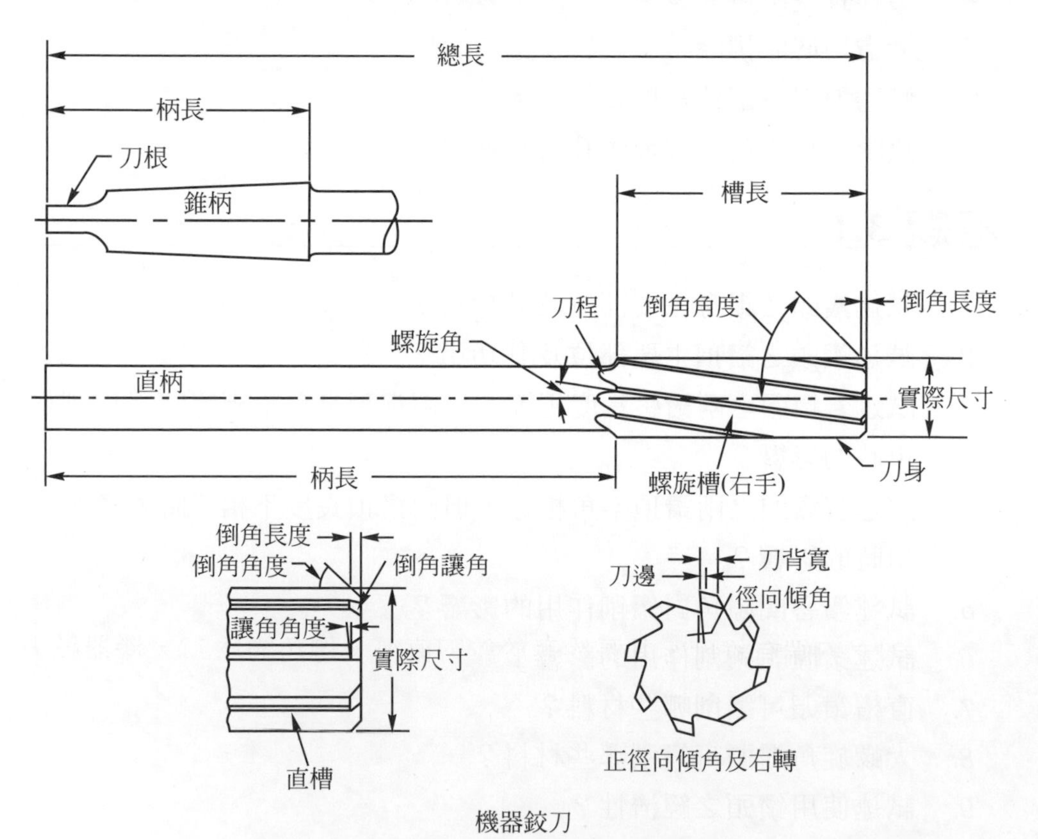

圖 3.26 鉸刀各部位名稱

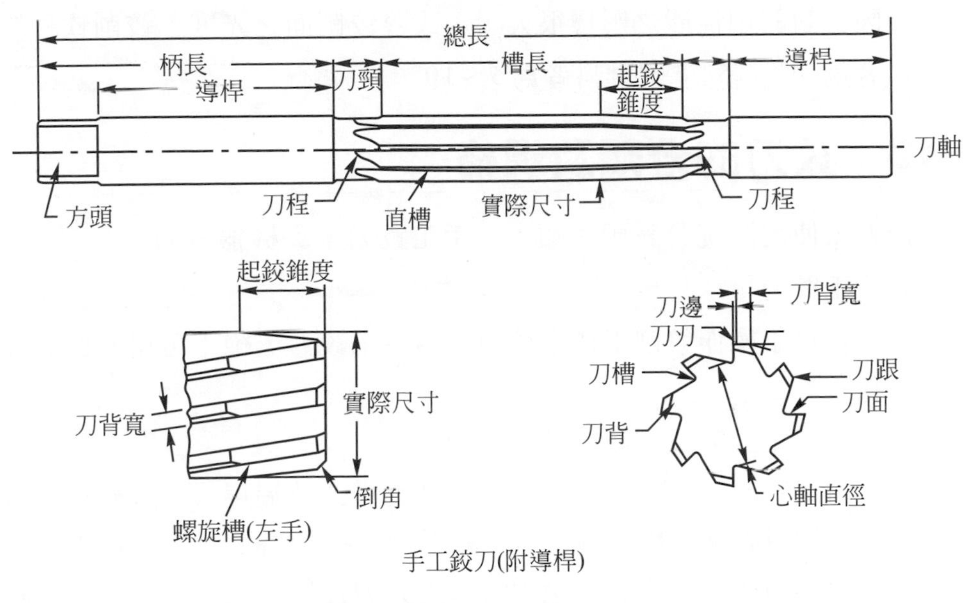

手工鉸刀(附導桿)

圖 3.26 鉸刀各部位名稱(續)

1. 刀柄

刀柄爲裝於工具機主軸內或絲攻扳手內的部分，有直柄與錐柄。手鉸刀爲具有方頭之直柄，應用絲攻扳手做鉸削工作。機器鉸刀爲錐柄，以MT或B&S錐度表示。直柄鉸刀之柄部直徑較刃部小，於鉸削通孔時可直接穿過。錐柄鉸刀與鑽頭相同，有刀根可裝入鑽床主軸。機器鉸刀亦有直柄者，其柄端爲圓形。

2. 刀身

刀身由刀刃及刀槽組成。刀槽有直槽及螺旋槽，因此，刀刃的形狀亦有直刀刃及螺旋刀刃。爲使鉸刀開始鉸削容易，手工鉸刀之刀端有錐度，其長約等於鉸刀直徑，倒角約爲1°，機器鉸刀倒角爲 45°。鉸削時爲減少摩擦，於刀刃後面磨一適當間隙角，以增加鉸削效果，如果角度過大反而產生顫震現象，影響加工面。

間隙角依鉸刀直徑研磨，直徑 3～6mm 者，間隙角 25°；10～18mm者爲15°，50～80mm者爲10°。徑向傾角通常爲0°，因其對鉸削性能之影響很大，爲改善鉸削面之光度，鉸削軟材料者爲10～15°；硬材料者爲5～10°。

3.12 鉸刀的分類及規格

鉸刀依使用狀況分爲兩大類：①手工鉸刀，②機器鉸刀。

1. 手工鉸刀

以手操作鉸削工作之鉸刀稱爲手工鉸刀，絕不可用於機械鉸孔。

手工鉸刀依其結構分爲四種：

(1) 固定手鉸刀(hand reamer)：分爲整體式及端焊式。整體式由高速鋼或碳鋼整體所製成，如圖3.27示。端焊式之刀刃由碳化物焊接而成。固定鉸刀之刀刃有直刀刃及螺旋刀刃。直刀刃不能鉸削有鍵槽或缺口之內孔。螺旋刀刃可鉸削不均勻之內孔或較大的鉸削量。

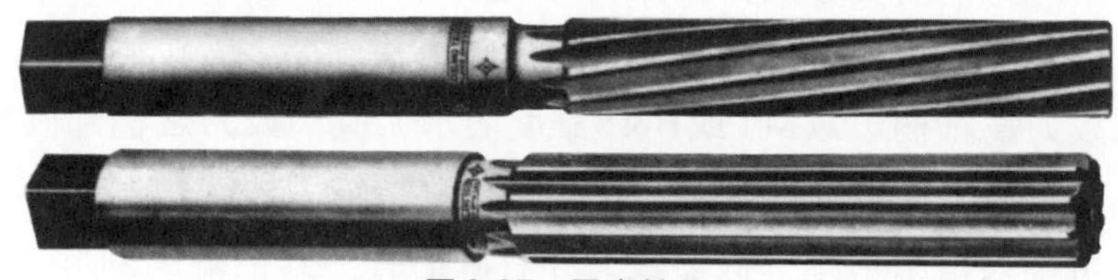

圖3.27 固定鉸刀

表3.13示固定鉸刀直徑之公差。表3.14示直刀刃及螺旋刀刃固定鉸刀規格。

表3.13 固定鉸刀直徑之公差

單位：mm

鉸刀直徑	公差
1.016～25.400	+1.587～−1.587
25.400～50.800	+2.381～−2.381
50.800～76.200	+3.175～−3.175

表 3.14　直刀刃及螺旋刀刃固定鉸刀規格

材質：高速度鋼　單位：mm

直徑	總長	刃長	柄長	刃端錐形長
0.5	30	12	14	2.5
0.8	35	15	15	3
1.0	40	20	15	4
1.2	45	25	15	5
1.5	50	25	19	5
1.8	55	30	19	6
2.0	60	30	23	6
2.2	60	30	23	6
2.5	65	35	23	7
2.8	65	35	23	7
3.0	72	40	23	8
3.5	75	40	26	8
4.0	80	40	30	8
4.5	85	45	30	9
5.0	90	45	35	9
5.5	95	45	38	10
6.0	100	50	38	10
6.5	100	50	38	10
7.0	105	55	38	11
7.5	110	55	42	11
8.0	115	60	42	12
8.5	120	60	45	12
9.0	125	65	45	13
9.5	125	65	45	13
10.0	130	70	45	14
10.5	135	70	50	14
11.0	140	75	50	15
11.5	145	75	54	15
12.0	150	75	58	15
12.5	155	80	58	16
13.0	160	80	62	16

表 3.14　直刀刃及螺旋刀刃固定鉸刀規格(續)

材質：高速度鋼　單位：mm

直徑	總長	刃長	柄長	刃端錐形長
13.5	165	85	62	17
14.0	165	85	62	17
14.5	170	90	62	18
15.0	175	90	66	18
16.0	185	95	70	19
17.0	190	100	70	20
18.0	200	105	75	21
19.0	210	105	85	21
20.0	220	110	88	22
21.0	230	120	88	24
22.0	230	120	90	24
23.0	250	130	95	25
24.0	250	130	100	25
25.0	260	130	102	25
26.0	270	140	102	25
28.0	290	140	120	25
30.0	305	150	120	25
32.0	315	160	120	25
34.0	315	160	120	25
36.0	320	165	120	25
38.0	325	165	125	25
40.0	330	165	125	25
42.0	335	170	125	25
44.0	340	170	125	25
46.0	345	175	125	25
48.0	350	180	125	25
50.0	355	180	125	25

(2) 擴張鉸刀(expansion hand reamer)：鉸刀之刀槽被切開，刀端之中心有螺絲孔，藉錐形螺釘使鉸刀直徑做有限度的擴張，如圖 3.28 示。

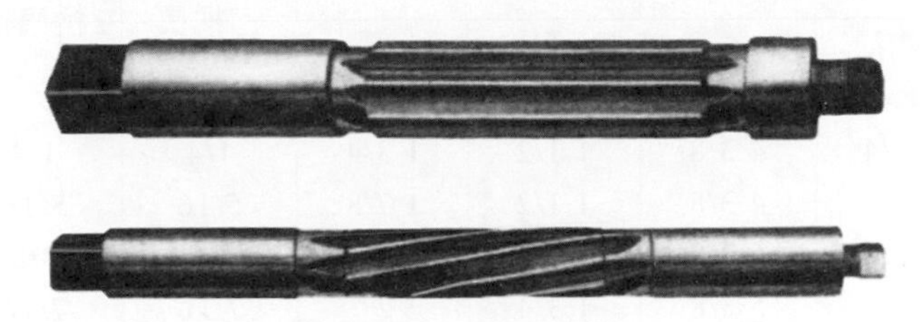

圖 3.28 擴張鉸刀

表 3.15 示擴張手鉸刀之擴張量。表 3.16 示擴張手鉸刀規格。

(3) 調整鉸刀(adjustable hand reamer)：刀桿全長切成斜槽，刀片刃口之對邊亦有相對的斜邊與之配合，由 3～8 支刀片置入斜槽內，自刀桿上下兩個螺帽調整限度範圍的直徑，如圖 3.29 示。若調整範圍較大者，須分數次調整鉸削，每次調整量以 0.03～0.05mm 為宜。調整鉸刀之刀片如磨鈍或損壞可以取下研磨或更換，以節省刀具成本。

表 3.15 擴張鉸刀之擴張量

單位：mm

鉸刀直徑	擴張量
6.350～11.906	0.152
12.700～24.606	0.254
25.400～38.100	0.330
39.688～50.800	0.381

表 3.16 擴張直槽手鉸刀規格

高碳鋼 單位：in

直徑	總長		槽長		方柄長	柄直徑	方柄寬
	最小	最大	最小	最大			
1/4	3 3/4	4 3/8	1 1/2	1 3/4	1/4	1/4	0.185
5/16	4	4 3/8	1 1/2	1 7/8	5/16	5/16	0.235
3/8	4 1/4	5 3/8	1 3/4	2	3/8	3/8	0.280
7/16	4 1/2	5 3/8	1 3/4	2	7/16	7/16	0.330
1/2	5	6 1/2	1 3/4	2 1/2	1/2	1/2	0.375
9/16	5 3/8	6 1/2	1 7/8	2 1/2	9/16	9/16	0.420
5/8	5 3/4	7	2 1/4	3	5/8	5/8	0.470
11/16	6 1/4	7 5/8	2 1/2	3	11/16	11/16	0.515
3/4	6 1/2	8	2 5/8	3 1/2	3/4	3/4	0.560
13/16	7	8	2 5/8	3 1/2	13/16	13/16	0.610
7/8	7 1/2	9	3 1/8	4	7/8	7/8	0.655
15/16	7 7/8	9	3 1/8	4	15/16	15/16	0.705
1	8 3/8	10	3 1/8	4 1/2	1	1	0.750
1 1/8	9	10 1/2	3 1/2	4 3/4	1	1 1/8	0.845
1 1/4	9 3/4	11	4 1/4	5	1	1 1/4	0.935
1 3/8	10 3/8	11 3/4	4 3/8	5 1/2	1	1 3/8	1.030
1 1/2	10 3/4	12	4 1/2	6	1 1/8	1 1/2	1.125

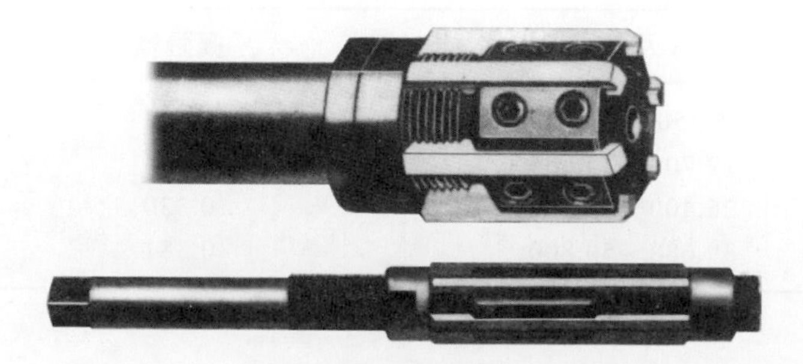

圖 3.29 調整鉸刀

表 3.17 示調整鉸刀之調整量。表 3.18 示調整鉸刀規格。

表 3.17 調整鉸刀之調整量

單位：mm

鉸刀直徑	調整量
6.35 以下	0.4
6.35～11	0.8
11～21.5	1.5
21.5～38	3.25～4

表 3.18 調整鉸刀規格

單位：mm

調整範圍	總長	刃長	調整範圍	總長	刃長
4.5～4.76	62	25	16.75～18.25	172	56
4.76～5.16	65	25	18.25～19.75	178	64
5.16～5.56	68	25	19.75～21.5	188	67
5.56～5.95	72	27	21.5～23.75	204	76
5.95～6.35	77	30	23.75～27	230	83
6.35～7.15	83	35	27～30.25	254	86
7.15～7.95	91	35	30.25～34.25	280	98
7.95～8.7	107	38	34.25～38	305	109
8.7～9.5	112	38	38～46	356	113
9.5～10.25	121	38	46～56	407	128
10.25～11	127	38	56～70	457	124
11～12	134	42	70～85	509	135
12～13.5	141	42	85～100	560	135
13.5～15	146	45	100～110	560	135
15～16.7	166	53	110～130	560	135

(4) 錐度鉸刀(taper reamer)：鉸刀之刀身製成標準錐度，有MT及B&S錐度。刀刃有直刀刃及螺旋刀刃。螺旋刀刃之剪力作用，鉸削時可減少顫動，比直刀刃較優。

錐度鉸刀分爲粗鉸刀及精光鉸刀，如圖3.30示。

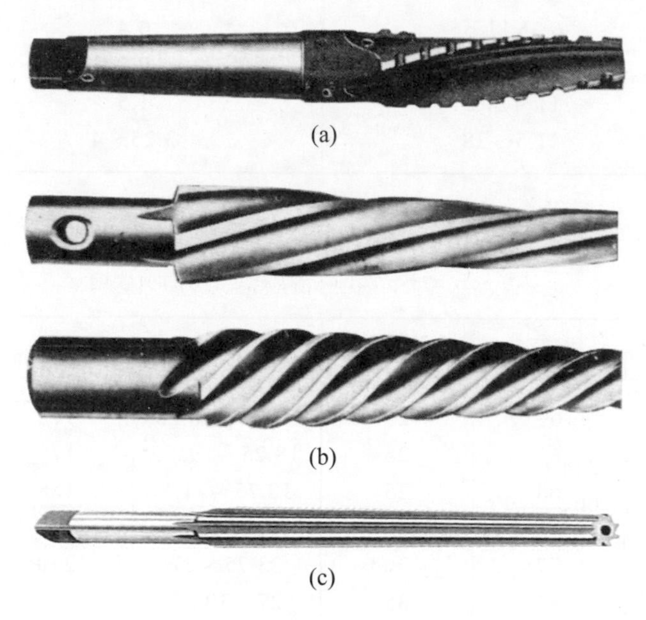

(a)

(b)

(c)

圖3.30 錐度鉸刀

粗鉸刀之刀刃每隔一段研磨一缺口如圖(a)示，可使刀刃獲得更快及更多的鉸削量，其缺口或刀槽使屑片折成細碎片，以免刀刃鉸到屑片及過重的負荷。

精光鉸刀之刀刃爲直刀刃或螺旋角45°的左螺旋刀刃如圖(b)示，鉸削量約0.25mm，用於粗鉸削後之修正尺寸及精光錐孔。

錐銷鉸刀如圖(c)示，用於鉸削機器主軸與軸頭連結時之插梢錐孔，其錐度為 1/50(美國標準為 1/48)，以其小端的直徑表示尺寸。

表 3.19 示 MT 鉸刀規格。表 3.20 示 B&S 錐度鉸刀規格。表 3.21 示錐銷鉸刀規格。

表 3.19　MT 鉸刀規格

材質：高速鋼　單位：mm

	MT No.	錐度錐率	錐度大徑	錐度小徑	總長		刃長	錐度長度
					直柄	錐柄		
精削用	0	1：19.212 = 0.05205	9.045	6.7	95	145	65	44.052
	1	1：20.047 = 0.049882	12.065	9.7	100	155	68	47.411
	2	1：20.020 = 0.049951	17.780	14.9	125	180	80	57.658
	3	1：19.922 = 0.50196	23.825	20.2	150	220	98	72.217
	4	1：19.254 = 0.051938	31.267	26.5	180	265	120	91.784
	5	1：19.002 = 0.052626	44.399	38.2	230	330	150	117.793
	6	1：19.180 = 0.052138	66.348	54.8	310	450	205	163.951
	7	1：19.231 = 0.052	83.058	71.1	400	600	275	229.964
粗削用	0	1：19.212 = 0.05205	8.795	6.45	95	145	65	45.052
	1	1：20.047 = 0.040882	11.815	9.45	100	155	68	47.411
	2	1：20.020 = 0.049951	17.530	14.65	125	180	80	57.658
	3	1：19.922 = 0.050196	23.575	19.95	150	220	98	72.217
	4	1：19.254 = 0.051938	31.017	26.25	180	265	120	91.784
	5	1：19.002 = 0.052626	44.149	37.95	230	330	150	117.793
	6	1：19.180 = 0.052138	63.098	54.55	310	450	205	163.951
	7	1：19.231 = 0.052	82.808	70.85	400	600	275	229.964

表 3.20　B&S 錐度鉸刀規格

材質：高速度鋼　單位：mm

B&S No.	錐度錐率	錐度小徑	總長	刃長	柄徑
1	0.0483	5.080	120	75	7
2	0.0483	6.350	130	80	8
3	0.0483	7.925	140	85	10
4	0.0487	8.890	150	95	11
5	0.0480	11.430	165	102	13
6	0.0494	12.700	175	110	16
7	0.0479	15.241	190	125	18
8	0.0475	19.051	205	140	22
9	0.0474	22.861	225	155	27
10	0.0401	26.534	250	175	30
11	0.0475	31.751	270	195	38
12	0.0464	38.101	290	210	38

表 3.21　錐銷鉸刀規格

錐度標準 1/50　　材質：高速鋼　單位：mm

錐銷小徑	錐銷大徑	總長	刃長	錐銷小徑	錐銷大徑	總長	刃長
0.5	0.88	35	19	6.90	9.28	152	119
0.7	1.18	40	24	7.90	10.72	178	141
0.9	1.46	45	28	9.90	13.16	205	163
1.1	1.74	50	32	12.86	16.74	240	194
1.5	2.24	58	37	15.84	20.52	290	234
1.9	2.86	70	48	19.80	25.20	340	270
2.4	3.46	75	58	24.74	30.94	390	310
2.9	4.16	88	63	29.70	36.06	405	318
3.9	5.40	102	75	39.60	46.30	430	335
4.9	6.64	115	87	49.50	56.52	460	351
5.9	7.88	130	99				

表 3.21 錐銷鉸刀規格(續)
錐度標準 1/48

錐銷小徑	錐銷大徑	總長	刃長	錐銷小徑	錐銷大徑	總長	刃長
2.21	2.90	59	33	7.04	9.00	138	94
2.61	3.30	59	33	8.37	10.72	160	113
2.89	3.72	65	40	10.09	12.84	183	132
3.27	4.17	75	43	12.21	15.42	211	154
3.68	4.58	75	43	14.73	18.33	237	173
4.08	5.10	81	49	17.93	22.31	285	210
4.61	5.84	94	59	21.38	26.69	340	255
5.26	6.61	103	65	25.93	31.98	405	305
6.12	7.60	110	71	31.75	39.15	465	355

2. 機器鉸刀

以工具機之動力做鉸削工作之鉸刀稱爲機器鉸刀，常用於鑽床、車床、立式銑床等做粗鉸削及精鉸削工作，因其以夾持的方法工作，故又稱爲夾持鉸刀(chucking reamer)。

常用機器鉸刀分爲四種：

(1) 菊花鉸刀(rose reamer)：其端面狀如菊形故名之，如圖 3.31 示，爲粗鉸刀之一種。菊花鉸刀之刀刃寬度約與刀槽同寬，無間隙角，刀端倒角 45°，直徑自刀端向刀柄逐漸縮小成爲小錐度，故僅以刀端做鉸削工作，能很快的鉸削工件材料使其接近所定的尺寸。菊花鉸刀直徑常比公稱尺寸小 0.07～0.13mm，以備精光鉸削。由鉸刀之傾斜端即可知其爲菊花鉸刀，與同尺寸之精鉸刀相較其刀刃數較少。

表 3.22 示菊花鉸刀規格。

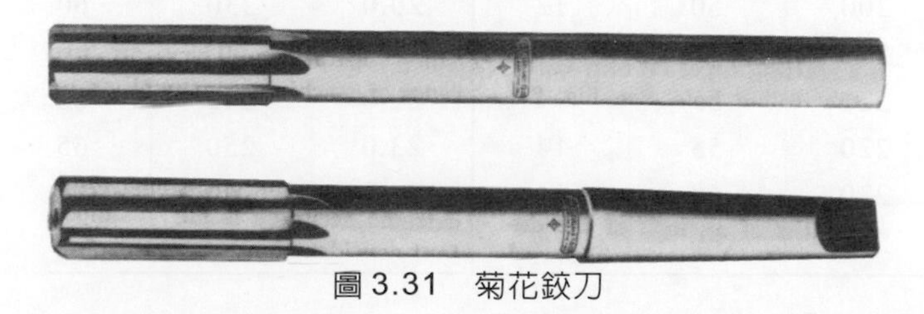

圖 3.31 菊花鉸刀

表 3.22 菊花鉸刀規格

直柄 錐柄 材質：高速鋼 單位：mm

直徑	總長	刃長	柄徑	直徑	總長	刃長	MT No.
3.0	110	30	2.5	5.0	120	30	1
3.5	110	30	2.8	5.5	120	30	1
4.0	110	30	3.5	6.0	130	35	1
4.5	120	30	3.5	6.5	130	35	1
5.0	120	30	4	7.0	140	35	1
5.5	120	30	4.5	7.5	140	35	1
6.0	130	30	5	8.0	150	40	1
6.5	130	35	5	8.5	150	40	1
7.0	140	35	6	9.0	160	40	1
7.5	140	35	6	9.5	160	40	1
8.0	150	40	6	10.0	160	40	1
8.5	150	40	7	10.5	160	40	1
9.0	160	40	7	11.0	170	45	1
9.5	160	40	7	11.5	170	45	1
10.0	160	40	8	12.0	170	45	1
10.5	160	40	8	12.5	180	45	1
11.0	170	45	8	13.0	180	45	1
11.5	170	45	9	13.5	180	45	1
12.0	170	45	9	14.0	190	50	1
12.5	180	45	9	14.5	205	50	2
13.0	180	45	10	15.0	205	50	2
13.5	180	45	10	16.0	205	50	2
14.0	190	50	10	17.0	210	55	2
14.5	200	50	11	18.0	220	55	2
15.0	200	50	11	19.0	220	55	2
16.0	200	50	12	20.0	230	60	2
17.0	200	55	12	21.0	240	60	2
18.0	220	55	14	22.0	240	60	2
19.0	220	55	14	23.0	250	65	2
20.0	230	60	14	24.0	265	65	3
21.0	240	60	15	25.0	265	65	3

表 3.22 菊花鉸刀規格(續)

直柄　　　　　　　　　　　　　　錐柄　　　　材質：高速鋼　單位：mm

直徑	總長	刃長	柄徑	直徑	總長	刃長	MT No.
22.0	240	65	16	26.0	270	70	3
23.0	250	65	16	28.0	270	70	3
24.0	260	65	18	30.0	280	75	3
25.0	260	65	18	32.0	280	75	3
26.0	270	70	18	34.0	320	80	4
28.0	270	70	20	36.0	320	80	4
30.0	280	75	20	38.0	325	85	4
32.0	290	75	20	40.0	330	90	4
34.0	310	80	24	42.0	330	90	4
36.0	310	80	24	44.0	340	95	4
38.0	320	85	26	46.0	340	95	4
40.0	330	90	26	48.0	350	100	4
42.0	330	90	28	50.0	385	100	5
44.0	340	95	28	52.0	390	105	5
46.0	340	95	30				
48.0	350	100	30				
50.0	350	100	34				
52.0	380	100	34				

⑵ 直槽光鉸刀(finishing reamer)：被認爲最具代表性的精光刀具，比同尺寸之菊花鉸刀有較多的刀刃及較大的直徑，但刀刃寬度較小，刀刃全長均有鉸削作用，間隙角爲 5～10°，如圖 3.32 示。

表 3.23 示直槽光鉸刀規格。

圖 3.32 直槽光鉸刀

表 3.23　直槽光鉸刀規格

材質：高速鋼　單位：mm

直徑	總長	刃長	MT No.	直徑	總長	刃長	MT No.
3.0	110	35	1	15	210	90	2
3.5	110	35	1	16	215	95	2
4.0	110	35	1	17	220	100	2
4.5	120	45	1	18	225	105	2
5.0	120	45	1	19	225	105	2
5.5	120	45	1	20	230	110	2
6.0	130	50	1	21	240	120	2
6.5	130	50	1	22	240	120	2
7.0	140	55	1	23	250	130	2
7.5	140	55	1	24	270	130	3
8.0	150	60	1	25	270	130	3
8.5	150	60	1	26	280	140	3
9.0	160	70	1	28	280	140	3
9.5	160	70	1	30	290	150	3
10.0	160	70	1	32	330	160	3
10.5	160	70	1	36	330	165	4
11.0	170	75	1	38	330	165	4
11.5	170	75	1	40	330	165	4
12.0	170	75	1	42	335	170	4
12.5	180	80	1	44	335	170	4
13.0	180	80	1	46	340	175	4
13.5	190	85	1	48	350	180	4
14.0	190	85	1	50	385	180	5
14.5	210	90	2	52	385	180	5

(3) 碳化物鉸刀(carbide-tipped reamer)：除以碳化物刀片焊接於刀桿外，與菊花鉸刀或直槽光鉸刀相似，如圖 3.33 示。碳化物刀片之硬度耐磨又耐熱，在高溫下尚能維持刀刃之銳利度，比高速鋼鉸刀更耐久。尤其是鑄件之硬鑄皮或砂孔，使用碳化物鉸刀能以高速鉸削而保持其精確度，故很適合大量生產之用。

表 3.24 示碳化物鉸刀規格。

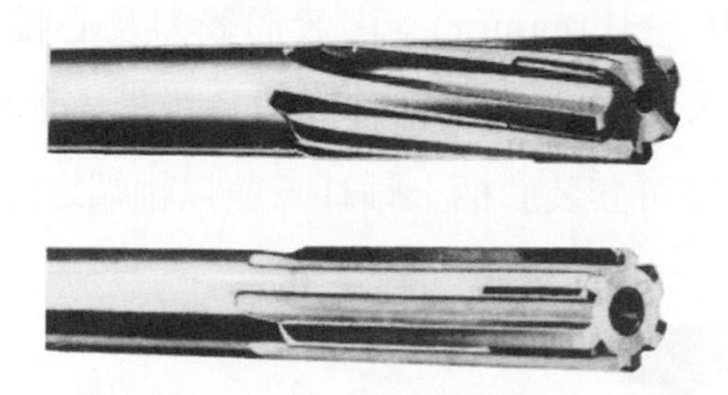

圖 3.33 碳化物鉸刀

表 3.24 碳化物鉸刀規格

直柄 錐柄 單位：mm

直徑	刃長	總長	柄徑	直徑	刃長	總長	MT No.
8	16	150	6	8	16	150	1
9	16	160	7	9	16	160	1
10	16	160	8	10	16	160	1
11	16	170	8	11	16	170	1
12	20	170	9	12	20	170	1
13	20	180	10	13	20	180	1
14	20	190	10	14	20	190	1
15	20	200	11	15	20	200	2
16	22	200	12	16	22	200	2
17	22	210	12	17	22	210	2
18	22	220	14	18	22	220	2
19	22	220	14	19	22	220	2
20	25	230	14	20	25	230	2
21	25	240	16	21	25	240	2
22	25	240	16	22	25	240	2
23	25	250	16	23	25	250	2
24	25	260	18	24	25	260	3
25	25	260	18	25	25	260	3
26	30	270	18	26	30	270	3
28	30	270	20	28	30	270	3
30	30	280	20	30	30	280	3
32	30	290	20	32	30	290	3

(4) 套殼鉸刀(shell reamer)：由殼形鉸刀及心軸兩部分組成，刀刃有直刀刃及螺旋刀刃，軸有直柄及錐柄，如圖3.34示。鉸刀端有兩個溝槽可套裝於柄上軸耳，並以軸端之鎖緊螺釘固定鉸刀。

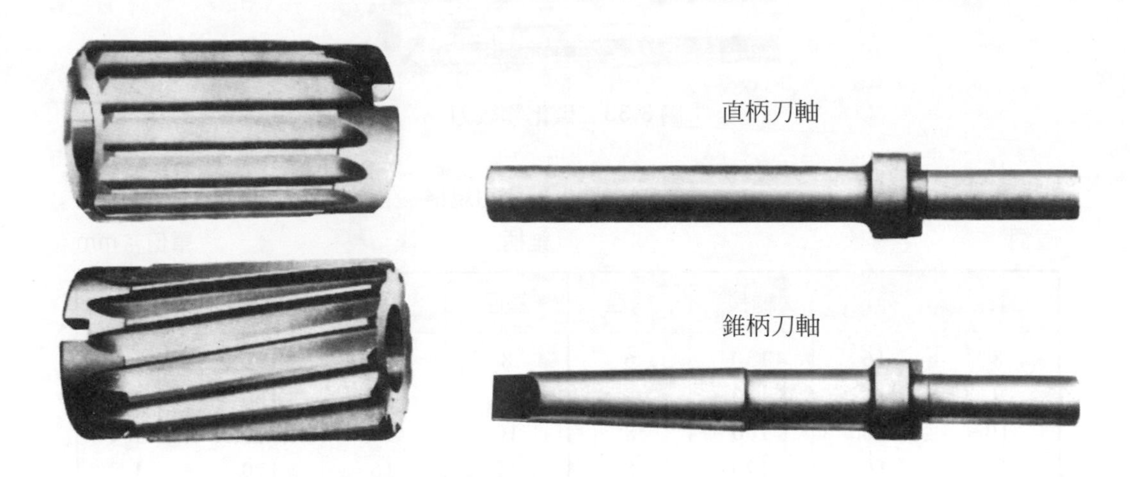

圖3.34 套殼鉸刀

套殼鉸刀的優點：①鉸削大孔較為經濟，②以同一心軸很容易更換不同尺寸之鉸刀，③鉸刀磨損或破裂，只要更換鉸刀，而心軸仍可繼續使用。

表3.25示套殼鉸刀規格。表3.26示套殼鉸刀心軸規格。

表 3.25　套殼鉸刀規格

材質：高速鋼　單位：mm

直徑	總長	刃長	刀軸號數	直徑	總長	刃長	刀軸號數
20	50	40	1	52	90	75	5
21	50	40	1	55	90	75	5
22	50	40	1	58	90	75	5
23	50	40	2	60	90	75	5
24	60	50	2	62	90	75	5
25	60	50	2	65	100	80	6
26	60	50	2	68	100	80	6
28	60	50	2	70	100	80	6
30	60	50	2	72	100	80	6
32	60	50	2	75	100	80	6
34	70	60	3	78	110	90	7
35	70	60	3	80	110	90	7
36	70	60	3	82	110	90	7
38	70	60	3	85	110	90	7
40	70	60	3	88	110	90	7
42	80	70	4	90	120	100	8
44	80	70	4	92	120	100	8
45	80	70	4	95	120	100	8
46	80	70	4	98	120	100	8
48	80	70	4	100	120	100	8
50	80	70	4				

表 3.26　套殼鉸刀心軸規格

直柄　　錐柄　　單位：inch

刀軸號數	直徑	柄徑	總長	刀軸號數	直徑	柄徑	總長
4	3/4	1/2	9	4	3/4	9	2
5	13/16～1	5/8	9 1/2	5	13/16～1	9 1/2	2
6	1 1/16～1 1/4	3/4	10	6	1 1/16～1 1/4	10	3
7	1 5/16～1 5/8	7/8	11	7	1 5/16～1 5/8	11	3
8	1 13/16～2	1 1/8	12	8	1 13/16～2	12	4
9	2 1/16～2 1/2	1 3/8	13	9	2 1/16～2 1/2	13	4
10	2 9/16～3	1 5/8	14	10	2 9/16～3	14	5

3.13 鉸削餘裕

鉸削餘裕之多寡不但依工件材料之材質，尙須考慮原孔的加工方式，例如衝孔、鑽孔、搪孔、粗鉸孔等。鉸削餘裕太多或太少均會引起鉸刀顫震、孔面不良、或不能成爲眞圓的現象。手工鉸削餘裕爲0.03～0.10mm。

表3.27示機器鉸削加工餘裕。

表3.27 機器鉸削加工餘裕

單位：mm

孔徑	加工餘裕	孔徑	加工餘裕
0.8～1.2	0.05	6～18	0.3
1.2～1.6	0.1	18～30	0.4
1.6～3	0.15	30～100	0.5
3～6	0.2		

3.14 鉸刀選用考慮的因素

適當的選用鉸刀，以達成最佳的鉸削及最經濟的使用效果，應考慮下列的因素：

(1) 工件材料的性質：其影響選用鉸刀的型式很大。低抗拉強度的工件材料，選用結構較輕的鉸刀。高抗拉強度的工件材料，選用結構較強的鉸刀。整體型鉸刀用於鉸削小孔及易加工的材料。殼形鉸刀用於鉸削大孔及硬韌的材料。

(2) 鉸孔的直徑：鉸孔的直徑越大，所用的鉸刀直徑亦越大，在成本上，不論整體式或套殼式鉸刀以選用嵌片式或調整式刀刃較爲經濟。

⑶ 鉸削的餘裕：鉸削量直接影響鉸削力及鉸刀之強度與剛性。

⑷ 鉸孔的精確度：係指直徑的公差、眞圓度、垂直度、孔端無鐘形口等而言。爲適合這些要求，選用鉸刀必須適當並且充分的支持刀刃。

⑸ 成本：整體式鉸刀再利用的價値依工作量及不同的孔徑而定。有些鉸刀磨鈍後，可以修磨爲較小的直徑再使用，以減低生產成本。

3.15 鉸刀之使用與收藏

鉸刀爲精密刀具，爲了維持鉸孔的正確度、孔面光度、鉸刀壽命等得靠小心地使用及收藏。

1. 鉸削時鉸刀絕不可逆轉，否則會傷害刃口。
2. 鉸刀絕不可在金屬表面上滾動。
3. 不使用時，鉸刀要塗油以免刃口生銹。
4. 變鈍的鉸刀須重磨或更換，否則不但鉸削孔面粗糙而且鉸刀之磨耗加速。
5. 重磨鉸刀用細砂輪，並且注意刃口不可燒毀，否則將影響鉸刀壽命。
6. 收藏時應分開置於塑膠管或木盒中，以免刃口互相碰撞發生缺口或毛口。

3.16 螺絲攻各部位的名稱

螺絲攻(Taps)爲製作內螺絲之刀具，係用高碳鋼、合金工具鋼、高速鋼等車製外螺絲，經熱處理硬化後，在磨床上研磨而成。

螺絲攻分爲刃部及柄部等兩個主要部分，各部位名稱如圖 3.35 示。

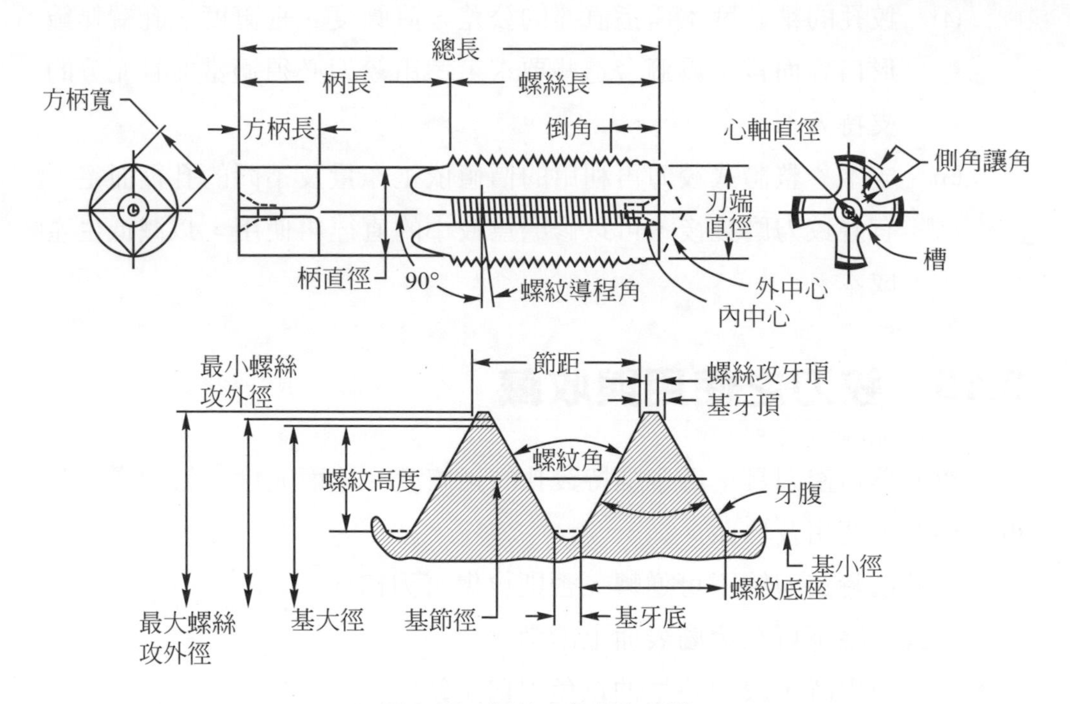

圖 3.35　螺絲攻各部位名稱

1. 刃部

　　刃部即爲極正確的螺絲，沿軸向切削平行槽或螺旋槽，有二槽、三槽、四槽，使螺絲攻有足夠間隙容納切屑及切削劑。刃部端製成錐度，使螺絲攻易進入孔內攻絲。

2. 柄部

　　柄端爲方形，以便螺絲攻扳手套入柄端轉動螺絲攻。5mm以下的螺絲攻之柄部直徑比刃部直徑大，6mm的螺絲攻之柄部直徑與刃部直徑相同，7mm 以上的螺絲攻之柄部直徑比刃部直徑較小。柄部刻有螺絲攻之規格。

3.17 螺絲攻的分類及規格

螺絲攻通常分爲手攻螺絲攻及機器螺絲攻。

1. 手攻螺絲攻

手攻螺絲攻最初主要設計係用手操作攻絲。如今，大部分手攻螺絲攻亦可適於機器攻絲。

⑴ 組合螺絲攻(hand taps group)：由斜螺絲攻(taper tap)、插螺絲攻(plug tap)及底螺絲攻(bottoming tap)組成，如圖3.36示。三支螺絲攻的外徑、內徑、及長度均相同，所不同者僅刃部前端錐度之長短。斜螺絲攻有8～9牙成錐形，插螺絲攻有3～5牙成錐形，底螺絲攻僅有1～1 1/2牙成錐形。

斜螺絲攻適於手攻較硬材料及粗螺紋之通孔螺絲。如工件情況許可，尤其是攻通孔螺絲，儘量使用斜螺絲攻，但不適於不通孔攻絲。

插螺絲攻適於手攻較軟材料及細螺絲之通孔螺絲。若不通孔之底部足夠容納螺絲攻之錐度部分及切屑，則可用插螺絲攻攻絲。插螺絲攻可做機器攻絲，但須選擇工件的條件，如較大的切屑間隙，較深的刃槽或螺旋槽，或迅速使切屑掉落孔內。若工件材料之加工容易碎屑或碎裂，則插螺絲攻之攻絲效果甚佳。

底螺絲攻較不常用，僅用於不通孔之底部須要攻絲。其每齒的切屑負荷很大，故使用底螺絲攻前先用插螺絲攻。若攻粗螺絲或硬材料，則須先用斜螺絲攻及插螺絲攻，底螺絲攻攻至孔底前，要將切屑清除。

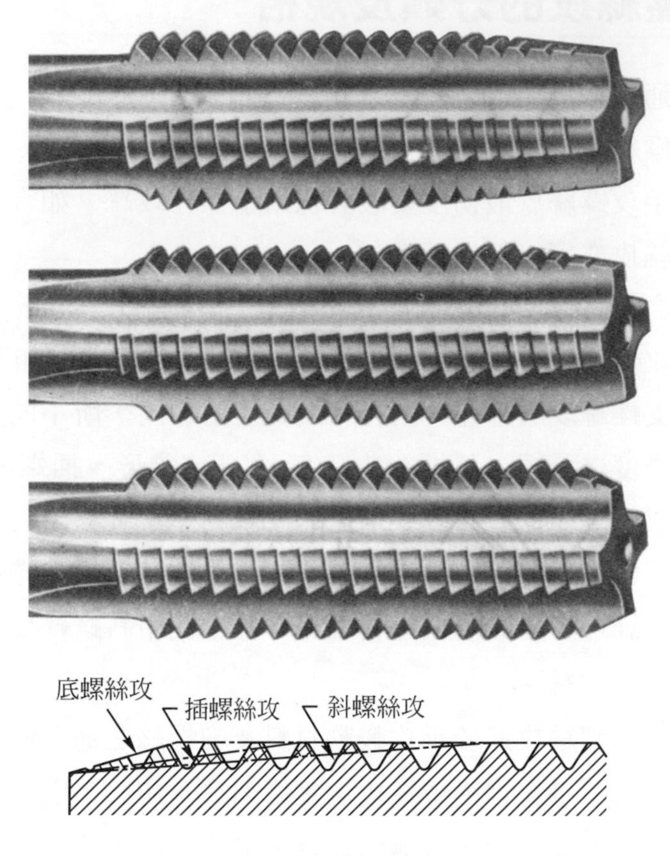

圖 3.36 組合螺絲攻

表 3.28 示公制粗牙螺絲攻規格。表 3.29 示公制細牙螺絲攻規格。表 3.30 示統一標準粗牙螺絲攻規格。表 3.31 示統一標準細牙螺絲攻規格。

表 3.28　公制粗牙螺絲攻規格

外徑	節距	總長	刃長	柄徑	槽長	外徑	節距	總長	刃長	柄徑	槽長
*M*1.0	0.25	30	8	3.0	2～3	*M*27	1.00	95	30	20.0	4
*M*1.1	0.25	32	9	3.0	2～3	*M*28	2.00	105	45	21.0	4
*M*1.2	0.25	32	9	3.0	2～3	*M*28	1.50	105	45	21.0	4
*M*1.4	0.30	34	11	3.0	2～3	*M*28	1.00	105	30	21.0	4
*M*1.6	0.35	36	13	3.0	2～3	*M*30	3.00	135	65	23.0	4
*M*1.7	0.30	36	13	3.0	2～3	*M*30	2.00	105	45	23.0	4
*M*1.8	0.35	36	13	3.0	2～3	*M*30	1.50	105	45	23.0	4
*M*2.0	0.45	40	15	3.0	2～3	*M*30	1.00	105	30	23.0	4
*M*2.2	0.45	42	15	3.0	3	*M*32	2.00	105	45	24.0	4
*M*2.3	0.40	42	15	3.0	3	*M*32	1.50	105	45	24.0	4
*M*2.5	0.45	44	16	3.0	3	*M*33	3.00	145	70	25.0	4
*M*2.6	0.40	44	16	3.0	3	*M*33	2.00	110	45	25.0	4
*M*3.0	(0.6)	46	18	4.0	3	*M*33	1.50	110	45	25.0	4
*M*3.0	0.50	46	18	4.0	3	*M*35	1.50	110	45	26.0	4
*M*3.5	0.60	48	18	4.0	3	*M*36	3.00	155	75	28.0	4
*M*4.0	(0.75)	52	20	5.0	3～4	*M*36	2.00	110	45	28.0	4
*M*4.0	0.70	52	20	5.0	3～4	*M*36	1.50	110	45	28.0	4
*M*4.5	0.75	55	20	5.0	3～4	*M*38	1.50	115	45	28.0	4
*M*5.0	(0.9)	60	22	5.5	3～4	*M*39	3.00	165	80	30.0	4
*M*5.0	0.80	60	22	5.5	3～4	*M*39	2.00	115	45	30.0	4
*M*5.5	(0.9)	60	22	5.5	3～4	*M*39	1.50	115	45	30.0	4
*M*6.0	1.00	62	24	6.0	3～4	*M*40	3.00	165	80	30.0	4～6
*M*7.0	1.00	65	26	6.2	3～4	*M*40	2.00	115	45	30.0	4～6
*M*8.0	1.25	70	30	6.2	3～4	*M*40	1.50	115	45	30.0	4～6
*M*9.0	1.25	72	30	7.0	3～4	*M*42	4.00	175	80	32.0	4～6
*M*10	1.50	75	32	7.0	3～4	*M*42	3.00	175	80	32.0	4～6
*M*11	1.50	80	38	8.0	4	*M*42	2.00	120	45	32.0	4～6
*M*12	2.75	82	38	8.5	4	*M*42	1.50	120	45	32.0	4～6
*M*14	2.00	88	42	10.5	4	*M*45	4.00	180	80	35.0	4～6
*M*16	2.00	99	45	12.5	4	*M*45	3.00	180	80	35.0	4～6
*M*18	2.50	100	48	14.0	4	*M*45	2.00	120	45	35.0	4～6
*M*20	2.50	105	50	15.0	4	*M*45	1.50	120	45	35.0	4～6
*M*22	3.50	115	55	17.0	4	*M*48	4.00	180	80	38.0	4～6
*M*27	3.00	120	58	19.0	4	*M*48	3.00	180	80	38.0	4～6
*M*20	3.00	130	62	20.0	4	*M*48	2.00	125	45	38.0	4～6
*M*30	3.50	135	65	23.0	4	*M*48	1.50	125	45	38.0	4～6
*M*33	4.50	145	70	25.0	4	*M*50	3.00	180	80	40.0	4～6
*M*36	4.00	155	75	28.0	4	*M*50	2.00	130	45	40.0	4～6
*M*39	4.00	160	80	30.0	4	*M*50	1.50	130	45	40.0	4～6
*M*42	4.50	175	85	32.0	4～6						
*M*45	5.50	180	85	35.0	4～6						
*M*48	5.00	185	90	38.0	4～6						

表 3.29 公制細牙螺絲攻規格

外徑	節距	總長	刃長	柄徑	槽數	外徑	節距	總長	刃長	柄徑	槽數
*M*1.0	0.20	30	6	3.0	2～3	*M*12	1.50	82	38	8.5	4
*M*1.1	0.20	32	6	3.0	2～3	*M*12	1.20	80	38	8.5	4
*M*1.2	0.20	32	6	3.0	2～3	*M*12	1.00	70	30	8.5	4
*M*1.4	0.20	34	6	3.0	2～3	*M*14	1.50	88	42	10.5	4
*M*1.6	0.20	36	6	3.0	2～3	*M*14	1.50	70	30	10.5	4
*M*1.7	(0.2)	36	6	3.0	2～3	*M*15	1.50	90	42	10.5	4
*M*1.8	0.20	36	6	3.0	2～3	*M*15	1.00	70	30	10.5	4
*M*2.0	0.25	40	8	3.0	2～3	*M*16	1.50	95	45	12.5	4
*M*2.2	0.25	42	8	3.0	3	*M*16	1.00	75	30	12.5	4
*M*2.3	(0.25)	42	8	3.0	3	*M*17	1.50	95	45	13.0	4
*M*2.5	0.35	44	10	3.0	3	*M*17	1.00	80	30	13.0	4
*M*2.6	(0.35)	44	10	3.0	3	*M*18	2.00	95	45	14.0	4
*M*3.0	0.35	46	10	4.0	3	*M*18	1.50	95	45	14.0	4
*M*3.5	0.35	48	10	4.0	3	*M*18	1.00	80	30	14.0	4
*M*4.0	0.50	52	15	5.0	3～4	*M*20	2.00	95	45	15.0	4
*M*4.5	0.50	52	15	5.0	3～4	*M*20	1.50	95	45	15.0	4
*M*5.0	0.50	52	15	5.5	3～4	*M*20	1.00	80	30	15.0	4
*M*5.5	0.50	52	15	5.5	3～4	*M*22	2.00	95	45	17.0	4
*M*6.0	0.75	62	20	6.0	3～4	*M*22	1.50	95	45	17.0	4
*M*7.0	0.75	62	20	6.2	4	*M*22	1.00	85	30	17.0	4
*M*8.0	1.00	70	30	6.2	4	*M*24	2.00	95	45	19.0	4
*M*8.0	0.75	62	20	6.2	4	*M*24	1.50	95	45	19.0	4
*M*9.0	1.00	70	30	7.0	4	*M*24	1.00	90	30	19.0	4
*M*9.0	0.75	62	20	7.0	4	*M*25	2.00	95	45	19.0	4
*M*10	1.25	75	32	7.0	4	*M*25	1.50	95	45	19.0	4
*M*10	1.00	70	30	7.0	4	*M*25	1.00	95	30	19.0	4
*M*10	0.75	62	20	7.0	4	*M*26	1.50	95	45	20.0	4
*M*10	1.00	70	30	8.0	4	*M*27	2.00	95	45	20.0	4
*M*10	0.75	62	20	8.0	4	*M*27	1.50	95	45	20.0	4

表 3.30 統一標準粗牙螺絲攻規格

稱呼尺寸(吋)每吋牙數	外徑(mm)	總長	刃長	柄徑	槽數
No. 1-64 UNC	1.854	36	13	3.0	2～3
No. 2-56 UNC	2.184	42	15	3.0	3
No. 3-48 UNC	2.515	44	16	3.0	3
No. 4-40 UNC	2.845	44	16	3.0	3
No. 5-40 UNC	3.175	46	19	4.0	3
No. 6-32 UNC	3.505	48	18	4.0	3
No. 8-24 UNC	4.166	52	20	5.0	3～4
No.12-24 UNC	4.826	60	22	5.5	3～4
No.10-24 UNC	5.486	60	22	5.5	3～4
1/4-20 UNC	6.350	62	24	6.0	3～4
5/16-18 UNC	7.938	70	30	6.1	3～4
3/8-16 UNC	9.525	75	35	7.0	3～4
7/16-14 UNC	11.112	80	38	8.0	4
1/2-13 UNC	12.700	85	42	9.0	4
9/16-12 UNC	14.288	90	42	10.5	4
5/8-11 UNC	15.875	95	45	12.0	4
3/4-10 UNC	19.050	105	50	14.0	4
7/8-9 UNC	22.225	115	55	17.0	4
1-8 UNC	25.400	125	60	20.0	4
1 1/8-7 UNC	28.575	135	65	22.0	4
1 1/4-7 UNC	31.750	145	70	24.0	4
1 3/8-6 UNC	34.925	155	75	26.0	4
1 1/2-5 UNC	38.100	160	78	30.0	4
1 3/4-5 UNC	44.450	175	85	35.0	4～6
2-4 1/2 UNC	50.800	195	92	40.0	4～6

表 3.31 統一標準細牙螺絲攻規格

稱呼尺寸(吋)每吋牙數	外徑(mm)	總長	刃長	柄徑	槽數
No. 0-80 UNF	1.524	36	13	3.0	2～3
No. 1-72 UNF	1.854	36	13	3.0	2～3
No. 2-64 UNF	2.184	42	15	3.0	3
No. 3-56 UNF	2.515	44	16	3.0	3
No. 4-48 UNF	2.845	44	16	3.0	3
No. 5-44 UNF	3.175	46	18	4.0	3
No. 6-40 UNF	3.505	48	18	4.0	3
No. 8-36 UNF	4.166	52	20	5.0	3～4
No.10-32 UNF	4.826	60	22	5.5	3～4
No.12-28 UNF	5.486	60	22	5.5	3～4
1/4-28 UNF	6.350	62	24	6.0	3～4
5/16-24 UNF	7.938	70	30	6.1	3～4
3/8-24 UNF	9.525	75	32	7.0	3～4
7/16-20 UNF	11.112	80	38	8.0	4
1/2-20 UNF	12.700	85	42	9.0	4
9/16-18 UNF	14.288	90	42	10.5	4
5/8-18 UNF	15.875	95	45	12.0	4
3/4-16 UNF	19.050	95	45	14.0	4
7/8-14 UNF	22.225	95	45	17.0	4
1-12 UNF	25.400	95	45	20.0	4
1 1/18-12 UNF	28.575	105	45	22.0	4
1 1/4-12 UNF	31.750	105	45	24.0	4
1 3/8-12 UNF	34.925	110	45	26.0	4
1 1/2-12 UNF	38.100	115	45	30.0	4

(2) 順次螺絲攻(serial taps)：常與上述組合螺絲攻混淆，其實完全不同。順次螺絲攻以No.1、No.2、No.3等組成，如圖3.37示。No.1 斜螺絲攻外徑爲最小，柄部以一道環槽表示；No.2插螺絲攻外徑爲中值，柄部以二道環槽表示；No.3底螺絲攻外徑爲最大，即爲其公稱尺寸，柄部以三道環槽表示。順次螺絲

攻適於深孔、通孔、不通孔，及硬材料如不銹鋼或鎳鋼之攻絲。攻絲時必須依序由 No.1、No.2、No.3 加工，故較他種手攻螺絲攻容易而且光滑。

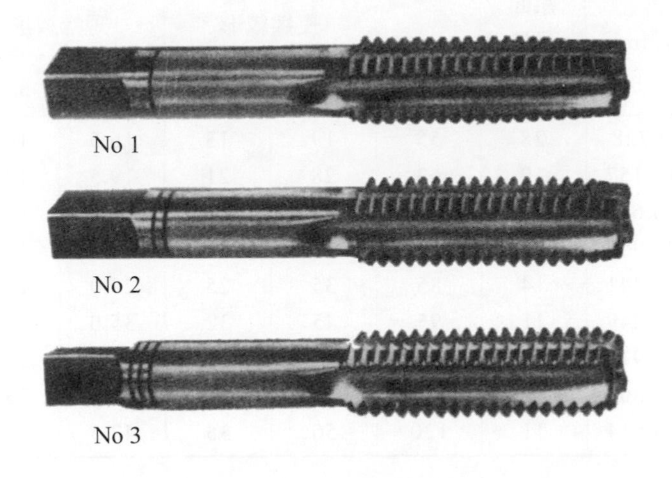

圖 3.37　順次螺絲攻

(3) 錐形管螺絲攻(taper pipe taps)：螺絲攻之刃部為錐形，外徑自刃部底端至頂端漸增率為 3/4 吋／呎，如圖 3.38。用於管子裝配及其他需要很緊密裝配零件之攻絲。

表 3.32 示錐形管螺絲攻規格。

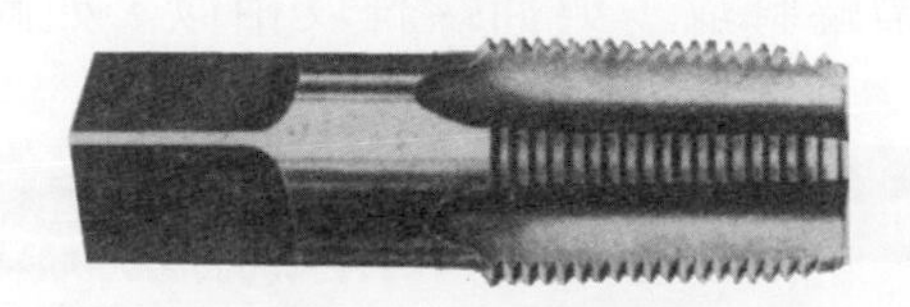

圖 3.38　錐形管螺絲攻

表 3.32　錐形管螺絲攻規格

單位：mm

稱呼尺寸	外徑 (mm)	每吋牙數	形狀尺寸					
			總長	長螺紋形		短螺紋形		柄徑
				刃長	節徑	刃長	節徑	
PT 1/8	9.728	28	55	19	13	16.5	10.5	8
PT 1/4	13.157	19	62	28	21	19.5	12.5	11
PT 3/8	16.662	19	65	28	21	21.0	14.0	14
PT 1/2	20.955	14	80	35	25	27.0	17.0	18
PT 3/4	26.441	14	85	35	25	29.0	19.0	23
PT 1	33.249	11	95	45	32	35.0	22.0	26
PT 1 1/4	41.910	11	105	45	32	37.5	24.5	32
PT 1 1/2	47.803	11	110	45	32	38.5	25.5	38
PT 2	59.614	11	120	50	35	42.5	27.5	46

2. 機器螺絲攻

機器螺絲攻是在鑽床或攻螺絲機上以連續式的切削攻絲，與手攻螺絲攻間斷式的攻絲不同。連續式切削常產生帶狀的切屑，故機器螺絲攻必須有足夠的間隙以排除切屑及容納切削劑。

機器螺絲攻的種類分爲三種：

(1) 蝸旋端螺絲攻(spiral point taps)：在刃部端研磨斜向刃槽的角度，爲直槽螺絲攻，與插螺絲攻相似，如圖 3.39 示。

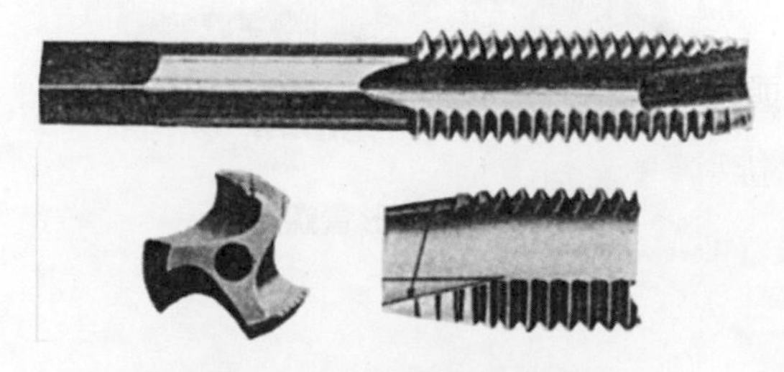

圖 3.39　蝸旋端螺絲攻

蝸旋端螺絲攻爲機器螺絲攻最有效率的螺絲攻，攻絲時由斜角刃槽的角度折曲切屑，使其在刃部端前脫落，以免在刃槽內纏繞。此種螺絲攻之刃槽比普通螺絲攻爲少而淺，故不適宜攻不通孔螺絲，除非孔底有相當間隙，否則切屑會堆積在孔底，致使螺絲攻被夾住而碎裂。攻通孔螺絲時不虞切屑阻塞，可以增高攻絲速度。

表 3.33 示蝸旋端螺絲攻規格。

表 3.33　蝸旋端螺絲攻規格

公制粗牙			統一標準粗牙		
外徑	節距	槽數	外徑	每吋牙數	槽數
*M*3.0	0.50	2～3	1/4	20 UNC	2～3
*M*3.5	0.60	2～3	5/16	18 UNC	2～3
*M*4.0	0.75	2～3	3/8	16 UNC	3
*M*4.5	0.70	2～3	7/16	14 UNC	3
*M*5.0	0.80	2～3	1/2	13 UNC	3
*M*6.0	1.00	2～3			
*M*7.0	1.00	2～3			
*M*8.0	1.25	2～3			
*M*9.0	1.25	3			
*M*10.0	1.50	3			
*M*11.0	1.50	3			
*M*12.0	1.70	3			

(2) 蝸旋槽螺絲攻(sprial-fluted taps)：螺絲攻之刃部爲螺旋槽與麻花鑽頭之鑽槽相似，如圖 3.40 示，是爲改善攻不通孔螺絲時切屑之排除而設計，可以手攻或機器攻絲。其適於韌性、軟性、及其他形成連續切屑材料如鎳鋼、不銹鋼、銅、及鋁合金之攻絲。攻右螺絲時須用右蝸旋槽螺絲攻。

表 3.34 示蝸旋槽螺絲攻規格。

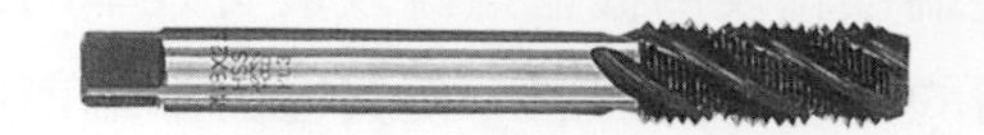

圖 3.40 蝸旋槽螺絲攻

表 3.34 蝸旋槽螺絲攻規格

公制粗牙			統一標準粗牙		
外徑	節距	槽數	外徑	每吋牙數	槽數
*M*3.0	0.50	3	1/4	20 UNC	3
*M*3.5	0.60	3	5/16	18 UNC	3
*M*4.0	0.70	3	3/8	16 UNC	3
*M*4.5	0.75	3	7/16	14 UNC	3
*M*5.0	0.80	3	1/2	13 UNC	3
*M*6.0	1.00	3			
*M*7.0	1.00	3			
*M*8.0	1.25	3			
*M*9.0	1.25	3			
*M*10.0	1.50	3			
*M*11.0	1.50	3			
*M*12.0	1.75	3			

(3) 螺帽螺絲攻(nut taps)：刃部有較長的倒角及較小的刃端，柄部比手螺絲攻較長而直徑比螺絲底徑小，如圖 3.41 示，使攻好的螺帽置於柄部，待柄部被螺帽堆滿後再退出螺絲攻取下螺帽。螺帽螺絲攻適用於螺帽螺絲機、螺桿刀具(bolt cutter)、鑽床等工作。

表 3.35 示公制粗牙螺帽螺絲攻規格。表 3.36 示統一標準螺帽螺絲攻規格。

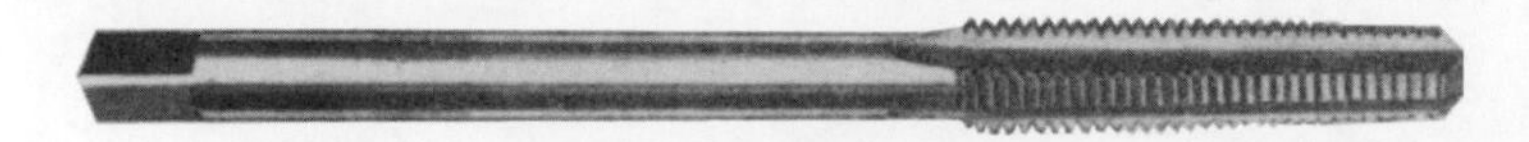

圖 3.41 螺帽螺絲攻

表 3.35　公制粗牙螺帽螺絲攻規格

外徑	節距	總長	刃長	柄徑
*M*2.5	0.45	50	16	2.0
*M*2.6	0.45	50	16	2.0
*M*3.0	0.50	55	18	2.1
*M*3.5	0.60	55	20	2.6
*M*4.0	0.70	60	24	2.8
*M*4.5	0.75	65	26	3.3
*M*5.0	0.80	70	28	3.6
*M*6.0	1.00	75	34	4.5
*M*7.0	1.00	80	34	5.5
*M*8.0	1.25	85	40	6.0
*M*9.0	1.25	90	40	7.3
*M*10.0	1.50	95	45	7.8
*M*11.0	1.50	95	45	8.8
*M*12.0	1.75	105	50	9.5
*M*14.0	2.00	115	55	11.0
*M*16.0	2.00	115	55	13.0
*M*18.0	2.50	135	70	14.0
*M*20.0	2.50	140	70	16.0
*M*22.0	2.50	145	70	18.0
*M*24.0	3.00	160	80	19.0
*M*27.0	3.00	165	80	22.0
*M*30.0	3.50	190	100	24.0
*M*33.0	3.50	195	100	25.0
*M*36.0	4.00	210	110	28.0
*M*39.0	4.00	220	110	30.0
*M*42.0	4.50	240	130	32.0
*M*45.0	4.50	250	130	35.0
*M*48.0	5.00	270	140	38.0

表 3.36　統一標準螺帽螺絲攻規格

外徑	每吋牙數			總長	刃長	方柄長	柄徑	方柄寬
	UNC	UNF	UN					
3/16	…	…	24	4 1/2	1 3/8	1/2	0.133	0.100
3/16	…	…	32	4 1/2	1	1/2	0.133	0.100
1/4	20	…	…	5	1 5/8	9/16	0.185	0.139
1/4	…	28	…	5	1 1/4	9/16	0.185	0.139
5/16	18	…	…	5 1/2	1	5/8	0.240	0.180
5/16	…	24	…	5 1/2	1 3/8	5/8	0.240	0.180
3/8	16	…	…	6	2	11/16	0.294	0.220
3/8	…	24	…	6	1 1/2	11/16	0.294	0.220
7/16	14	…	…	6 1/2	2 3/8	3/4	0.345	0.259
7/16	…	20	…	6 1/2	1 3/4	3/4	0.345	0.259
1/2	13	…	…	7	2 1/2	7/8	0.400	0.300
1/2	…	20	…	7	1 7/8	7/8	0.400	0.300
9/16	12	…	…	7 1/2	2 3/4	7/8	0.450	0.337
9/16	…	18	…	7 1/2	2	7/8	0.450	0.337
5/8	11	…	…	8	3	15/16	0.503	0.377
5/8	…	18	…	8	2 1/4	15/16	0.503	0.377
11/16	…	…	11	8 1/2	3	1	0.565	0.424
11/16	…	…	16	8 1/2	2 1/4	1	0.565	0.424
3/4	10	…	…	9	3 1/4	1	0.616	0.462
3/4	…	16	…	9	2 1/2	1	0.616	0.462
7/8	9	…	…	10	3 5/8	1 1/16	0.727	0.545
7/8	…	14	…	10	2 3/4	1 1/16	0.727	0.545
7/8	…	…	18	10	2 3/4	1 1/16	0.727	0.545
1	8	…	…	11	4	1 1/8	0.834	0.625
1	…	12	…	11	3 1/2	1 1/8	0.834	0.625
1	…	…	14	11	3	1 1/8	0.834	0.625
1 1/8	7	…	…	11 1/2	4 3/4	1 1/4	0.933	0.700
1 1/8	…	12	…	11 1/2	3 1/2	1 1/4	0.933	0.700
1 1/4	7	…	…	12	4 3/4	1 5/16	1.058	0.793
1 1/4	…	12	…	12	3 1/2	1 5/16	1.058	0.793
1 3/8	6	…	…	12 1/2	5 3/8	1 3/8	1.153	0.865
1 3/8	…	12	…	12 1/2	4	1 3/8	1.153	0.865
1 1/2	6	…	…	13	5 3/8	1 1/2	1.278	0.958
1 1/2	…	12	…	13	4	1 1/2	1.278	0.958
1 5/8	…	…	6	13 1/2	5 1/2	1 9/16	1.383	1.037
1 3/4	5	…	…	14	5 1/2	1 5/8	1.484	1.113
2	4 1/2	…	…	15	6 1/8	1 3/4	1.705	1.279
2 1/4	4 1/2	…	…	16	6 1/8	1 7/8	1.953	1.465
2 1/2	4	…	…	17	6 7/8	2	2.167	1.625

3. 螺絲攻之規格

螺絲攻之規格刻於柄部，其表示法分爲英制及公制兩種。

(1) 英制表示法：

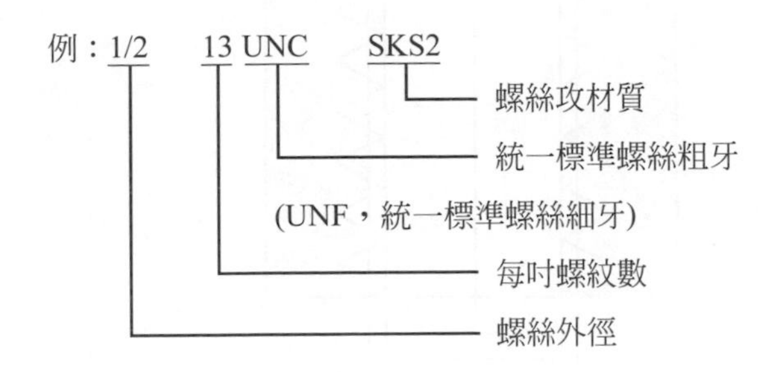

(2) 公制表示法：

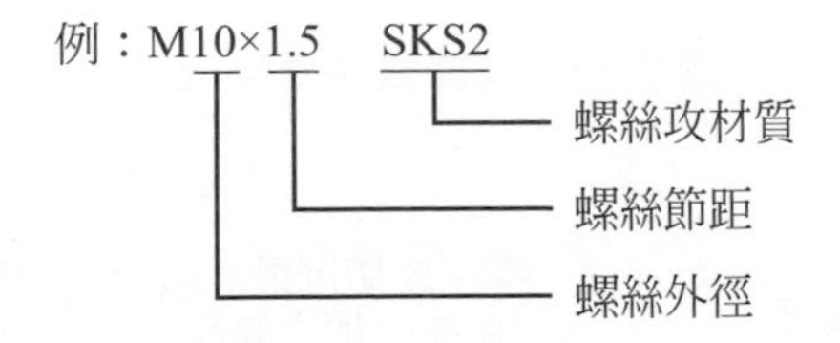

3.18 攻絲鑽頭直徑之選擇

攻絲前必先鑽孔，孔徑的大小依螺絲的外徑及節距而定。孔徑過小時，螺絲攻除牙頂進行鉸絲外，牙底亦在鉸絲，使螺絲攻阻力增大容易折斷，而且鉸成的螺絲面亦很粗糙。孔徑過大時，螺絲攻僅以牙頂一部分進行鉸絲，鉸成之螺絲深度過淺，將減低螺絲強度。

理論上，孔徑之大小應等於螺絲底徑，即是外徑減兩倍的牙深。實際上，螺絲配合之鬆緊度因其用途之不同而牙深之保留率亦不同，因此，攻絲鑽頭之孔徑因之而異。最常用的牙深保留率爲75％，如圖3.42

示，如此不但攻絲未受到過度阻力，而且攻絲容易，牙深亦可保持適當的強度。

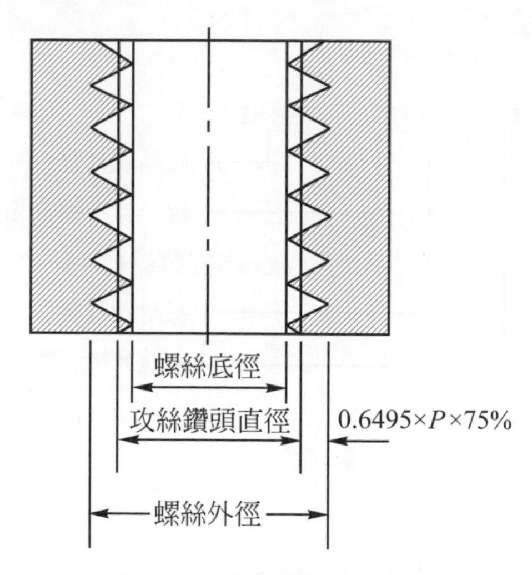

圖 3.42　攻絲鑽頭直徑尺寸

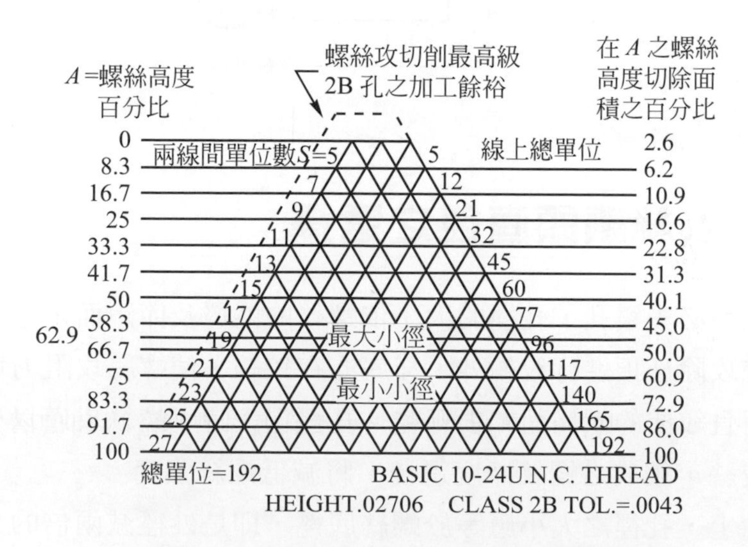

圖 3.43　螺絲高度與螺絲斷面積的關係

60°V 型螺絲之攻絲鑽頭直徑可由下式求出：

攻絲鑽頭直徑＝外徑－2(0.6495 × 節距) × 牙深保留率

＝外徑－節距

圖 3.43 示螺絲高度與螺絲攻切削面積之關係。表 3.37 示各種工件材料螺絲高之百分率。

表 3.37　各種工件材料螺絲高之百分率

工件材料	螺絲高之百分率
鑄　鐵	75～80
軟　鋼	70～75
不銹鋼	55～60
合金鋼	55～60
鋁	75～80
銅	55～60
纖　維	50～60

3.19　螺絲攻選用考慮的因素

欲使攻絲獲得最佳的效果，選擇螺絲攻的種類須適合工作的性質，其考慮的因素：

1. 通孔或不通孔：攻通孔螺絲可選用斜螺絲攻，攻不通孔螺絲必須選用底螺絲攻或蝸旋槽螺絲攻。
2. 孔的深度：較深的孔攻絲時，宜選用蝸旋槽螺絲以利切屑之排除。
3. 切屑處理：高抗拉強度材料攻通孔螺絲時，宜選用蝸旋端螺絲攻，以利切屑之排除。

4. 螺絲孔的強度：螺絲深度保留率大時，螺絲孔的強度大，宜選用順次螺絲攻。
5. 工件材料：高抗拉強度材料攻絲時，宜選用順次螺絲攻或蝸旋槽螺絲攻。
6. 潤滑劑。

3.20 螺絲鏌的分類及各部位名稱

螺絲鏌(Dies)爲製作外螺絲之刀具，其刃部爲精製之內螺絲，刃部周圍有間隙孔，如三孔、四孔、五孔，使刃部分隔爲三槽、四槽、五槽，以便鉸削時排除切屑之用。刃部前端有 2～3 牙之錐形口，使螺絲鏌容易鉸入工件。鏌面刻有螺絲鏌之規格，其表示方法與螺絲攻相同。

螺絲鏌依結構方式分爲四類：

1. 圓形調整式螺絲鏌(round adjustable dies)：螺絲鏌圓周分割一溝槽，做螺釘調整開口之用，如圖 3.44 示。將螺釘旋緊時溝槽張開，可增大刃部的孔徑；放鬆螺釘後，裝於絲鏌扳手，再旋緊扳手上螺釘，可縮小刃部的孔徑。因此，鉸絲時先將孔徑放大，然後逐漸縮小孔徑，以利鉸絲工作。一般鉸絲工作，須先攻內螺絲，次鉸外螺絲。因螺絲攻直徑一定，不能放大或縮小，而螺絲鏌可稍加調整鉸削量以配合內螺絲的大小。
2. 固定式螺絲鏌(solid dies)：刃部固定不能調整，尺寸正確，鉸絲一次完成，有方形及六角形，如圖 3.45 示。用於小工件之鉸絲或重鉸損壞的螺絲。

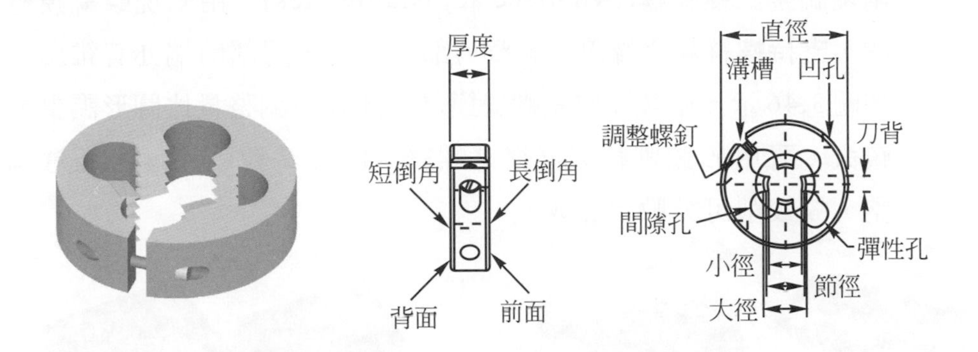

圖 3.44 圓形調整式螺絲鏌

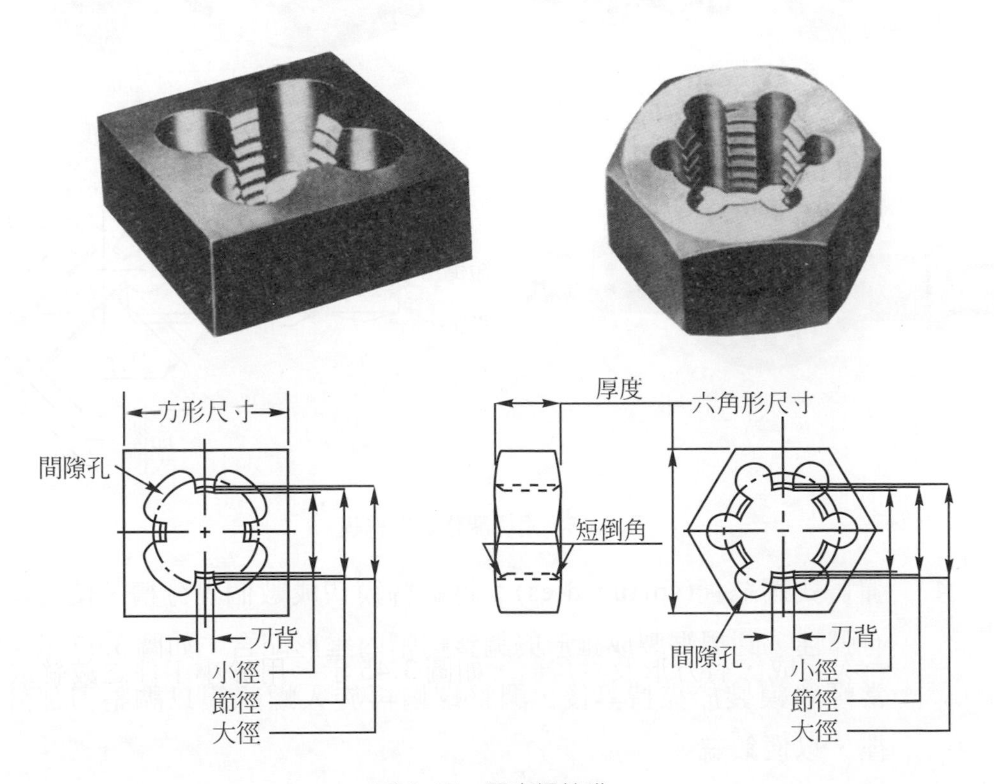

圖 3.45 固定螺絲鏌

3. 兩塊調整式螺絲鏌(two piece adjustable dies)：由兩塊螺絲鏌組成，支持螺絲鏌之螺釘可調整刃部之孔徑，刃部前端亦有錐形，如圖 3.46 示。兩塊調整式螺絲鏌之刃部孔徑調整量比圓形調整式較大，可用於鉸削較大直徑之螺絲。由於其鉸削深度可任意調整，故鉸削可分數次完成。

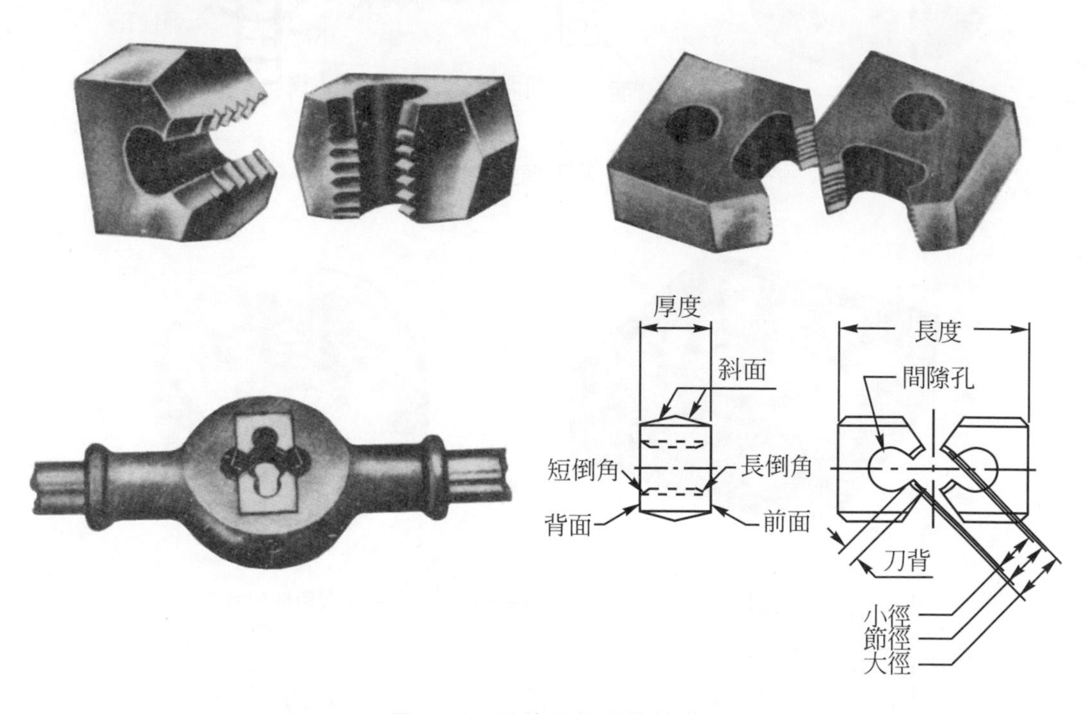

圖 3.46　兩塊調整式螺絲鏌

4. 彈簧式螺絲鏌(spring dies)：將螺絲鏌切成數個等分槽，使其具有彈性，圓周端製成錐形與調整螺帽內錐形配合，如圖 3.47 示。當螺絲鏌裝於夾持具後，調整螺帽再旋入螺絲鏌以調整刃部外徑，以便鉸絲。

表 3.38 示公制圓形調整式螺絲鏌規格。表 3.39 示統一標準圓形調整式螺絲鏌規格。

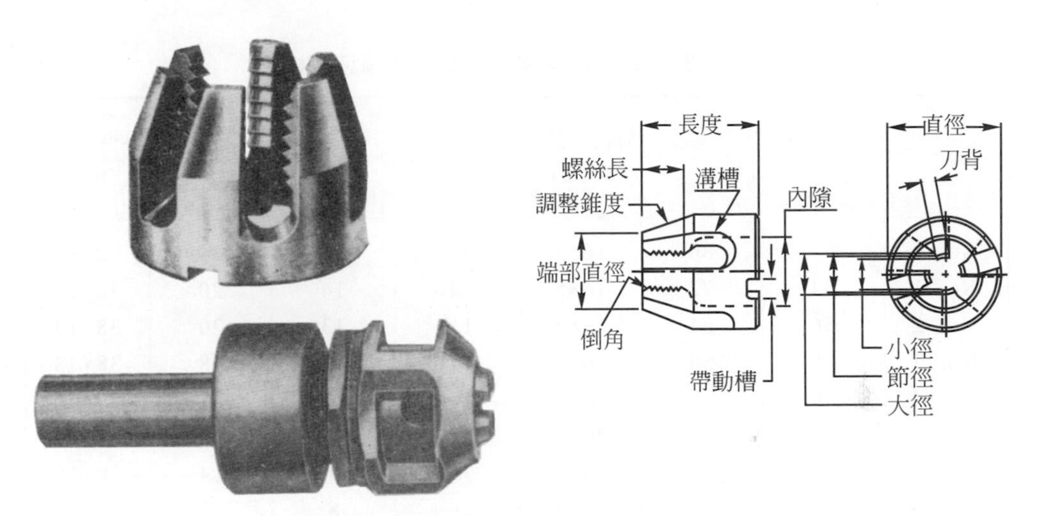

圖 3.47 彈簧式螺絲鏌

表 3.38 公制圓形調整式螺絲鏌規格

外徑	節距	外徑×厚度(mm)	外徑	節距	外徑×厚度(mm)
*M*1.0	0.25	16×5	*M*7	1.00	25×9
*M*1.1	0.25	16×5	*M*8	1.25	25×9
*M*1.2	0.25	16×5	*M*9	1.25	25×9
*M*1.4	0.30	16×5	*M*10	1.50	38×13
*M*1.6	0.35	16×5	*M*11	1.50	38×13
*M*1.7	0.35	16×5	*M*12	1.75	38×13
*M*1.8	0.35	16×5	*M*14	2.00	38×13
*M*2.0	0.40	16×5	*M*16	2.00	50×16
*M*2.2	0.45	16×5	*M*18	2.50	50×16
*M*2.3	0.40	16×5	*M*20	2.50	50×16
*M*2.5	0.45	16×5	*M*22	2.50	50×16
*M*2.6	0.45	16×5	*M*24	3.00	50×16
*M*3.0	0.50	20×7	*M*27	3.00	63×20
*M*3.5	0.60	20×7	*M*30	3.50	75×25
*M*4.0	0.70	20×7	*M*33	3.50	75×25
*M*4.5	0.75	20×7	*M*36	4.00	75×25
*M*5.0	0.80	20×7	*M*39	4.00	75×25
*M*6.0	1.00	20×7	*M*42	4.50	75×25

表 3.39 統一標準圓形調整式螺絲鏌規格

稱呼尺寸	每吋牙數		外徑×厚度 (mm)	稱呼尺寸	每吋牙數		外徑×厚度 (mm)
	UNC	UNF			UNC	UNF	
No. 0	—	80	16×5	3/8	16	24	25×9
No. 1	64	72	16×5	7/16	14	20	38×13
No. 2	56	64	16×5	1/2	13	20	38×13
No. 3	48	50	16×5	9/16	12	18	38×13
No. 4	40	48	16×5	5/8	11	18	50×16
No. 5	40	44	20×7	3/4	10	16	50×16
No. 6	32	40	20×7	7/8	9	14	50×16
No. 8	32	36	20×7	1	8	12	50×16
No.10	24	32	20×7	1 1/8	7	12	63×20
No.12	24	28	20×7	1 1/4	7	12	63×20
1/4	20	28	20×7	1 3/8	6	12	75×25
5/16	18	24	25×9	1 1/2	6	12	75×25

習題 3.2

1. 試述手工鉸刀之分類？
2. 試述擴張鉸刀及調整鉸刀如何調整其鉸削量？
3. 試述機器鉸刀之分類？
4. 試述套殼鉸刀之優點？
5. 試述選用鉸刀考慮之因素？
6. 試述如何使用及收藏鉸刀？
7. 試述手攻螺絲攻之分類？
8. 試述組合螺絲攻由哪三支螺絲攻組成及其用途？
9. 試述機器螺絲攻之分類？
10. 試舉列說明螺絲攻英制及公制表示法？

11. 試求$\frac{1}{2}$-13 攻絲鑽頭直徑？

12. 試求$M10 \times 1.5$ 攻絲鑽頭直徑？

13. 試述選用螺絲攻考慮的因素？

14. 試述螺絲鏌之分類？

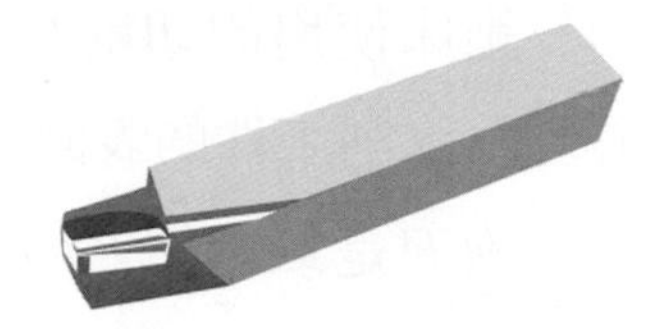

4 車刀、搪刀 鉋刀、插刀

CUTTING TOOLS

車床使用的切削刀具稱為車刀。車刀為一單刃刀具，車削工件時工件材料迴轉而車刀對工件進給移動車削，是一種連續性的切削工作。車床應用車刀以車削圓柱工件之外圓周及內圓孔為主，如車削圓柱、圓孔、外圓錐、內圓錐、圓弧、溝槽、端面、外螺紋、內螺紋、切斷材料等。車削精度可達IT8～IT6，粗糙度$6.3R_a$～$0.4R_a$。

由於車刀只有一個刃口及構造簡單，在生產上是應用最廣泛的一種刀具。不僅是學習操作工具機首要學習應用的刀具；而且在切削理論實驗中，也常用車刀的切削過程為基礎建立實驗模式，已有很多的實驗研究論文發表。因為切削刀具的切削原理均為相同，所以一般從車刀的切削情形研究而推展到其他刀具切削領域的研究。

在車床上車削小孔徑的刀具稱為內孔車刀。在搪床上切削大孔徑的刀具稱為搪刀。內孔車刀切削孔徑時工件在車床主軸上旋轉而車刀進給移動切削。搪刀切削孔徑時搪刀安裝於搪床主軸上旋轉，而工件安裝於搪床工作台上對刀具進給移動切削。搪孔工作精度可達IT6～IT5，粗糙度$6.3R_a$～$0.4R_a$。

鉋床使用的切削刀具稱爲鉋刀，與車刀的構造相似同屬單刃刀具，主要爲鉋削工件的表面。一般鉋削精度可達IT10，粗糙度 $25R_a$～$0.8R_a$。

鉋刀是以水平之切削行程以切削工件的外形，而插床使用的插刀則以垂直式之切削行程以切削工件的內形，如鍵槽、四角孔等。

4.1 車刀各部位的名稱

車刀(Lathe cutting tool)只有一個刃口屬於單刃刀具。車床應用車刀可以車削圓柱、圓錐、圓孔、錐孔、外螺紋、內螺紋、溝槽、圓弧、斜面、直角面、端面、切斷材料等。車刀雖然車削工件形狀之不同而有許多種類，但各部位的名稱卻相同。一般高速鋼及碳化物車刀分爲刃部及柄部兩大部份，刃部爲主要切削部分，柄部固定於車床刀架。

表 4.1 車刀刃口角度

刀具材料 / 刀具角度 / 切削工件材料	高速鋼				燒結碳化物			
	端讓角	側讓角	後傾角	側傾角	端讓角	側讓角	後傾角	側傾角
鑄鐵 硬	8	10	5	12	4～6	4～6	0～6	0～10
鑄鐵 軟	8	10	5	12	4～10	4～10	0～6	0～12
延性鑄鐵					4～8	4～8	0～10	0～10
碳鋼 硬	8	10	8～12	12～14	5～10	5～10	0～15	4～12
碳鋼 軟	8	10	12～16.5	14～22	6～12	6～12	0～15	8～15
易削鋼	8	10	12～16.5	18～22	6～12	6～12	0～10	8～15
合金鋼 硬	8	10	8～10	12～14	5～10	5～10	0～5	8～15
合金鋼 軟	8	10	10～12	12～14	6～12	6～12	0～15	4～12
青銅 黃銅 硬	8	10	0	－2～0	4～6	4～6	0～5	8～15
青銅 黃銅 軟	8	10	0	－4～0	6～8	6～8	0～10	4～8
銅	12	14	16.5	20	7～10	7～10	6～10	4～16
鋁	8	10	35	15	6～10	6～10	5～15	15～25
塑膠	8～10	12～15	－5～16.5	0～10	6～10	6～10	0～10	8～15

車刀刃部包括刀面、刀腹、側刃角、端刃角、讓角、傾角、刀鼻等如圖 1.23 示。各部位的主要功能詳見 1.7 節。

表 4.1 示車刀刃口角度。表 4.2 示車刀外形表示法。

表 4.2　車刀外形表示法

車刀外形	0	— 6	— 7	— 7	— 15	— 15	— 0.8
各部位名稱	後傾角	側傾角	端讓角	側讓角	端刃角	側刃角	刀鼻半徑

4.2　車刀的分類及規格

1.　依構造分類

車刀依其構造分為：整體式、端焊式、夾置式車刀等三種，如圖 4.1 示。

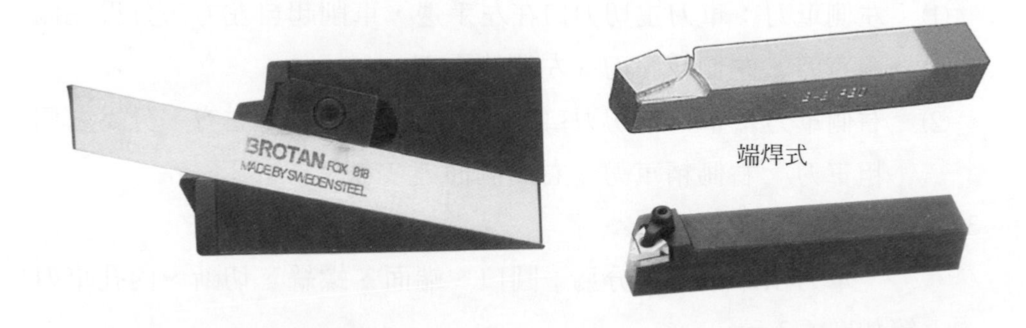

端焊式

整體式　　夾置式

圖 4.1　車刀構造

⑴ 整體式車刀：刀片研磨刃角後裝於刀柄孔內者。

⑵ 端焊式車刀：刀片硬焊於鋼製刀柄端再研磨刃角者。

⑶ 夾置式車刀：成形的刀片夾置於刀柄端者。

2. 依車削方向分類

車刀依車削方向分為：左側、右側車刀等如圖 4.2 示。

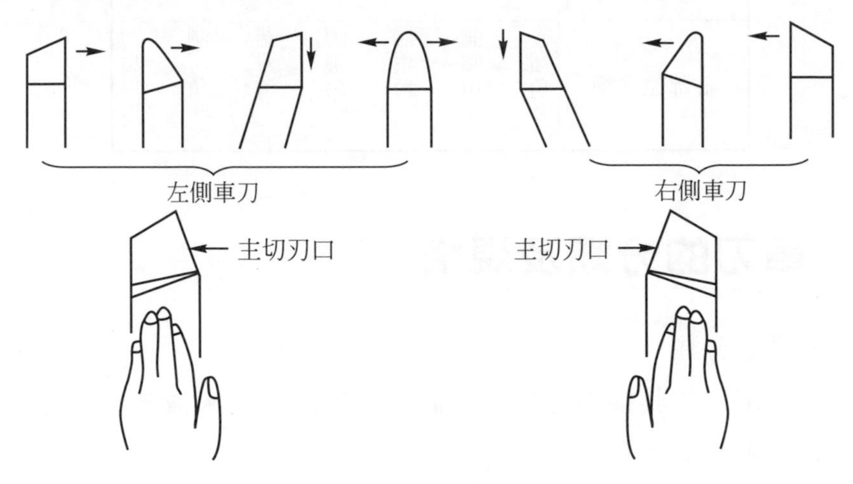

圖 4.2 左側與右側車刀

⑴ 左側車刀：車刀主切刃口在左手邊，車削起自左方，分為左側粗車刀、左側精車刀、左側側面刀。

⑵ 右側車刀：車刀主切刃口在右手邊，車削起自右方，分為右側粗車刀、右側精車刀、右側側面刀。

3. 依車削形狀分類

車刀依車削形狀分為：圓口、端面、螺絲、切斷、內孔車刀等如圖 4.3 示。

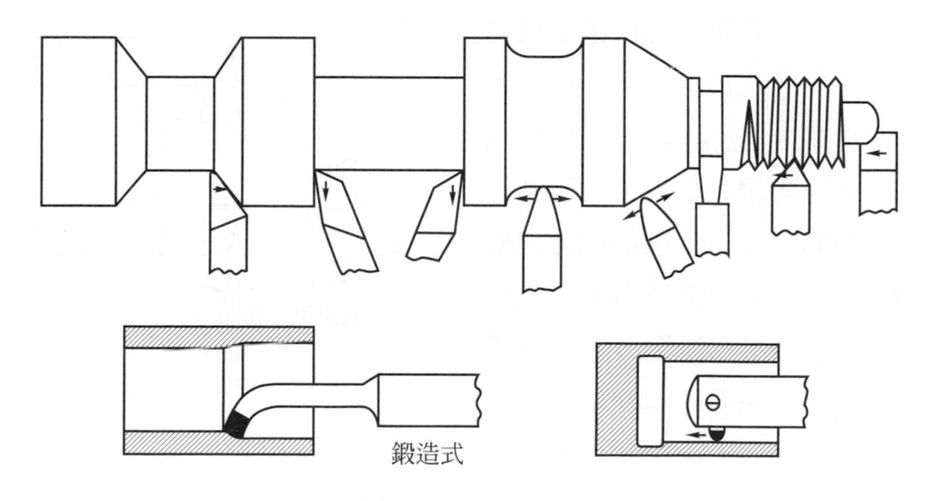

圖4.3 車刀形狀

⑴ 圓口車刀：車刀刃口爲圓弧形，即刀鼻半徑較大，可向左側或向右側車削，用於外徑及端面之精車削。

⑵ 端面車刀：刀鼻半徑很小幾近尖點，主切刃口較長，端刃角較大，用於車削端面。分爲左側及右側端面車刀。

⑶ 螺絲車刀：用於車削螺絲，分爲內及外螺絲車刀。依螺絲的形式有V形、梯形、方形。

⑷ 切斷車刀：車刀刃口寬度沿刀柄方向收縮，用於切斷工件材料或車削溝槽。

⑸ 內孔車刀：用於精削或擴大工件原有之孔徑或經鑽孔的孔徑。

內孔車刀有整體鍛造式及刀柄夾置式兩種。鍛造式內孔刀是以工具鋼或高速鋼整體鍛造，分爲刃口、刀頸及刀柄，適於車削較小的內孔。夾置式內孔車刀之刀片以高速鋼製成，刀片及刀桿均可任意調整夾持長度，穩定性較佳，可減除車削震動，適於車削較大的內孔。

內孔車刀刃口應磨成自左向右之形狀，其主要刃角爲端讓角及側傾角，如圖 4.4 示。端讓角之大小須隨孔徑而異，孔徑愈小則端讓角應愈大，以刀跟不與工件表面發生摩擦爲原則，但不可過大，以免刃口承受切削力不足，導致迅速磨耗或顫震。

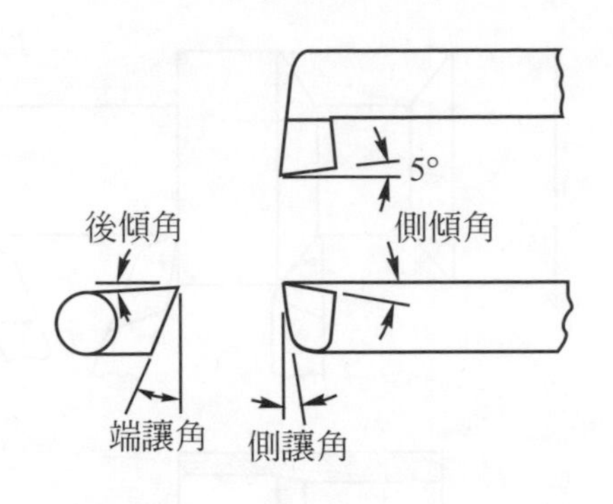

圖 4.4　內孔車刀之刃角

內孔車刀之形狀與外徑車刀相同，依其車削的形狀可研磨許多的形狀。

表 4.3 示示高速鋼完成車刀規格。表 4.4 示高速鋼切斷刀片規格。表 4.5 示碳化物刀片規格。表 4.6 示各種車刀刀柄規格。

表 4.3　高速鋼完成車刀規格

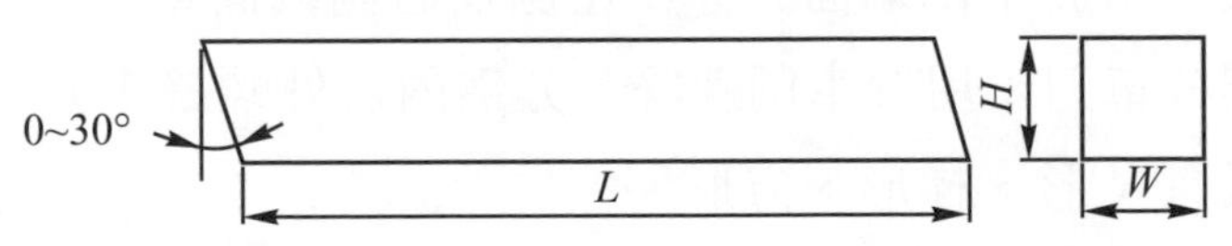

單位：mm

H×*W*	*L*	*H*×*W*	*L*	*H*×*W*	*L*
5×5	50	12×12	100	19×19	150
6×6	65	13×13	100	20×20	150
8×8	65	14×14	110	22×22	150
10×10	75	16×16	125	25×25	180
11×11	90	18×18	125		

表 4.3 高速鋼完成車刀規格(續)

單位：in

H×W	L	H×W	L	H×W	L
3/16×3/16	2	5/16×5/16	6	1/2×1/2	8
3/16×3/16	2 1/2	3/8×3/8	3	5/8×5/8	4 1/2
1/4×1/4	2 1/2	3/8×3/8	6	5/8×5/8	5
1/4×1/4	4	3/8×3/8	8	3/4×3/4	5
1/4×1/4	6	7/16×7/16	3 1/2	3/4×3/4	6
5/16×5/16	2 1/2	1/2×1/2	4	7/8×7/8	7
5/16×5/16	4	1/2×1/2	6	1×1	7,8

表 4.4 高速鋼切斷刀片規格

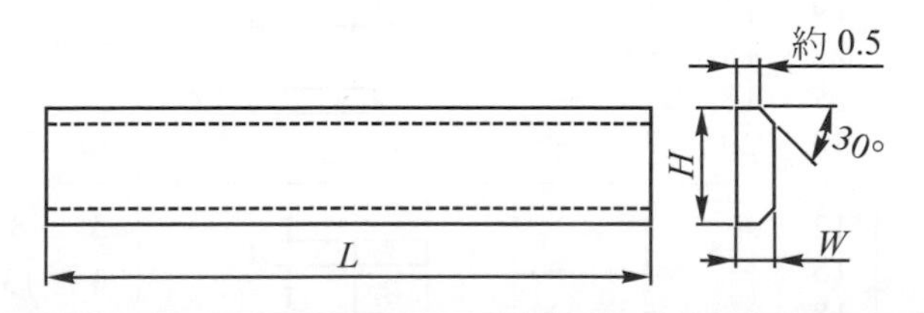

W	H	L	W	H	L
3.2	12.7	90	4.8	19.0	140
3.2	15.9	115	6.4	25.4	165
4.0	15.9	115			

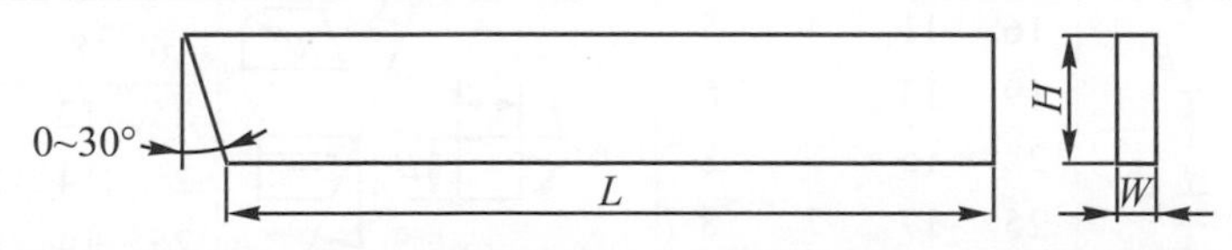

W	H	L	W	H	L
2.0	12	115	4	25	170
2.0	16	125	4	32	200
2.5	16	115	5	25	170
2.5	20	125	5	32	200
3.0	18	125	6	25	170
3.0	25	150	6	32	200

表 4.5 燒結碳化物刀片規格

單位：mm

刀片形狀	*A*	*B*	*C*	*R*
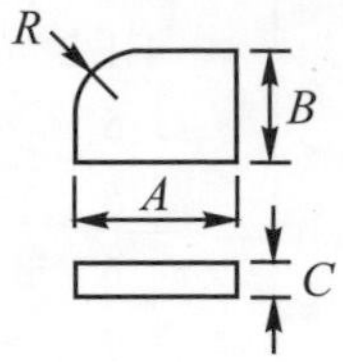	10	6	3	4 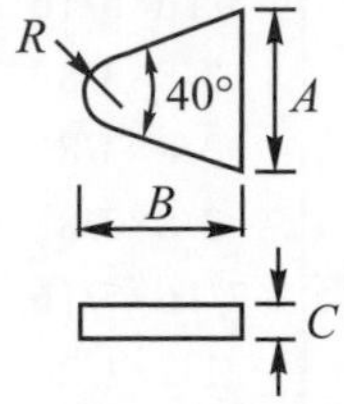
	13	9	3	5
	16	11	4	5
	19	13	5	5
	22	15	6	8
	25	17	7	8
	30	20	8	8
	10	6	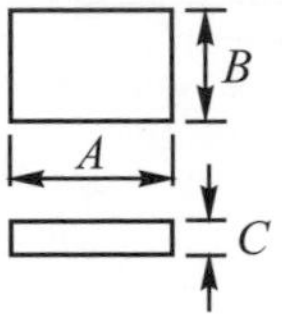 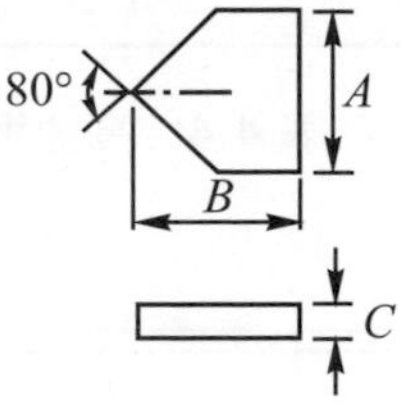 3	—
	13	9	3	—
	16	11	4	—
	19	13	5	—
	22	15	6	—
	25	17	7	—
	30	20	8	—
	12	—	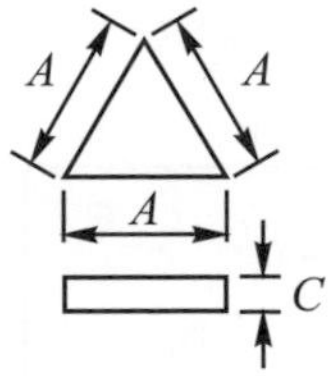 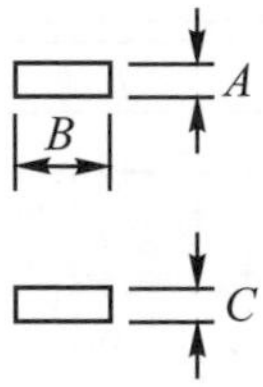 3	—
	15	—	4	—
	18	—	5	—
	24	—	6	—
	24	—	7	—
	28	—	8	—
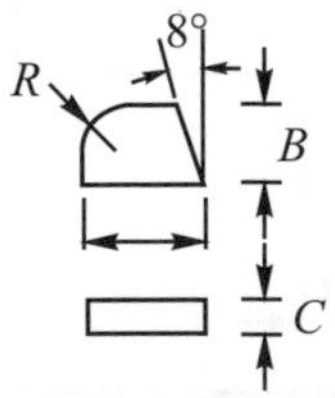	10	6	3	4 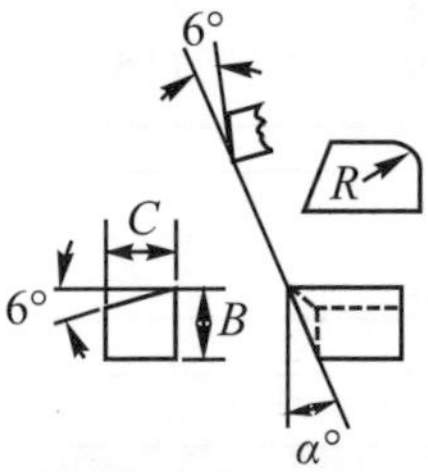
	13	9	3	5
	16	11	4	5
	19	13	5	5
	22	15	6	8
	25	17	7	8
	30	20	8	8
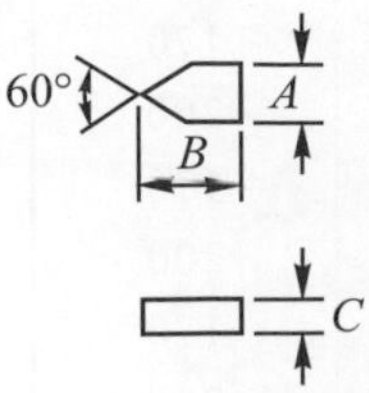	5	8	3	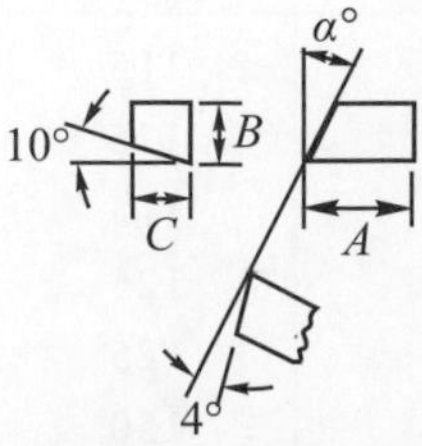 —
	6	10	4	—
	7	12	5	—
	9	16	6	—
	10	18	7	—
	11	20	8	—

刀片形狀	*A*	*B*	*C*	*R*
	10	10	3	2
	13	13	3	2.5
	16	16	4	3
	19	19	5	4
	22	22	6	4
	25	25	7	5
	30	30	8	6
	10	10	3	—
	13	13	3	—
	16	16	4	—
	19	19	5	—
	25	20	6	—
	25	22	7	—
	30	25	8	—
	3	8	3	—
	4	13	4	—
	5	15	5	—
	6	17	6	—
	8	20	8	—

刀片形狀	*A*	*B*	*C*	*R*	*α*°
	16	8	10	6	30
	25	12	8	—	32
	25	14	10	—	40
	25	14	10	—	32

刀片形狀	*A*	*B*	*C*	*α*°	
	20	10	7	30	30

表 4.6 各種車刀刀柄規格

單位：in

粗車刀 $W\times H\times L$	切斷車刀、側面車刀 $W\times H\times L$	内孔車刀 $W\times H$	螺絲車刀 $W\times H\times L$	端焊式刀柄 $W\times H\times L$	壓花刀 $W\times H\times L$
5/16×1/2×4 5/8×1/2×4 1/2 3/8×7/8×5 1/2×1 1/8×5 5/8×1 3/8×7 3/4×1 5/8×8 7/8×1 3/4×9 1×2×11 1 1/4×2 1/4×13	5/16×3/4×4 1/2 3/8×7/8×5 1/2×1 1/8×6 5/8×1 3/8×7 3/4×1 5/8×8 7/8×1 3/4×9	5/16×3/4 3/8×7/8 1/2×1 1/8 5/8×1 3/8 3/4×1 5/8 7/8×1 3/4 1×2	5/16×3/4×5 3/8×7/8×5 1/2×1 1/8×6 5/8×1 3/8×7	3/8×5/16×6 1/2×1 1/4×7 5/8×1 1/2×8 3/4×1 3/4×9 7/8×1 7/8×10 1×2 1/8×12	5/16×3/4×5 3/8×7/8×5 1/2×1 1/8×6 5/8×1 3/8×7 7/8×1 3/4×9

4.3 搪刀各部位的名稱

車床、銑床、搪床等應用搪刀可以搪削大型工件的較大孔徑。搪孔精度爲IT11～IT6，粗糙度爲 $6.3R_a$～$0.4R_a$。

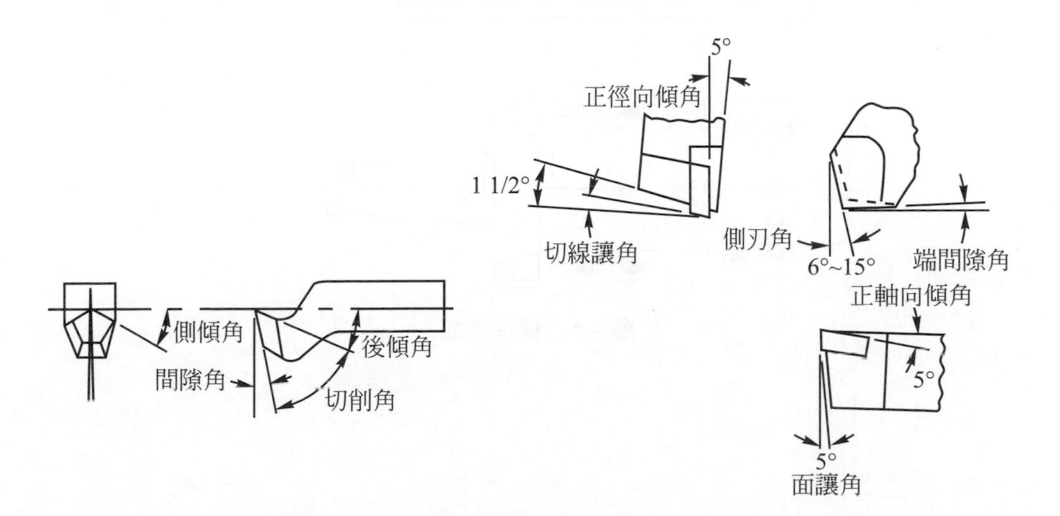

圖 4.5 搪刀之刃角

搪刀(boring tool)之刃口形狀與車刀相似，有單刃搪刀、雙刃搪刀、片狀搪刀等。搪刀的主要刃角爲傾角、讓角、間隙角等如圖 4.5 示。

4.4 搪桿與搪頭

搪桿(boring bar)以硬鋼製成，外徑則以輪磨磨成正確尺寸。搪桿依其用途製成各種型式如圖 4.6 示。

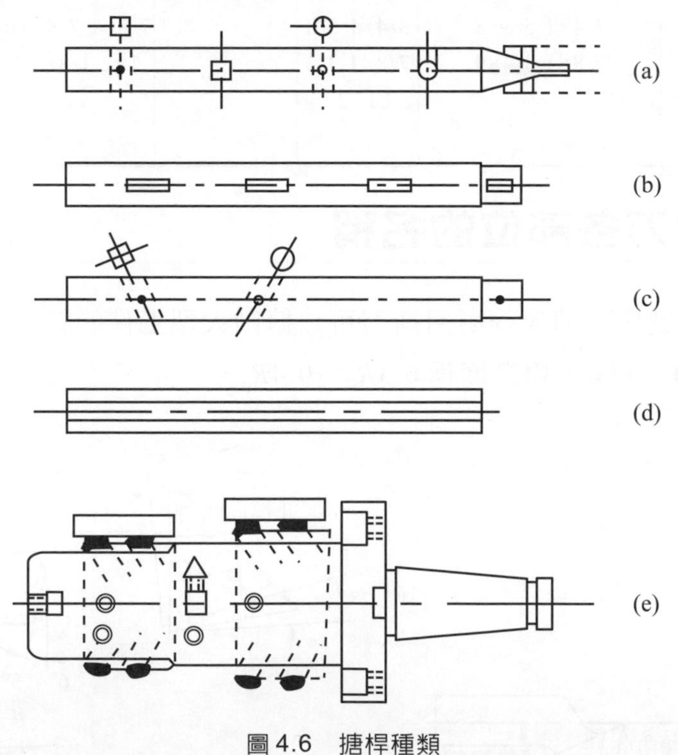

圖 4.6　搪桿種類

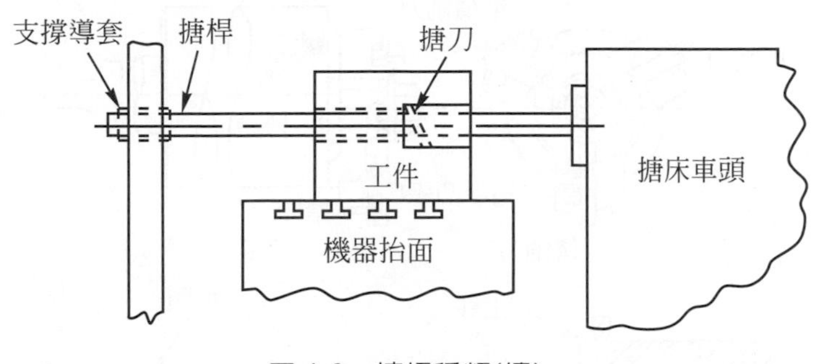

圖 4.6 搪桿種類(續)

圖(a)爲最常用之搪桿，右端有錐柄用於插入主軸之錐孔內。桿身上相隔適當距離製成方孔或圓孔用於插入方柄或圓柄之搪刀。

圖(b)爲長方形孔用於插入扁平形搪刀，搪桿柄有方槽以備套入夾具使用。普通搪孔之方孔或圓孔係製成與搪桿中心線垂直者。

圖(c)則製成與搪桿中心線成斜度。搪桿柄鑽一小孔，係在主軸與搪桿之間裝置萬向接頭以切削裝有搪模之工件材料。

圖(d)爲搪桿中切有鍵槽，用於套入搪頭。

圖(e)爲外伸搪桿(overhung boring bar)，係以搪桿一端插入主軸之錐孔。適於切削套孔(pocket hole)或穿孔。圖示使用八支搪刀同時切削不同孔徑。此種搪桿亦可用於車床及鑽床。

搪桿直徑與所能搪孔之最大直徑有一定限制，不能以小直徑之搪桿切削大直徑之工件材料。

若在大直徑的工件內搪孔時，則將搪刀裝於搪頭(boring head)，再將搪頭裝於搪桿上做切削工作，如圖 4.7 示。

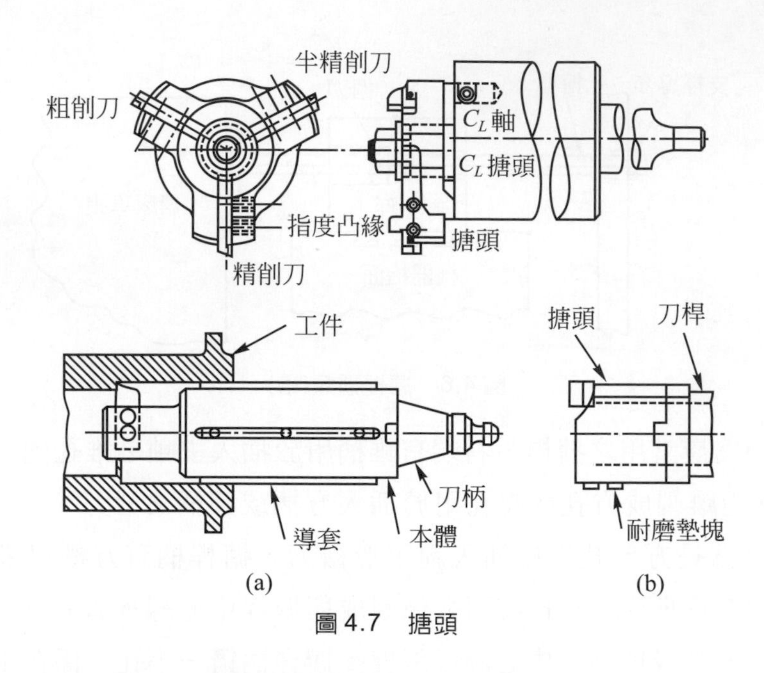

圖 4.7　搪頭

4.5　鉋刀的分類及規格

鉋床應用鉋刀可以鉋削工件材料的水平面、垂直面、溝槽、曲面、鳩尾槽、切斷材料等。

鉋刀各部位的名稱與車刀相同，亦屬於單刃刀具，兩者在操作上主要不同之點是車刀對工件能連續進給，而鉋刀在切削衝程時不能對工件進給，必須在回復衝程之後才能進給。鉋削時鉋刀直線進行，鉋削壓力集中於刀鼻，因此，鉋刀之端讓角必須比車刀較小，如圖 4.8 所示，否則刀鼻後邊無足夠的支持力容易使刀刃變鈍。

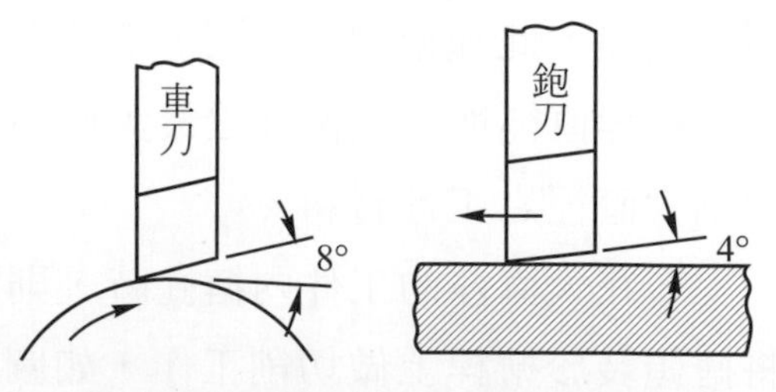

圖 4.8　鉋刀讓角與車刀讓角之比較

鉋刀之材質與車刀相同，通常以高速鋼整體鍛造或以碳化物刀片焊接於鍛造成形的刀柄上，再研磨所需的形狀。

鉋刀之種類及形狀常因工件材料的形狀與性質、鉋削的形狀等而異。依應用於工具機的性質，鉋刀分為兩大類：牛頭鉋刀(shaper tool)及龍門鉋刀(planer tool)。

1. 牛頭鉋刀

牛頭鉋刀係用於牛頭鉋床之刀具，屬於單刃刀具。依鉋削工件材料的形狀分類：平面、側面、鳩尾、圓口鉋刀等，如圖 4.9 示。各種牛頭鉋刀刃角如圖 4.10 示。

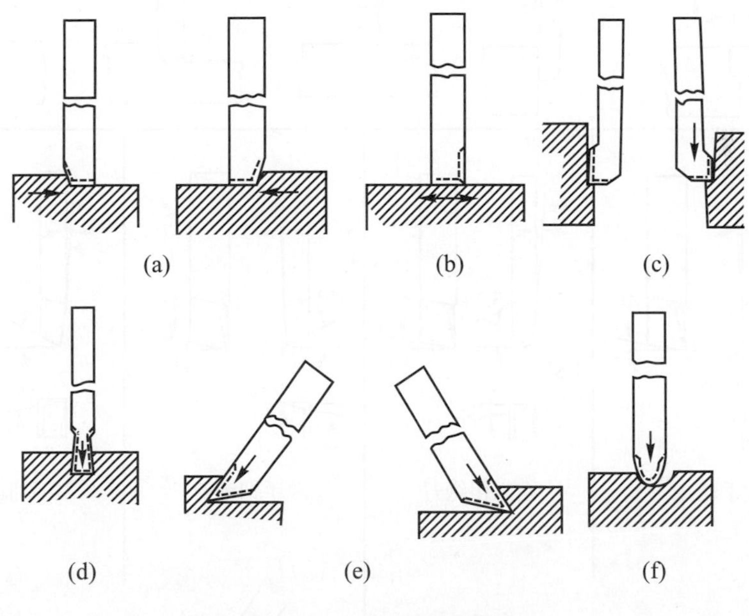

圖 4.9 牛頭鉋床用鉋刀

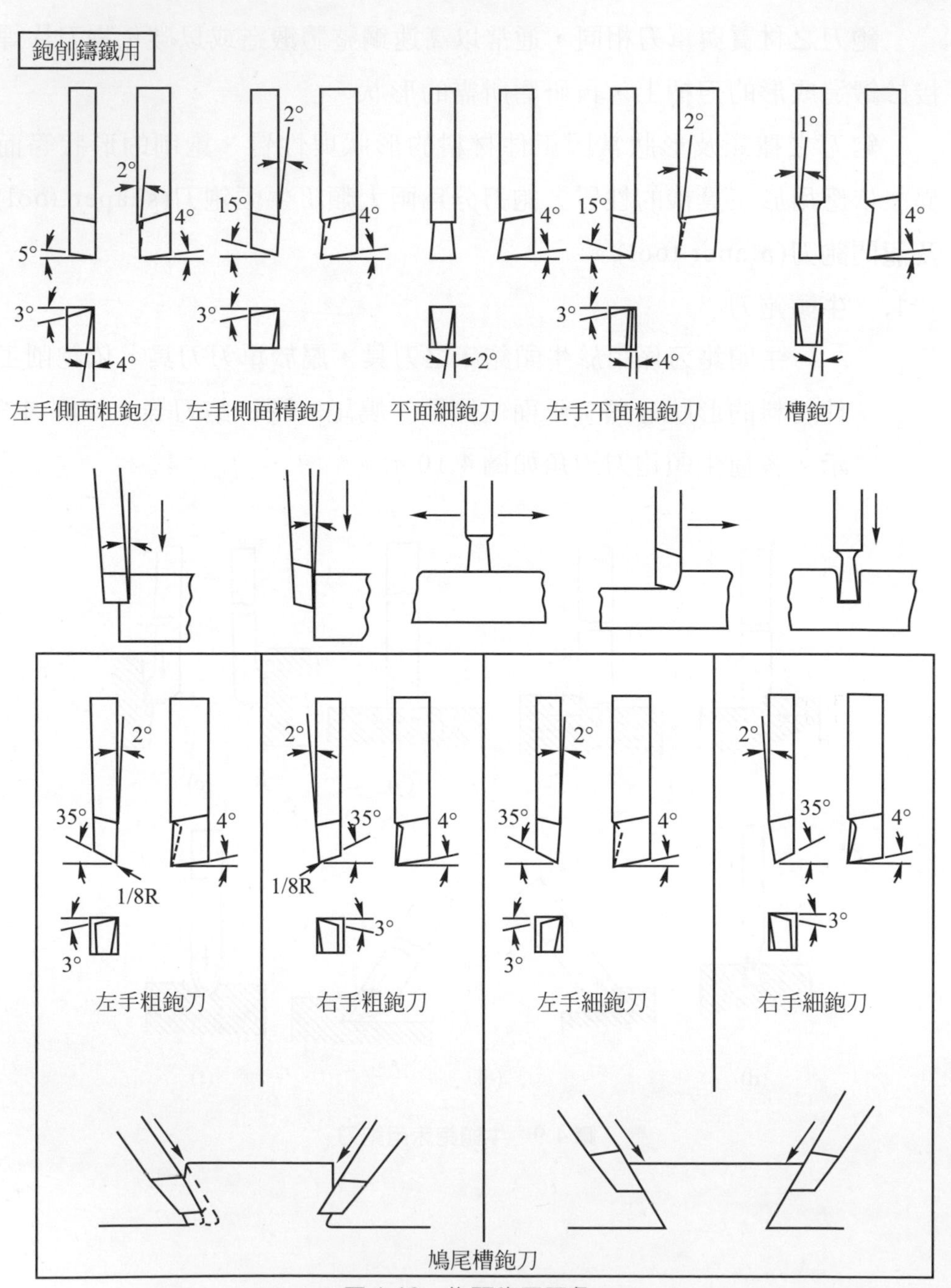
鉋削鑄鐵用
2°
2°
2°
1°
15°
15°
4°
4°
4°
4°
4°
5°
3°
3°
3°
4°
2°
4°
左手側面粗鉋刀
左手側面精鉋刀
平面細鉋刀
左手平面粗鉋刀
槽鉋刀
2°
2°
2°
2°
35°
35°
35°
35°
4°
4°
4°
4°
1/8R
1/8R
3°
3°
3°
3°
左手粗鉋刀
右手粗鉋刀
左手細鉋刀
右手細鉋刀
鳩尾槽鉋刀

圖 4.10　牛頭鉋刀刃角

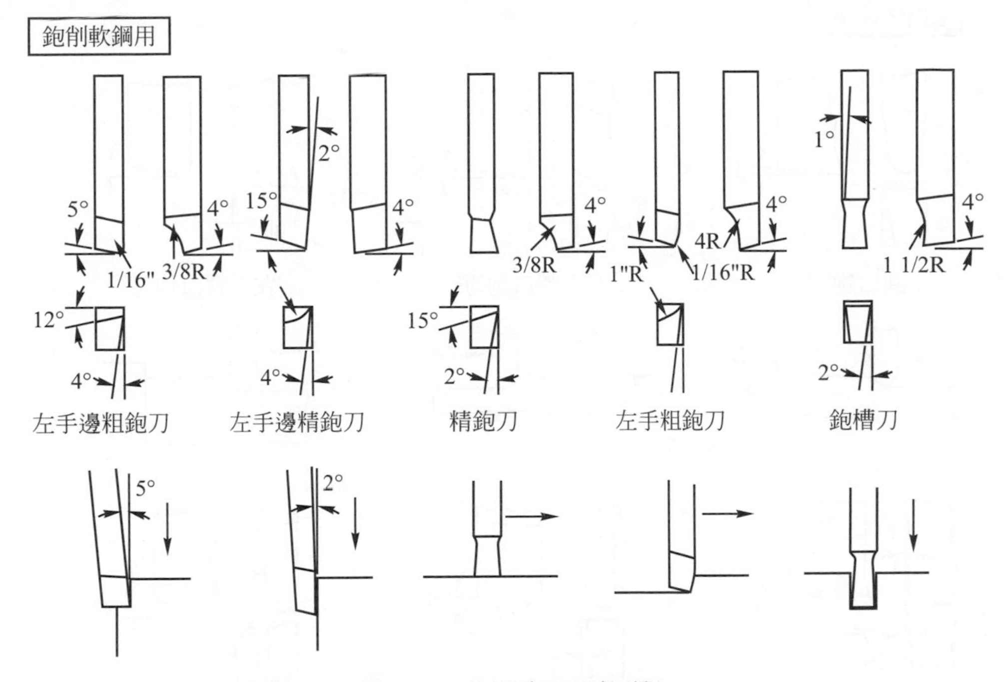

圖 4.10 牛頭鉋刀刃角(續)

⑴ 左(右)手平面粗鉋刀：鉋刀主切刃口與左(右)手拇指同邊，鉋削自左(右)側向右(左)側進行，用於粗鉋平面如圖 4.10 示。粗鉋刀無後傾角，僅有側傾角約 10～20°，工件之硬度愈大，側傾角愈小，具有刀鼻半徑，刃口部分甚短，故能防止強力切削時發生顫震。

⑵ 平面細鉋刀：鉋刀主切刃口較長並與刀軸垂直，有時刃口兩端緣磨成小圓弧，用於精削平面如圖 4.10 示。

⑶ 左(右)手側面鉋刀：鉋刀主切刃口與左(右)手拇指同邊，主切刃口約與刀軸平行，端刃角很小，側刃角較大，粗鉋削者具有刀鼻半徑，細鉋削者無刀鼻半徑，用於鉋削工件之左(右)側之垂直面，及靠近垂直肩角附近窄小面積之水平面，如圖 4.10 示。

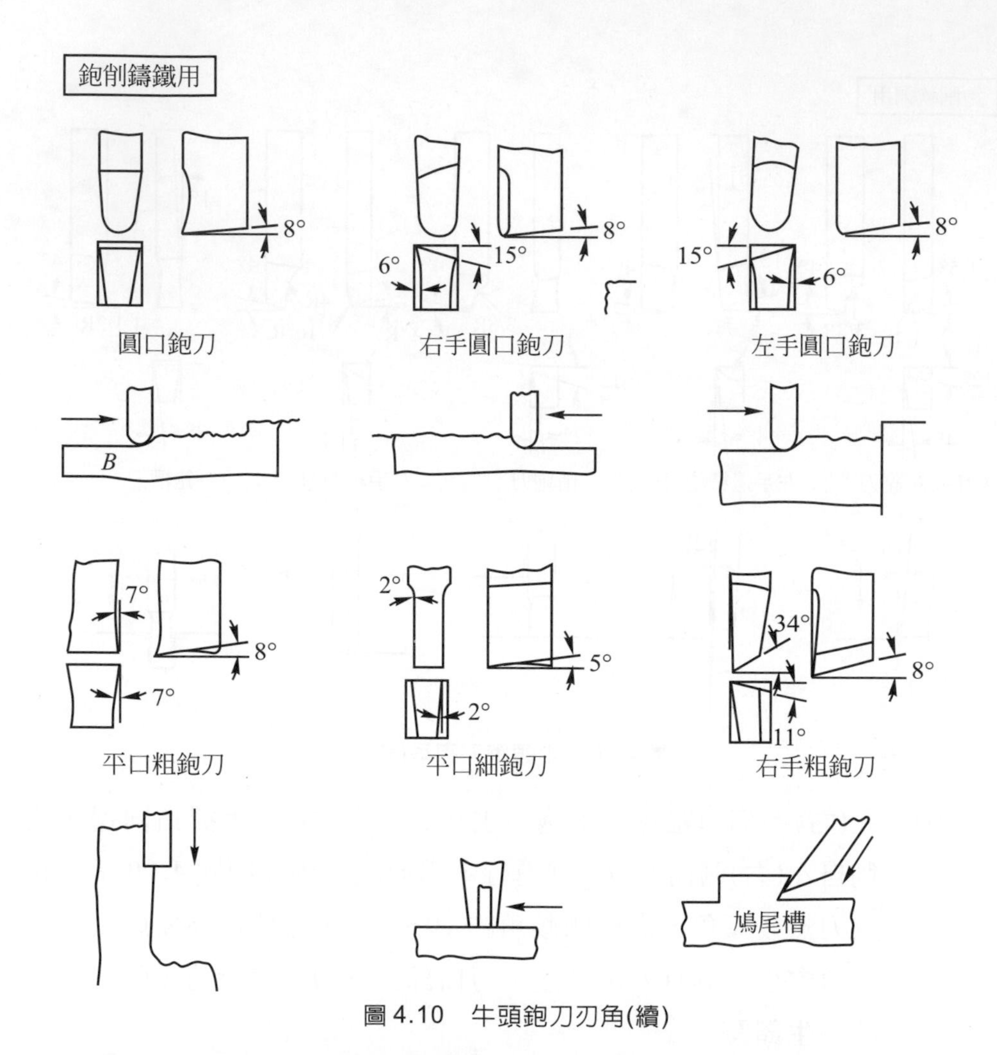

圖 4.10　牛頭鉋刀刃角(續)

(4) 槽鉋刀：與切斷車刀相同，鉋刀之刃口甚長，並沿刀柄方向收縮，用於粗切削及細切削溝槽及鍵槽之底面與側面，如圖 4.10 示。刃口較窄者可做為切斷工件材料之用。

(5) 左(右)手鳩尾鉋刀：鉋刀主切刃口與左(右)手拇指同邊，主切刃口較長，側刃角甚小，端刃角很大，粗鉋削者具有刀鼻半徑，細鉋削者無刀鼻半徑，用於鉋削左(右)側鳩尾槽，如圖 4.10 示。

(6) 圓口鉋刀：與圓口車刀相同，刃口為圓弧形，刀鼻半徑較大，用於輕粗鉋削平面，鉋削曲面及圓槽，如圖 4.10 示。

鉋刀做切削工作時須預防刀柄受力過重以致發生刀柄彎曲或折斷現象。圖 4.11(a)示使用直柄鉋刀時，刃口C逐漸深入工件，致使刀柄彎曲(如虛線所示)或發生折斷情形。若將刀柄製成圖 4.11(b)所示之彎曲形狀稱為鵝頭鉋刀(goose neck tool)，即將刃口之位置退至支點M之後方，則可預防上述危險之發生。

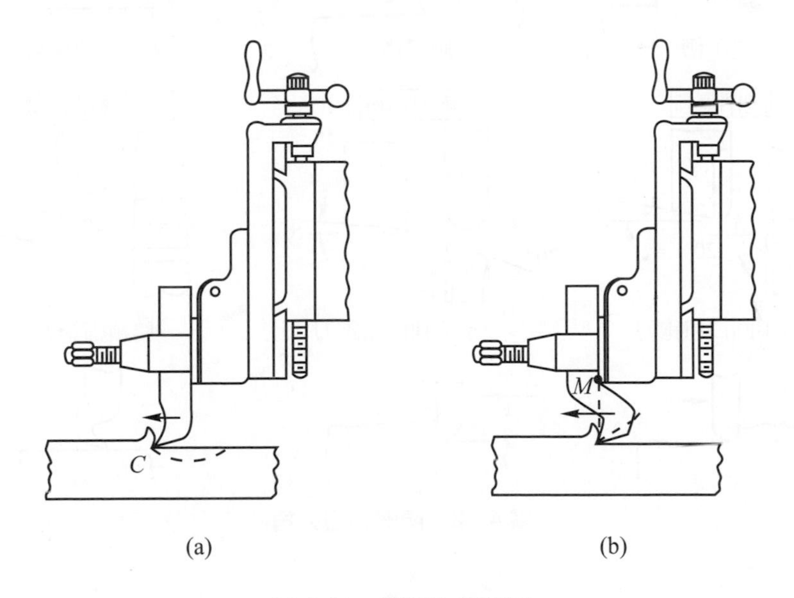

圖 4.11 鵝頸牛頭鉋刀

2. 龍門鉋刀

龍門鉋刀係用於龍門鉋床之刀具以鉋削較大型的工件，與牛頭鉋刀之工作情形完全相同，其分類亦相同。各種龍門鉋刀刃角如圖 4.12 示。

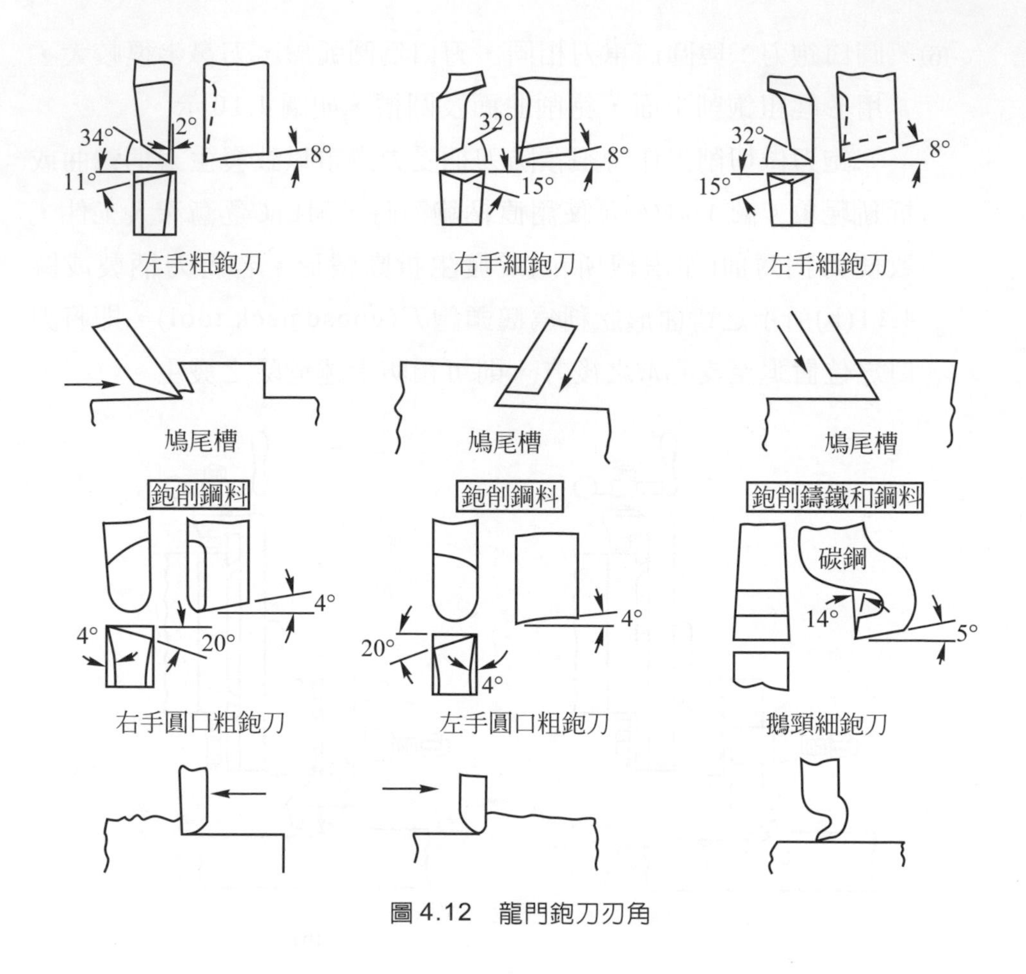

圖 4.12　龍門鉋刀刃角

4.6 插　刀

插刀(slotting tool)係垂直方向做上下直線切削運動，工件材料則安裝於插床之工作台水平位置做間歇進給運動。

牛頭鉋床之工作台只能作上下及左右方向之運動，而插刀之工作台除作前後及左右方向之運動外，亦做旋轉運動。故插刀可用於切削孔之鍵槽、四角孔、彎曲面、內齒輪及棘輪等。插刀於切削回程時，不能如牛頭鉋刀或龍門鉋刀能舉起而減少刀具與切削面之摩擦，因此刀具在回程時仍與工件表面發生摩擦，而使刃口容易磨損。

圖 4.13 示標準形插刀，ϕ為讓角 5°～7°，α為傾角 2°～3°。圖 4.14 示各種切削用的整套插刀，均係整體式刀具，只有一個刃口屬於單刃刀具，刃部狹長、刀柄粗厚，裝於插床刀具柱內做插削工作。

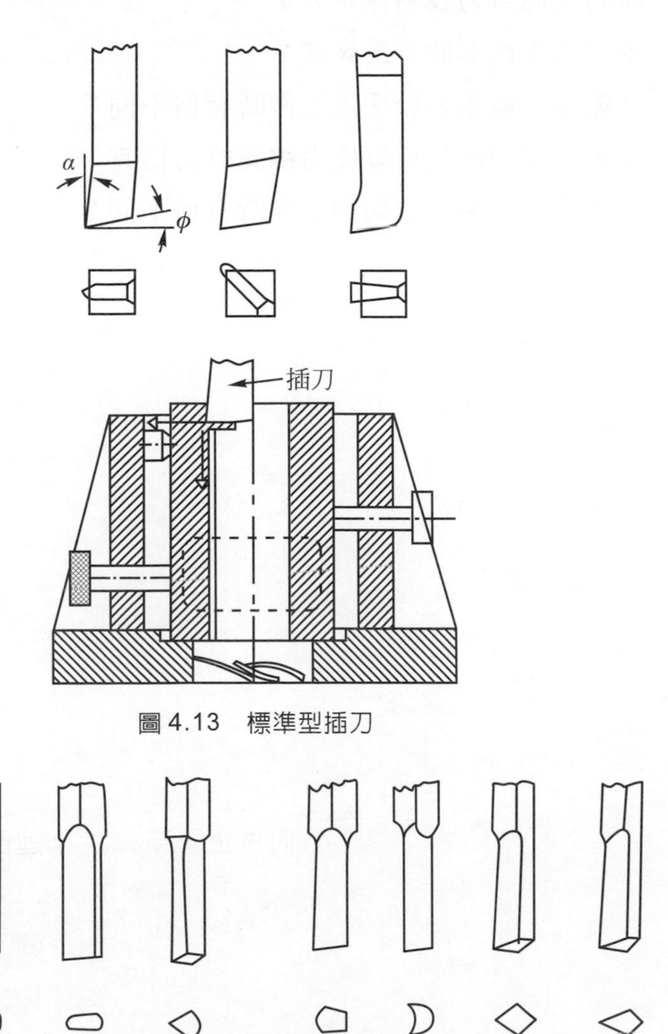

圖 4.13　標準型插刀

圖 4.14　插刀整套形狀

習題 4.1

1. 車刀刃部包括哪些部位？
2. 車刀依構造分為幾種？
3. 何謂左側車刀及右側車刀？
4. 車刀依車削形狀分為幾種？
5. 試述車刀與鉋刀於切削工作時有何不同？
6. 試述牛頭鉋床為何以使用鵝頸鉋刀為宜？
7. 試述插刀與鉋刀於切削工作時有何不同？

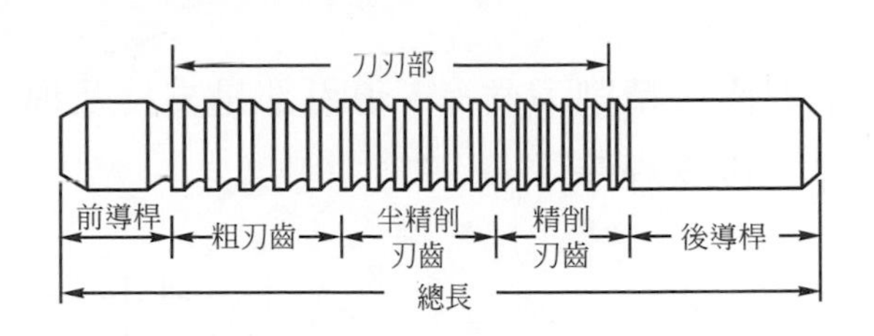

拉　刀

拉削(broaching)是一種合併粗削與精削之金屬切削過程之操作，故其生產效率及精度均高。拉削可以加工各種形狀的外表面及內表面，應用於齒輪、汽缸、連桿、內方栓槽、孔、步槍管、弓形面、多角孔等。拉削工件的精確度可達IT9～IT7。，粗糙度爲 $3.2R_a \sim 0.8R_a$。

拉削用的刀具稱爲拉刀(broach)係屬於多刃刀具，由定長之圓桿或平板在其表面製成一系列的刃齒，並自粗削端至精削端漸增尺寸或漸成完整形狀。拉刀係直線或軸向切削，可用刀具推向或拉向通過工件材料，亦可以材料推向或拉向經過刀具。

5.1　拉刀各部位的名稱

拉刀(Broaching tool)可分爲拉端部、刀刃部、導引部等三個主要部分，如圖 5.1 示。拉端部係由拉床之拉力夾頭固定於拉桿端，包括柄部、頸部、前導桿等。刀刃部是有效的切削部分，包括粗削刃齒、半精削刃齒、精削刃齒等。導引部是支持及導引拉刀之拉削工作，包括後導桿、後支桿等。

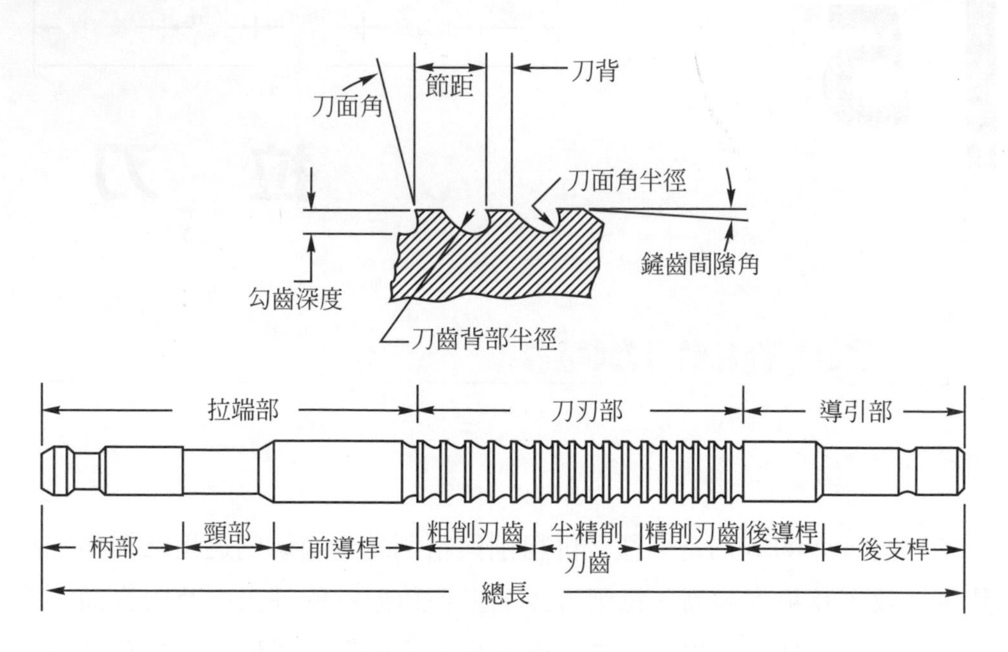

(a) 拉式拉刀

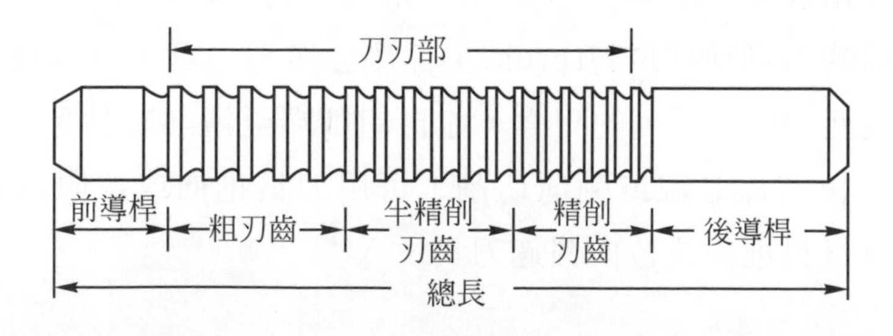

(b) 推式拉刀

圖 5.1　拉刀各部位名稱

5.2　拉刀分類

1. 依拉削方法分類

⑴ 拉式拉刀：如圖 5.2(a)示，大多用於工件內部較長之切削，拉式拉刀比推式拉刀更具切削材料之能力。拉刀被拉通過工件材料做拉削工作，故工件夾緊壓力與拉孔推力關係密切，尤其是薄壁之工件爲甚。大多數實例中，以拉式拉刀更合適。

⑵ 推式拉刀：如圖 5.2(b)示，推式拉刀長度較拉式拉刀爲短，被推通過工件材料做拉削工作，偶用於不通孔之拉削。

2. 依拉削用途分類

⑴ 內拉刀：有角方栓槽、螺旋方栓槽、鍵槽、內形狀拉刀等，如圖 5.3 示。內拉刀爲拉削工件材料內面成型之刀具，具有導桿以穿入工件之孔內，做拉式或推式通過工件產生所需的形狀和大小。做內拉削工作時，工件必須完全圍繞拉刀。

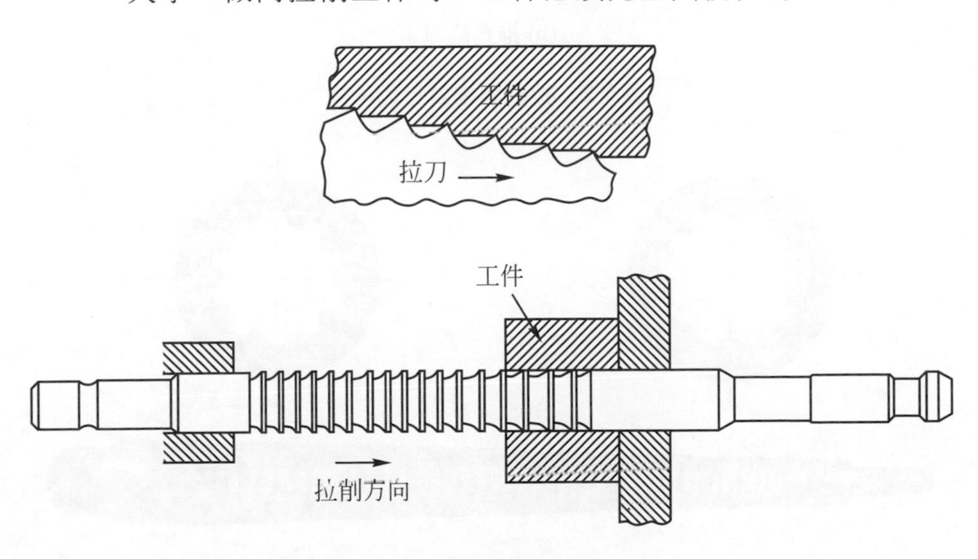

(a) 拉式拉刀

圖 5.2　拉式與推式拉刀

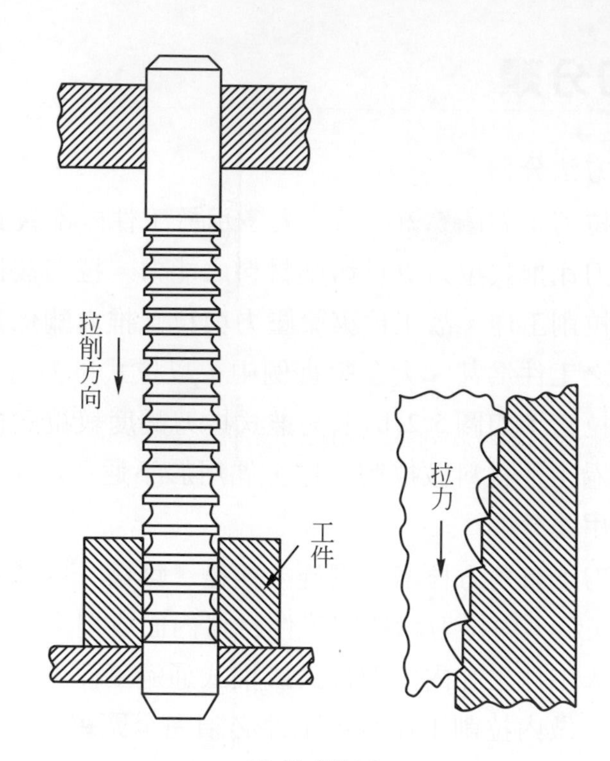

(b) 推式拉刀

圖 5.2 拉式與推式拉刀(續)

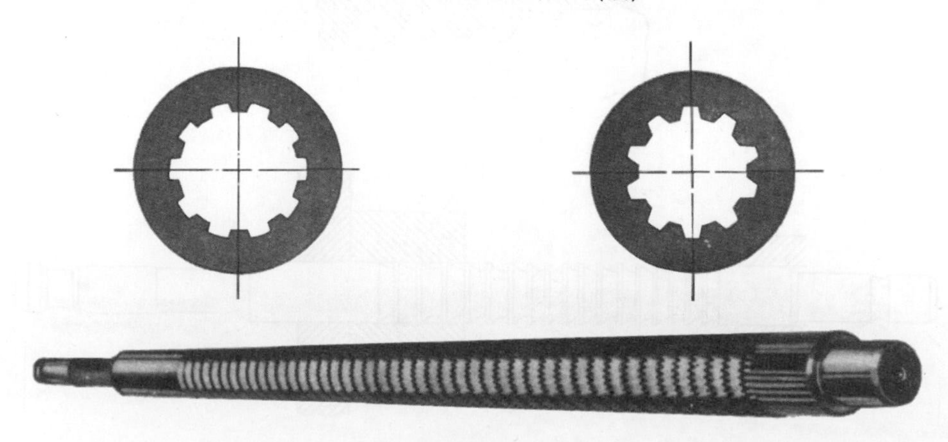

角方栓槽拉刀

圖 5.3 內拉刀

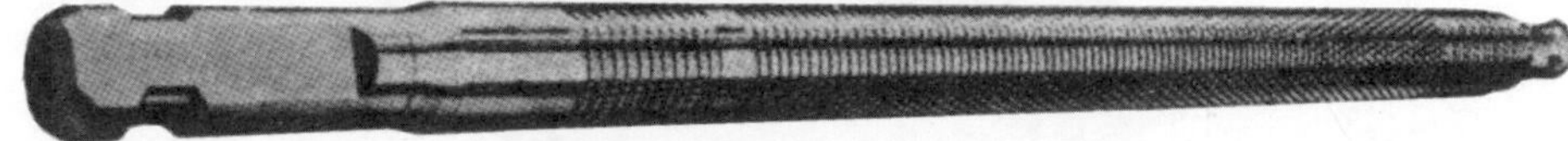

螺旋方栓槽拉刀

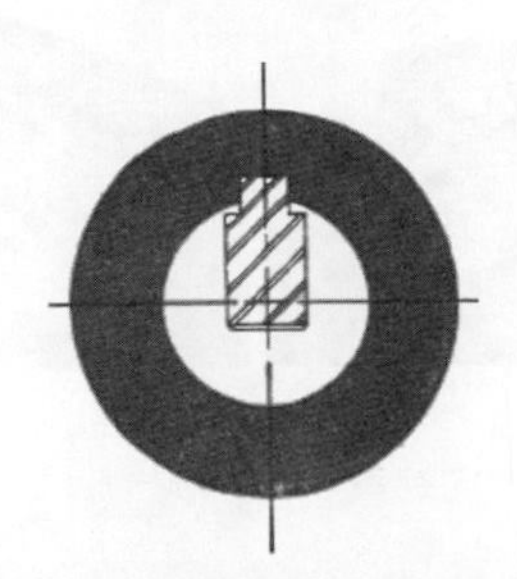

鍵槽拉刀

內形狀拉刀

圖 5.3　內拉刀(續)

⑵ 外拉刀：有外形狀、平板、表面拉刀等，如圖 5.4 示。外拉刀爲拉削工件材料之表面成爲平面或成型之刀具。拉削的方式可以拉刀通過工件表面或以工件通過拉刀。做外拉削工作時，拉刀並不必完全圍繞工件。

外形狀拉刀

平板拉刀

表面拉刀

圖 5.4 外拉刀

拉刀是專用刀具，製造費用昂貴，若用在大量生產中較為經濟。加工表面的形狀與尺寸若已標準化，則拉刀亦可以系列化。拉削標準圓孔、栓槽孔、標準鍵的拉刀均已系列化。

表5.1示標準鍵方槽拉刀規格。

5.3 拉刀設計考慮的因素

拉刀設計之基本要件是要有足夠的強度及排除切屑的能力。若沒有足夠的強度，在拉式拉刀由於拉削時刀具會受張力而損壞，在推式拉刀由於受皺曲使刀具損壞。若沒有足夠的切屑空間，將使切屑堆積在兩刃齒間，引起部分刃齒或整支拉刀的損壞。

設計拉刀考慮之因素如下：

1. 節距(pitch)

   相鄰兩刃齒間直線距離稱為節距或稱刃齒間隔。節距為設計拉刀重要因素之一，決定刃齒的結構與強度及容屑空間。它亦決定拉削時，與工件接觸之刃齒數，故為控制拉削衝程中維持拉刀成直線的能力。依工件材料之性質，節距是拉削長度及切屑厚度的函數。常用之節距公式為：

   $$\text{節距} = 0.35 \times \sqrt{\text{拉削的長度}}$$

   無論如何，拉削時拉刀至少要有兩個刃齒與工件接觸，三個刃齒以上更佳。若工具機能量不足以如此操作，最好減少每刃齒的段階，而非減少刃齒接觸數目。拉削鋼材之節距比鑄鐵要小，故其只須較小的切屑空間。

表 5.1 標準鍵方槽拉刀規格

單位：in

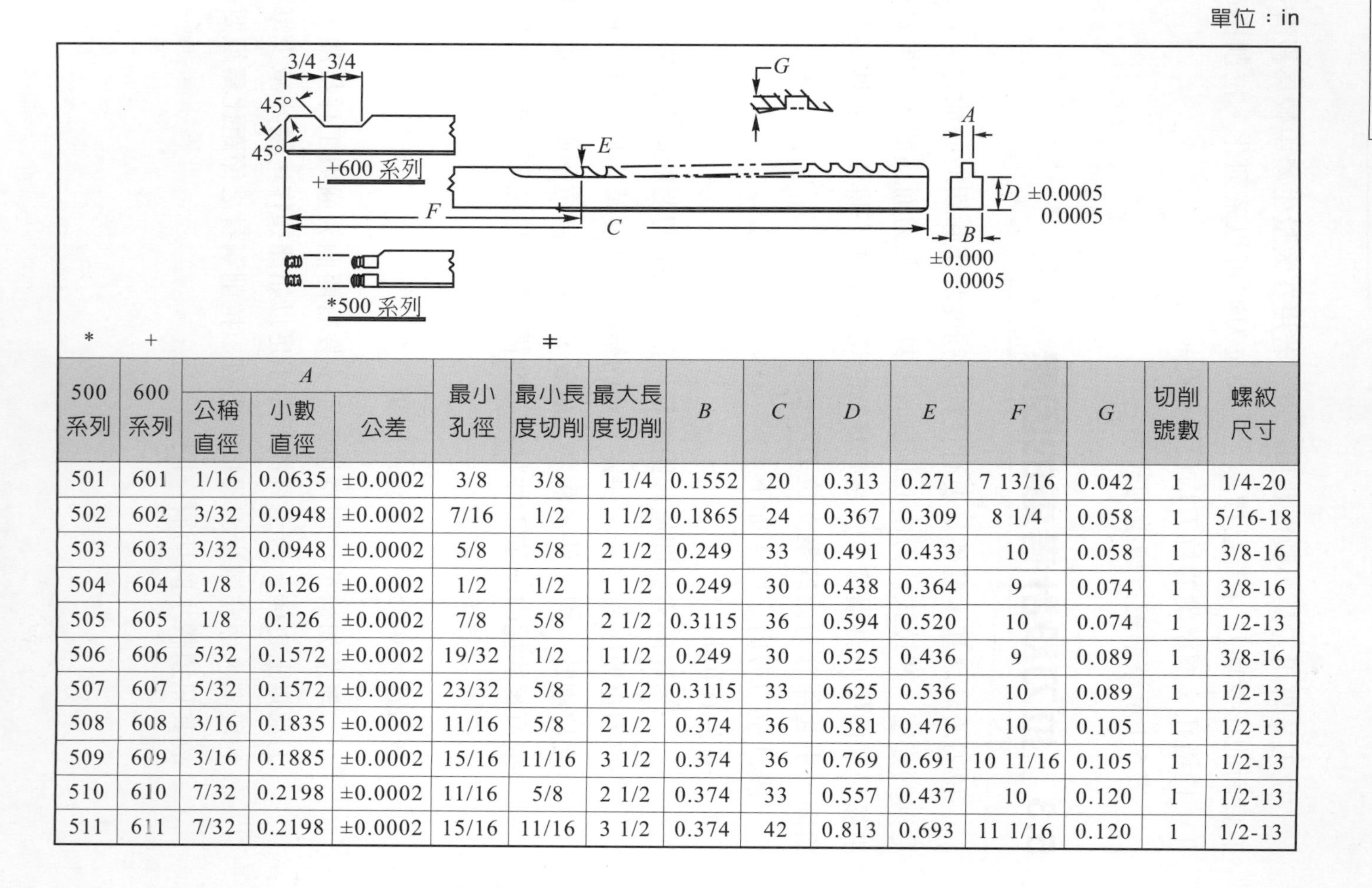

500系列	600系列	A 公稱直徑	A 小數直徑	A 公差	最小孔徑	最小長度切削	最大長度切削	*B*	*C*	*D*	*E*	*F*	*G*	切削號數	螺紋尺寸
501	601	1/16	0.0635	±0.0002	3/8	3/8	1 1/4	0.1552	20	0.313	0.271	7 13/16	0.042	1	1/4-20
502	602	3/32	0.0948	±0.0002	7/16	1/2	1 1/2	0.1865	24	0.367	0.309	8 1/4	0.058	1	5/16-18
503	603	3/32	0.0948	±0.0002	5/8	5/8	2 1/2	0.249	33	0.491	0.433	10	0.058	1	3/8-16
504	604	1/8	0.126	±0.0002	1/2	1/2	1 1/2	0.249	30	0.438	0.364	9	0.074	1	3/8-16
505	605	1/8	0.126	±0.0002	7/8	5/8	2 1/2	0.3115	36	0.594	0.520	10	0.074	1	1/2-13
506	606	5/32	0.1572	±0.0002	19/32	1/2	1 1/2	0.249	30	0.525	0.436	9	0.089	1	3/8-16
507	607	5/32	0.1572	±0.0002	23/32	5/8	2 1/2	0.3115	33	0.625	0.536	10	0.089	1	1/2-13
508	608	3/16	0.1835	±0.0002	11/16	5/8	2 1/2	0.374	36	0.581	0.476	10	0.105	1	1/2-13
509	609	3/16	0.1885	±0.0002	15/16	11/16	3 1/2	0.374	36	0.769	0.691	10 11/16	0.105	1	1/2-13
510	610	7/32	0.2198	±0.0002	11/16	5/8	2 1/2	0.374	33	0.557	0.437	10	0.120	1	1/2-13
511	611	7/32	0.2198	±0.0002	15/16	11/16	3 1/2	0.374	42	0.813	0.693	11 1/16	0.120	1	1/2-13

表 5.1　標準鍵方槽拉刀規格(續)

單位：in

500系列	600系列	A			最小孔徑	最小長度切削	最大長度切削	*B*	*C*	*D*	*E*	*F*	*G*	切削號數	螺紋尺寸
		公稱直徑	小數直徑	公差											
512	612	1/4	0.251	±0.0002	11/16	5/8	2 1/2	0.374	36	0.612	0.476	10	0.136	1	1/2-13
513	613	1/4	0.251	±0.0002	1	11/16	4	0.499	45	0.877	0.741	11 13/16	0.136	1	5/8-11
514	614	1/4	0.251	±0.0002	1 7/16	7/8	6	0.624	51	1.250	1.114	13 1/2	0.136	1	3/4-10
515	615	9/32	0.2828	±0.0002	7/8	11/16	4	0.499	42	0.716	0.564	11 5/8	0.152	1	5/8-11
516	616	9/32	0.2828	±0.0002	1 1/4	7/8	6	0.499	51	1.093	0.941	13 1/2	0.152	1	5/8-11
517	617	5/16	0.314	±0.0002	1	11/16	4	0.499	45	0.908	0.741	11 13/16	0.167	1	5/8-11
518	618	5/16	0.314	±0.0002	1 5/16	7/8	6	0.499	51	158	0.991	13 1/2	0.167	1	5/8-11
519	619	1/8	0.3765	±0.0002	1 1/16	11/16	4	0.499	45	0.938	0.739	11 13/16	0.199	1	5/8-11
520	620	3/8	0.3765	±0.0002	1 5/16	7/8	6	0.499	54	1.189	0.990	13 1/2	0.199	1	5/8-11
521	621	7/16	0.439	±0.0002	1 9/16	11/16	4	0.624	48	1.390	1.160	12	0.230	1	3/4-10
522	622	7/16	0.439	±0.0002	2	1	8	0.624	48	1.611	1.496	15 5/8	0.230	2	3/4-10
523	623	1/2	0.5015	±0.0002	1 1/2	11/16	4	0.624	48	1.312	1.051	12	0.261	1	3/4-10
524	624	1/2	0.5015	±0.0002	1 1/2	1	8	0.624	48	1.377	1.246	16 1/2	0.261	2	3/4-10
525	625	9/16	0.5645	±0.0003	1 3/4	11/16	4	0.6865	54	1.438	1.146	11 13/16	0.292	1	1-8
526	626	9/16	0.5645	±0.0003	1 5/8	1	8	0.6865	51	1.391	1.245	16	0.292	2	1-8
527	627	9/16	0.5645	±0.0003	2 1/4	1 1/8	12	0.874	60	1.641	1.495	20	0.292	2	1-8

表 5.1　標準鍵方槽拉刀規格(續)

單位：in

500系列	600系列	A			最小孔徑	最小長度切削	最大長度切削	B	C	D	E	F	G	切削號數	螺紋尺寸
		公稱直徑	小數直徑	公差											
528	628	5/8	0.627	±0.0003	1 7/8	11/16	4	0.749	60	1.625	1.301	12 3/16	0.324	1	1-8
529	629	5/8	0.627	±0.0003	2 1/2	1	8	0.874	54	1.657	1.495	16 3/8	0.324	2	1-8
530	630	5/8	0.627	±0.0003	2 1/4	1 1/8	12	0.874	57	1.657	1.495	20	0.324	2	1-8
531	631	3/4	0.752	±0.0003	1 7/8	11/16	4	0.874	60	1.625	1.239	12 3/16	0.386	1	1-8
532	632	3/4	0.752	±0.0003	2	1	8	0.999	60	1.688	1.495	16 1/4	0.386	2	1 1/4-7
533	633	3/4	0.752	±0.0003	2 1/4	1 1/8	12	0.999	57	1.688	1.560	20	0.386	3	1 1/4-7
534	634	7/8	0.877	±0.0003	2 1/4	11/16	4	1.124	63	1.875	1.426	12 3/8	0.449	1	1 1/4-7
535	635	7/8	0.877	±0.0003	2 1/4	1	8	1.124	63	1.719	1.494	15 3/4	0.449	2	1 1/4-7
536	636	7/8	0.877	±0.0003	2 1/4	1 1/8	12	1.124	63	1.719	1.569	20	0.449	3	1 1/4-7
537	637	1	1.002	±0.0003	2 1/4	5/8	2 1/2	1.249	63	1.750	1.239	10 1/2	0.511	1	1 1/2-6
538	638	1	1.002	±0.0003	2 1/4	7/8	6	1.249	63	1.750	1.494	14 1/2	0.511	2	1 1/2-6
539	639	1	1.002	±0.0003	2 1/4	1 1/8	12	1.249	60	1.750	1.580	20	0.511	3	1 1/2-6

*螺紋型刀柄

+缺口型刀柄

ǂ 適於最短長度的工作物，以免落於拉刀之兩刃齒間

2. 刀面角(face angle)

刀面角或稱鉤角(hook angle)依工件材料之硬度、強度、延性等而異。刀面角通常可以依需要而改變，以適應某特種材料。刀面角概略值如下：

鑄鐵	6～8°
硬鋼	8～12°
軟鋼	15～20°
鋁	10°以上
脆性黃銅	－5°～＋5°

3. 鉤齒深度(depth of gullet)

自刀刃口至容屑空間底之距離稱爲鉤齒深度。依節距及工件材料而異。

4. 刀背(land)

刀背對拉刀壽命有極大的影響，因其決定拉刀重新磨銳的次數。刀背太短將使刃口無法承受拉削壓力。

5. 刀面角半徑

自刀刃至前一刃齒背後的彎曲形狀稱爲刀面角半徑。其受鉤齒深的影響。

6. 鏟齒間隙角(back-off clearance)

刀背自刀刃口沿切齒後傾斜之角稱爲鏟齒間隙角，依工件材料而異。內拉刀間隙角爲 1/2°～3°，外拉刀則爲 3 1/2°。有些拉刀之粗削端間隙角爲 2°，到精削端則爲 1/2°。若間隙角保持最小，拉刀重磨時可使其尺寸之損失最小。

7. 刀具材料

大多數採用 M2 鉬高速鋼，因其適合於遭遇之陡震負荷，經表面處理後對增加刃口之硬度甚佳。

若拉削延性鑄鐵、不銹鋼、其他高硬度材料等選用 M3 鋼之拉刀。

8. 刃齒

拉刀刃齒之設計使每刃齒之切削深度比前一刃齒較深些。換言之，拉刀正確的進給由其本身爲之。前段部分刃齒做粗削，中段部分刃齒做半精削，後段部分刃齒做精削。粗削部分每刃齒之段階均較半精削或精削部分爲大。若拉削不同形狀時，粗削刃齒之形狀並不必與精削刃齒相同。因爲所拉削的外形可以在拉削工作中漸漸形成，故精削刃齒之外形必須很正確。

拉刀每刃齒之切削量常因工件材料或工具機能量而異。例如鑄件或鍛件硬皮之拉削，若拉刀設計不良可能造成在此表面的磨擦作用，使粗削刃齒鈍化，增加每刃齒之切削負荷。若對此種材料施於退火或其他處理，將可改善拉削的情況。在使用拉刀之前稍加注意之，就可以增長拉刀的壽命。如機器之能量不足以承受正常的切屑負荷，則必須改變切屑負荷以適應工具機之能量。

習題 5.1

1. 試述拉刀之用途？
2. 試述拉刀之主要部位的功用？
3. 試述拉刀依拉削方法之分類？
4. 試述拉刀依拉削用途之分類？
5. 試述設計拉刀之基本要素？
6. 試述設計拉刀應考慮之因素？

銑　刀

CUTTING TOOLS

銑床使用的切削刀具稱爲銑刀。銑刀是一種多刃的圓形刀具，銑削工件時銑刀迴轉而工件對銑刀進給做銑削工作，是一種不連續的切削工作。因此，每一刀刃是間歇性的切入工件材料，雖然刀刃切入工件的深度大，但每刀刃平均之切削量並不大。由於每刀刃之切屑厚度小，故其排屑良好，散熱亦快，致使銑削速度可較高，加工面亦較佳。同時有數個刀刃之切削工作，生產效率較高，刀具壽命能維持甚久。

多刃銑刀與僅有單一刀刃鉋刀的切削工作比較，銑刀多刃之切削進給使切削量增大，加工效率提高，故在大量生產中銑刀幾乎取代鉋刀的切削工作，在機械加工中佔重要地位。

銑床應用銑刀可以銑削平面、曲面、斜面、角度、溝槽、鍵槽、鳩尾槽、凹凸面、凸輪、齒輪等。銑削精度可達IT9~-IT8，粗糙度$6.3R_a$～$0.8R_a$。

銑刀因用途廣泛，爲適合各種不同的工作，無論在銑刀之材料、造形、結構等之設計製造上不但種類繁多且複雜。銑刀依其裝置於銑床刀軸之形式分為：刀軸型銑刀、刀柄型銑刀、面銑刀等三種。一般銑刀的表示法為外徑×刀寬(刀長)×孔徑×刃齒數。

6.1　銑刀各部位的名稱

銑刀(Milling cutter)可分為刀身、刃齒、刀軸孔或刀柄等三個主要部位。刀身為銑刀的本體；刃齒為銑削工件，包括刀根、刀面、刀腹、

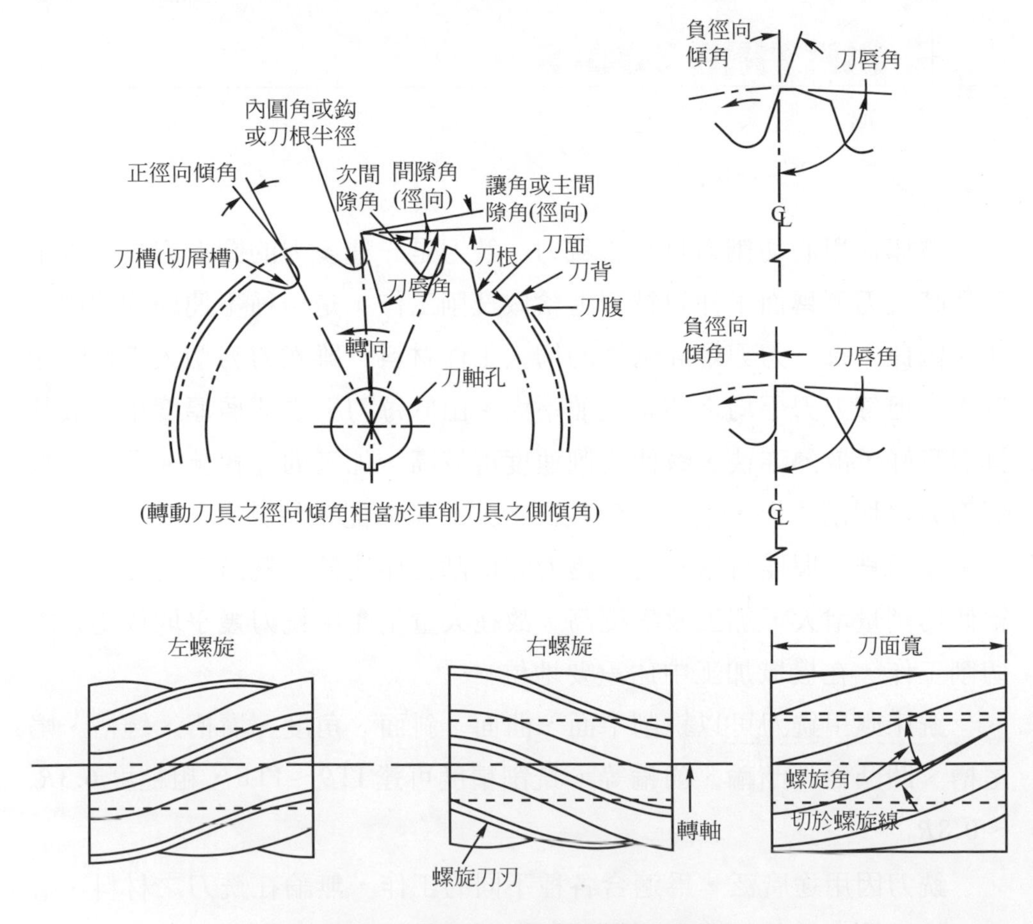

圖 6.1　平銑刀、側銑刀各部位名稱

切刃口、刀背、刀唇角、傾角等；刀軸孔是使銑刀安裝於銑床刀軸，刀柄則使銑刀直接安裝於銑床主軸孔。

平銑刀或側銑刀各部位名稱如圖 6.1。端銑刀各部位名稱如圖 6.2。面銑刀各部位名稱如圖 6.3。

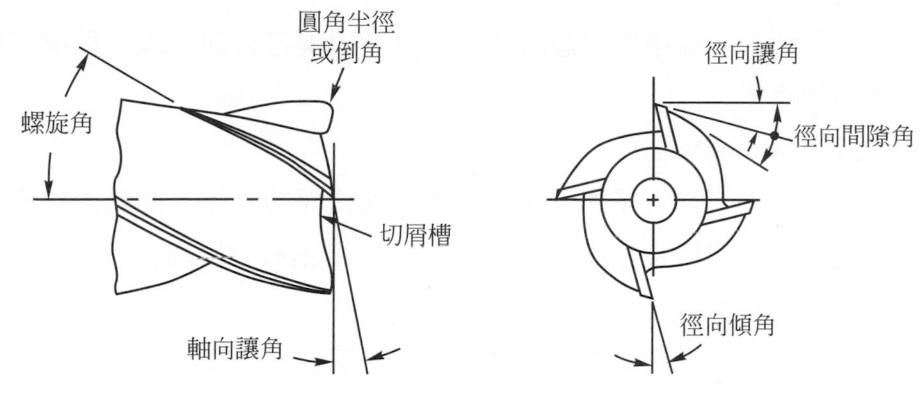

圖 6.2　端銑刀各部位名稱

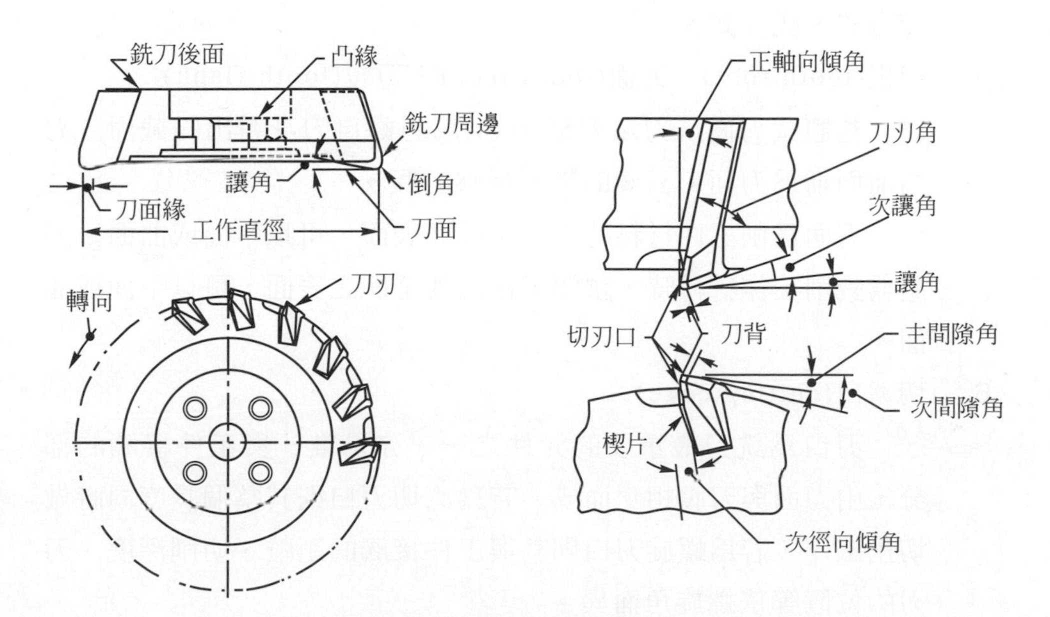

圖 6.3　面銑刀各部位名稱

各部位名稱之解釋如下：

1. 刀身(cutter body)

刀身爲銑刀的圓形本體，在其周邊具有許多刀刃，其中心可以製成刀軸孔、凸緣、附刀柄等以便安裝於銑床主軸。

2. 周邊(periphery)

銑刀的周邊爲假想的圓柱面包含周邊刀刃的外緣，爲決定銑刀的直徑。

3. 直徑(diameter)

平銑刀的直徑等於銑刀周邊之圓柱面的直徑。面銑刀的直徑爲在銑刀的周邊上相對的兩刀刃間通過軸心的距離。

4. 刃齒(teeth)

銑刀每刃齒之間隔等長，平銑刀或側銑刀之刀刃自刀身徑向凸出，面銑刀之刃齒自刀身徑向及軸向凸出。刃齒分爲整體式、端焊式、嵌片式。

5. 刀根(tooth root)、刀面(tooth face)、刀腹(tooth flank)

整體式刃齒銑刀之刀根(root)爲刃齒自刀身露出的截面，刃齒前面稱爲刀面，刃齒的後面稱爲刀腹。

刀面爲削工件材料時排除切屑之表面，可以半面或曲面。刀腹爲銑削工作材料時，讓開工件已加工面之表面，可以平面或曲面。

6. 切刃口(cutting edge)

刃口爲銑刀最重要的元件之一，亦是唯一與工件接觸的部分，由刀面與刀腹相交而成。若爲直切刃口則其整個長度同時做切削工作，若爲螺旋刃口則其與工件接觸的距離、切削深度、刀刃的位置等依螺旋角而異。

7. 刀背(land)

在平銑刀或側銑刀之刀背係爲緊臨刃口之刀腹研磨一寬度極小的斜面，使刃口於銑削時有間隙。刀背寬度爲0.4～1.6mm 依銑刀直徑之大小漸增。

面銑刀之刀背寬度常以平行於刀面之刃口部分爲準，故更正確的稱呼爲刀面緣(face edge)。刀面緣長度約大於銑刀每轉的進給，大直徑的面銑刀爲3.2mm，小直徑者爲1.6mm。

8. 刀唇角(tooth angle)

刀唇角爲刀面及刀背間的夾角。銑刀之刀唇角要儘量大，以增加刀刃強度及散熱的面積。

9. 螺旋角(helix angle)

螺旋槽銑刀之螺旋角爲刀刃緣的切線與銑刀軸線的交角，通常爲15°，強力切削者爲25°。

10. 傾角(rake angle)

平銑刀或側銑刀之傾角爲刀面自徑向線到刃口之傾斜的角度，稱爲徑向傾角(radial rake angle)。面銑刀之刃齒分別對徑向及軸向傾斜，依次稱爲徑向及軸向傾角(axial rake angle)。

徑向及軸向傾角可爲正、零、負。正傾角爲刀面自刃口位於徑向或軸向線之後方。零傾角爲刀面自刃口與徑向或軸向線一致。負傾角爲刀面自刃口位於徑向或軸向線之前方。

11. 間隙角(clearance angle)

間隙角爲刀背與在刃口之周邊切線的夾角亦稱爲主間隙角(primary clearance angle)，主要功用爲避免刀背與已加工面之摩擦。銑削鋼料之主間隙角爲4°～5°，軟質材料如黃銅、鋁、錳等爲 7°～12°。爲增加銑削效果及容易研磨主間隙角，於刀背後再研磨一斜面與刃口之周邊切線形成為次間隙角(secondary clearance angle)，比主間隙角大3°～5°。

12. 切屑槽(chip space)

一刃齒面與次一刃齒面的間隔稱為切屑槽。重銑削銑刀之刃齒數較少，切屑槽較大，輕銑削銑刀之刃齒數較多，切屑槽較小。在平銑刀、側銑刀、端銑刀之切屑槽亦稱為刀槽(flute)。

13. 鈎(gullet)

在刀根上大圓弧的鈎及兩刃齒間之大切屑槽將使切屑排出容易，避免切屑之阻塞或楔入刃齒與切削面之間。大切屑槽之排除切屑在銑削形成連續切屑的延性材料時更有助益。

6.2 刀軸型銑刀的種類與規格

刀軸型銑刀安裝於*A*型或*B*型刀軸如圖 6.4 示，故此型銑刀均有軸孔，所以又稱為有孔銑刀。銑刀孔徑均為精密磨光至標準化的尺寸，孔內有鍵槽，當銑刀裝於刀軸上再以鍵配合之，由刀軸帶動銑刀做銑削工作。所有此型銑刀刃齒均在圓周上，有些側面亦有刀刃，可分為平銑刀、側銑刀、角銑刀、型銑刀等。

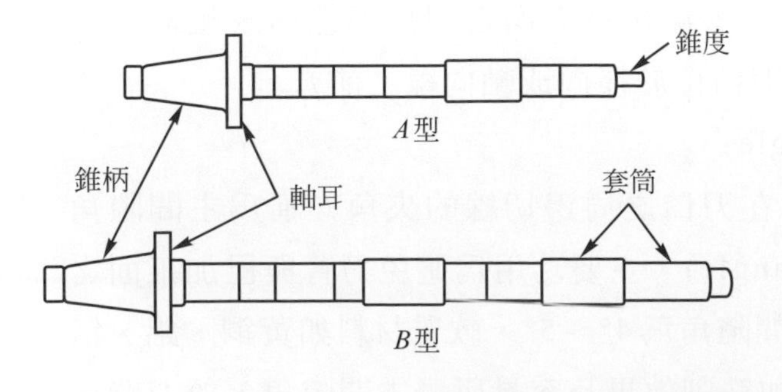

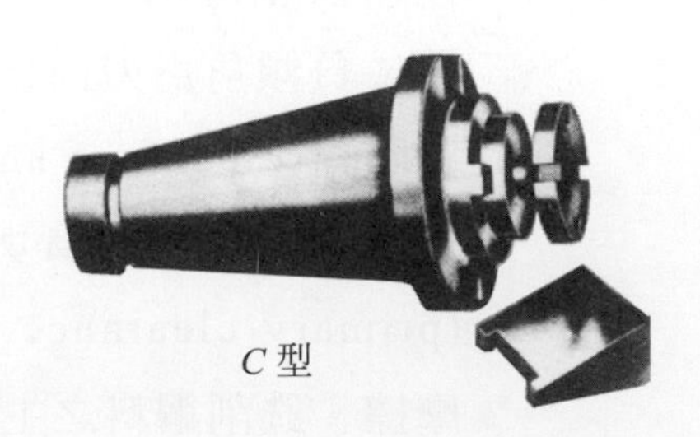

圖 6.4 銑床刀軸的型式

1. 平銑刀(plain milling cutter)

在圓筒型的圓周上具有刃齒的銑刀，用於銑削與刀軸平行的平面。刀面寬度為150mm以下，依銑削之性質分為輕削平銑刀、中削平銑刀、重削平銑刀、高速銑削之大螺旋角平銑刀，如圖6.5示。

(a) 輕削平銑刀

(b) 中削平銑刀

(c) 重削平銑刀

(d) 大螺旋角平銑刀

圖6.5 平銑刀

輕削平銑刀如圖(a)示，刀刃為直形，寬度為19mm以下。因其刀刃多，切屑槽小，僅適於輕銑削及銑削硬質材料。又直刃銑刀之刀刃與刀軸平行，銑削時切屑全部帶入切屑槽使銑刀跳動，故銑削量低，不適於重銑削。

中削平銑刀如圖(b)示，刀刃爲螺旋形，螺旋角爲25°，寬度爲19mm以上，爲臥式銑床銑削平面常用的銑刀。

重削平銑刀如圖(c)示，刀刃比較少，螺旋角可達45°，具有較佳的切屑槽。螺旋角較大的刃齒由於對切屑之剪斷作用，可減少銑削之震動及產生光滑的加工面，所需銑削力量亦比直刃齒及小螺旋角銑刀較小，故適於重銑削及銑削軟質材料。

大螺旋角平銑刀如圖(d)示，刀刃齒更少，螺旋角爲45～60°，可爲左旋或右旋，特別適於寬大間斷的平面及輪廓銑削。因刃齒距較大，適於銑削輕金屬及高速銑削。

表6.1示平銑刀規格。

表6.1　平銑刀規格

材質：高速鋼　單位：mm

外徑	刃寬	孔徑	刃數		
			普通刃	中削刃	重削刃
50	25	22.225	12	8	6
50	30	22.225	12	8	6
50	40	22.225	12	8	6
50	50	22.225	12	8	6
50	60	22.225	12	8	6
50	75	22.225	12	8	6
60	30	25.4	14	8	6
60	40	25.4	14	8	6
60	50	25.4	14	8	6
60	60	25.4	14	8	6
60	75	25.4	14	8	6
60	100	25.4	14	8	6

表 6.1 平銑刀規格(續)

材質：高速鋼 單位：mm

外徑	刃寬	孔徑	刃數		
			普通刃	中削刃	重削刃
75	40	31.75	14	10	8
75	50	31.75	14	10	8
75	60	31.75	14	10	8
75	75	31.75	14	10	8
75	100	31.75	14	10	8
100	50	38.1	16	12	10
100	75	38.1	16	12	10
100	100	38.1	16	12	10
100	125	38.1	16	12	10
100	150	38.1	16	12	10
125	60	38.1	18	12	10
125	75	38.1	18	12	10
125	100	38.1	18	12	10
125	125	50.8	18	12	10
125	150	50.8	18	12	10

材質：燒結碳化物 單位：mm

外徑	刃寬	刃數	孔徑
60	50	6	25.4
60	60	6	25.4
60	75	6	25.4
60	100	6	25.4
75	50	8	31.75
75	60	8	31.75
75	75	8	31.75
75	100	8	31.75
100	50	10	38.1
100	75	10	38.1
100	100	10	38.1
125	125	12	50.8

2. 側銑刀(side milling cutter)

側銑刀用於銑削工件之側邊，依刀刃的形狀分爲平面側銑刀、半側銑刀、交錯刀刃側銑刀，如圖 6.6 示。

(a) 平面側銑刀

(b) 半側銑刀

(c) 聯鎖側銑刀

(d) 交錯刀刃側銑刀

圖 6.6　側銑刀

平面側銑刀如圖(a)示，在圓周上及兩側均有刃齒，刀面寬度爲6～32mm，外徑爲50～200mm，用於銑槽、銑平面、騎銑。

半側銑刀如圖(b)示，僅一側有刃齒，可爲左側或右側，用於重銑削端面。如左側與右側銑刀合併形成聯鎖(interlocking)側銑刀如(c)示，可以銑削很正確的溝槽。如左側與右側銑刀隔開一定距離則可以騎銑。

交錯刃齒(staggered tooth)側銑刀如圖(d)示，以左側刃齒及右側刃齒互相交錯，螺旋角亦相對交錯。因銑削力輕，震動減少，用於高速及深進給之銑削，特別適於銑削深而窄之溝槽。

表6.2示側銑刀規格。

3. 角銑刀(angular cutter)

刃齒既不平行亦不垂直於銑刀軸，分爲單側角銑刀及雙側角銑刀，如圖6.7示。角銑刀用於銑削角面如V型溝槽、鋸齒狀、斜面、鉸刀刃齒等。

(a) 單側角銑刀

(b) 雙側角銑刀

圖6.7　角銑刀

表 6.2　側銑刀規格

⑴平面側銑刀　　　　材質：高速鋼　單位：mm

外徑	刃寬	孔徑	刃數		外徑	刃寬	孔徑	刃數	
			普通刃	粗刃				普通刃	粗刃
50	4	15.875	18	—	125	20	31.75	28	14
50	5	15.875	18	—	125	22	31.75	28	14
50	6	15.875	18	10	125	24	31.75	28	14
50	8	15.875	18	10	150	6	31.75	32	—
50	10	15.875	18	10	150	8	31.75	32	—
60	4	22.225	20	—	150	10	31.75	32	—
60	5	22.225	20	—	150	12	31.75	32	—
60	6	22.225	20	10	150	14	31.75	32	—
60	8	22.225	20	10	150	16	31.75	32	—
60	10	22.225	20	10	150	18	31.75	32	16
60	12	22.225	20	10	150	20	31.75	32	16
60	14	22.225	20	10	150	22	31.75	32	16
75	4	25.4	22	—	150	24	31.75	32	16
75	5	25.4	22	—	150	26	31.75	32	16
75	6	25.4	22	—	175	8	31.75	34	—
75	8	25.4	22	12	175	10	31.75	34	—
75	10	25.4	22	12	175	12	31.75	34	—
75	12	25.4	22	12	175	14	31.75	34	—
75	14	25.4	22	12	175	16	31.75	34	—
75	16	25.4	22	12	175	18	31.75	34	—
75	18	25.4	22	—	175	20	31.75	34	—
75	20	25.4	22	—	175	22	31.75	34	18
100	5	25.4	26	—	175	24	31.75	34	18
100	6	25.4	26	—	175	26	31.75	34	18
100	8	25.4	26	—	175	28	31.75	34	18
100	10	25.4	26	—	200	10	31.75	36	—
100	12	25.4	26	12	200	12	31.75	36	—
100	14	25.4	26	12	200	14	31.75	36	—
100	16	25.4	26	12	200	16	31.75	36	—
100	18	25.4	26	12	200	18	31.75	36	—
100	20	25.4	26	12	200	20	31.75	36	—
100	22	25.4	26	12	200	22	31.75	36	—
125	6	31.75	28	—	200	24	31.75	36	20
125	8	31.75	28	—	200	26	31.75	36	20
125	10	31.75	28	—	200	28	31.75	36	20
125	12	31.75	28	—	200	30	31.75	36	20
125	14	31.75	28	—	200	32	31.75	36	20
125	16	31.75	28	14					
125	18	31.75	28	14					

表 6.2　側銑刀規格(續)

⑵平面側銑刀　　材質：燒結碳化物　單位：mm

外徑	刃寬	孔徑	刃數	外徑	刃寬	孔徑	刃數
60	8	22.225	10	125	14	31.75	16
60	10	22.225	10	125	16	31.75	16
60	12	22.225	10	125	18	31.75	16
60	14	22.225	10	125	20	31.75	16
75	10	25.4	12	125	22	31.75	16
75	12	25.4	12	150	16	38.1	18
75	14	25.4	12	150	18	38.1	18
75	16	25.4	12	150	20	38.1	18
100	12	31.75	14	150	22	38.1	18
100	14	31.75	14	175	18	38.1	20
100	16	31.75	14	175	20	38.1	20
100	18	31.75	14	175	22	38.1	20
100	20	31.75	14				

⑶交錯刀刃側銑刀　　材質：高速鋼　單位：mm

外徑	刃寬	孔徑	刃數	外徑	刃寬	孔徑	刃數
50	6	15.875	12	125	18	31.75	20
50	8	15.875	12	125	20	31.75	20
50	10	15.875	12	125	22	31.75	20
60	6	22.225	14	125	24	31.75	20
60	8	22.225	14	150	18	31.75	22
60	10	22.225	14	150	20	31.75	22
60	12	22.225	14	150	22	31.75	22
60	14	22.225	14	150	24	31.75	22
75	8	25.4	16	150	26	31.75	22
75	10	25.4	16	175	22	38.1	24
75	12	25.4	16	175	24	38.1	24
75	14	25.4	16	175	26	38.1	24
75	16	25.4	16	175	28	38.1	24
100	12	25.4	18	175	30	38.1	24
100	14	25.4	18	200	24	38.1	26
100	16	25.4	18	200	26	38.1	26
100	18	25.4	18	200	28	38.1	26
100	20	25.4	18	200	30	38.1	26
100	22	25.4	18	200	32	38.1	26
125	16	31.75	20				

表 6.2 側銑刀規格(續)

⑷聯鎖側銑刀　　材質：高速鋼　單位：mm

外徑	刃寬	孔徑	刃數	外徑	刃寬	孔徑	刃數
60	14	22.225	20	125	20	31.75	28
60	16	22.225	20	125	24	31.75	28
75	16	22.225	22	125	28	31.75	28
75	18	22.225	22	150	28	31.75	32
100	18	25.4	26	150	32	31.75	32
100	20	25.4	26	150	36	31.75	32
100	24	25.4	26				

單側角銑刀如圖(a)示，刃齒在圓錐面上，平面上可以有刃齒或無刃齒，亦可在左側或右側。平面與錐面所成的角度即為銑刀稱呼角度，如45°、50°、60°、70°、80°等。

雙側角銑刀如圖(b)示，刃齒在兩相交的錐面上，兩側之角度可以相等或不相等。如兩邊角度相等則以夾角大小稱呼之，如45°、60°、90°。如兩邊角度不相等則以各角度大小稱呼之，如12°-48°、12°-53°、12°-58°、12°-63°、12°-68°、12°-73°。

表6.3示角銑刀規格。

表 6.3 角銑刀規格

⑴雙側角銑刀　　高速鋼　單位：mm

角度	外徑	孔徑	刃寬
45°	65	22.225	12
45°	70	25.4	12
45°	75	25.4	14
60°　90°	65	22.225	18
60°　90°	70	25.4	18
60°　90°	75	25.4	18

表 6.3 角銑刀規格(續)

⑵單側角銑刀 高速鋼 單位：mm

角度	外徑	孔徑	刃寬
45° 50° 60° 70°	65	15.875	18
45° 50° 60° 70°	70	22.225	18
45° 50° 60° 70°	75	25.4	18

4. 銑割銑刀(metal slitting saw)

銑割銑刀分爲平銑割銑刀及側銑割銑刀，如圖 6.8 示。銑割銑刀用於銑狹槽及銑割材料之長度，其側面後縮，以免銑割時與工件摩擦。

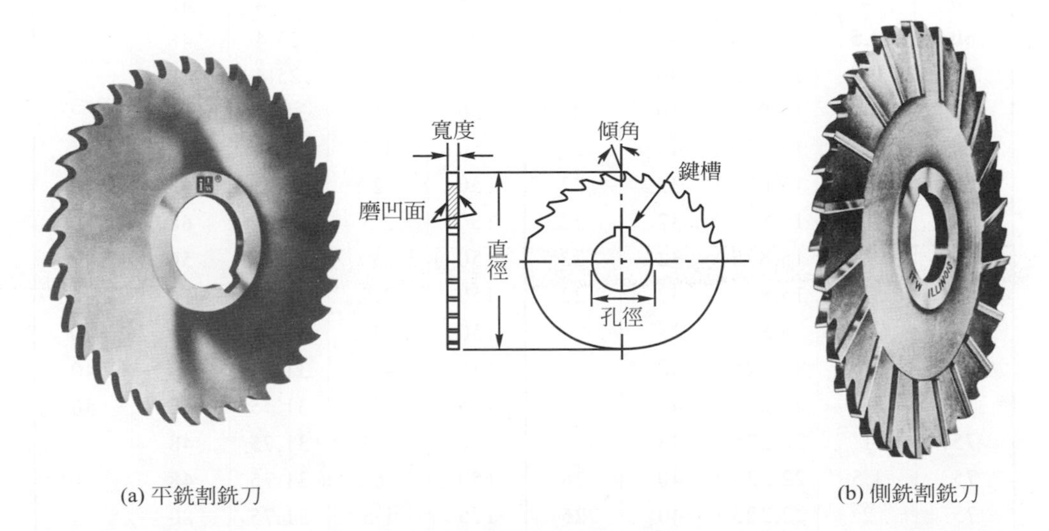

(a) 平銑割銑刀 (b) 側銑割銑刀

圖 6.8 銑割銑刀

平銑割銑刀之厚度爲 2～6mm 如圖(a)示。側銑割銑刀之厚度爲 1.5～5mm 如圖(b)示。因銑割銑刀爲薄截面，銑削時每刀刃之進給爲其他銑刀的 1/4～1/8。

表 6.4 示銑割銑刀規格。

表 6.4　銑割銑刀規格

材質：高速鋼　單位：mm

外徑	刃厚	內徑	刃數		外徑	刃厚	內徑	刃數	
			普通刃	粗刃				普通刃	粗刃
50	0.5	12.7	40		125	1	25.4	68	
50	0.8	12.7	40		125	1.5	25.4	68	36
50	1	12.7	36	20	125	2	25.4	56	36
50	1.5	12.7	36	20	125	2.5	25.4	56	36
50	2	12.7	28	20	125	3	25.4	56	36
50	2.5	12.7	28	20	125	3.5	25.4	48	36
50	3	12.7	28	20	125	4	25.4	48	36
50	3.5	12.7	28	20	125	4.5	25.4	48	36
50	4	12.7	28		125	5	25.4	48	
60	0.5	15.875	40		125	5.5	25.4	48	
60	0.8	15.875	40	22	125	6	25.4	48	
60	1	15.875	40	22	150	1	31.75	68	
60	1.5	15.875	40	22	150	1.5	31.75	68	
60	2	15.875	32	22	150	2	31.75	68	40
60	2.5	15.875	32	22	150	2.5	31.75	68	40
60	3	15.875	32	22	150	3	31.75	56	40
60	3.5	15.875	32	22	150	3.5	31.75	56	40
60	4	15.875	28		150	4	31.75	56	40
75	0.5	22.225	48		150	4.5	31.75	56	40
75	0.8	22.225	48		150	5	31.75	48	40
75	1	22.225	48		150	5.5	31.75	48	
75	1.5	22.225	40	26	150	6	31.75	48	
75	2	22.225	40	26	175	1.5	31.75	80	
75	2.5	22.225	40	26	175	2	31.75	80	42
75	3	22.225	40	26	175	2.5	31.75	68	42
75	3.5	22.225	36	26	175	3	31.75	68	42
75	4	22.225	36	26	175	3.5	31.75	68	42
75	4.5	22.225	36	26	175	4	31.75	68	42
75	5	22.225	36		175	4.5	31.75	56	42
75	5.5	22.225	36		175	5	31.75	56	42

表 6.4　銑割銑刀規格(續)

材質：高速鋼　單位：mm

外徑	刃厚	內徑	刃數		外徑	刃厚	內徑	刃數	
			普通刃	粗刃				普通刃	粗刃
75	6	22.225	36		175	5.5	31.75	56	
100	0.8	25.4	56		175	6	31.75	56	
100	1	25.4	56		200	1.5	31.75	88	
100	1.5	25.4	56	30	200	2	31.75	88	46
100	2	25.4	56	30	200	2.5	31.75	72	46
100	2.5	25.4	44	30	200	3	31.75	72	46
100	3	25.4	44	30	200	3.5	31.75	72	46
100	3.5	25.4	44	30	200	4	31.75	72	46
100	4	25.4	44	30	200	4.5	31.75	56	46
100	4.5	25.4	36	30	200	5	31.75	56	46
100	5	25.4	36		200	5.5	31.75	56	
100	5.5	25.4	36		200	6	31.75	56	
100	6	25.4	36						

5. 型銑刀(formed cutter)

型銑刀為銑削規則或不規則外形及適用於大量生產小零件加工。型銑刀每個刀刃之形狀均相同，徑向傾角可為正、零、負，修磨刀刃齒時要研磨刀面。最具代表性之型銑刀為凸面銑刀、凹面銑刀、圓肩角銑刀、齒輪銑刀，如圖6.9示。

凸面銑刀(convex milling cutter)如圖(a)示，用於銑削半圓凹形。

凹面銑刀(concave milling cutter)如圖(b)示，用於銑削半圓凸形。

圓肩角銑刀(corner-rounding cutter)如圖(c)示，用於銑削工件材料之肩角部位。

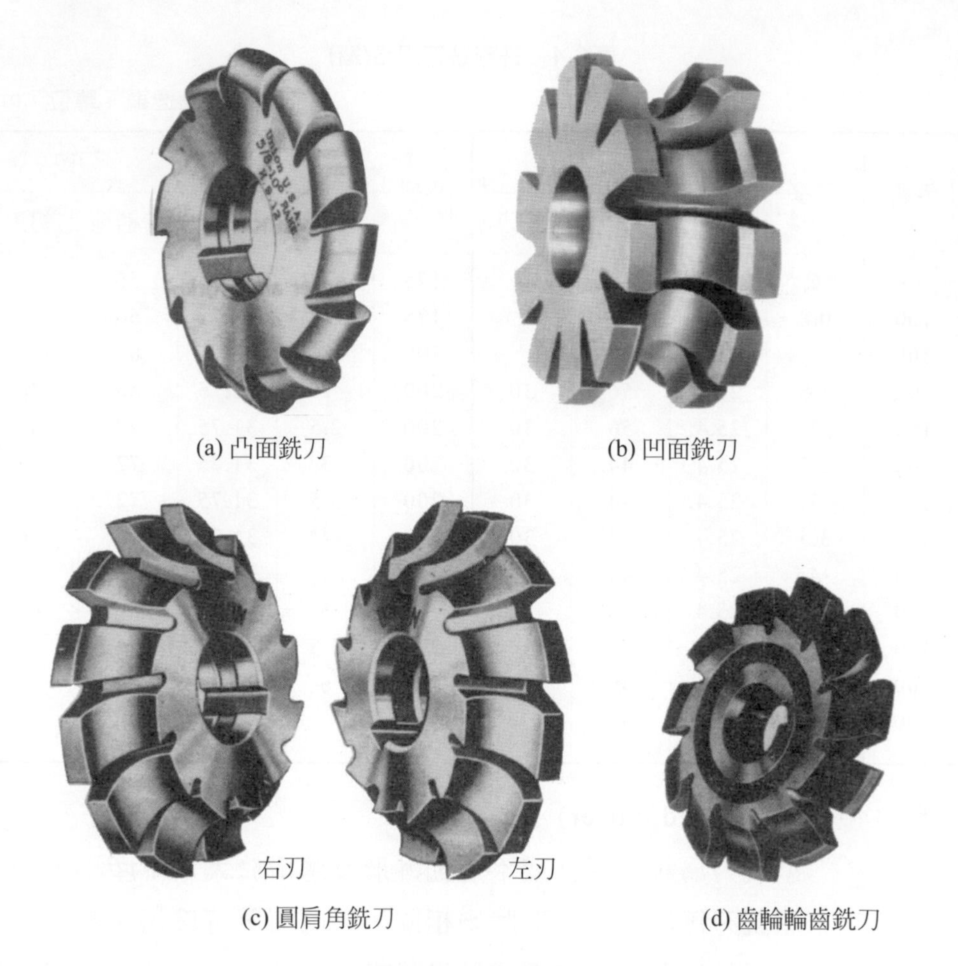

(a) 凸面銑刀　(b) 凹面銑刀

右刃　左刃

(c) 圓肩角銑刀　(d) 齒輪輪齒銑刀

圖 6.9　成型銑刀

齒輪輪齒銑刀(gear-tooth cutter)如圖(d)示，用於銑削齒輪及鏈輪。

表 6.5 示凹面銑刀規格。表 6.6 示凸面銑刀規格。表 6.7 示圓肩角銑刀規格。

表6.5 凹面銑刀規格

材質：高速鋼 單位：mm

R	外徑	刃寬	孔徑	刃數	*R*	外徑	刃寬	孔徑	刃數
1	75	8	25.4	12	1	100	8	25.4	16
1.25	75	8	25.4	12	1.5	100	8	25.4	16
1.5	75	8	25.4	12	2	100	9	25.4	16
1.75	75	8	25.4	12	2.5	100	10	25.4	16
2	75	9	25.4	12	3	100	12	25.4	14
2.25	75	9	25.4	12	3.5	100	14	25.4	14
2.5	75	10	25.4	12	4	100	16	25.4	14
2.75	75	11	25.4	12	4.5	100	18	25.4	12
3	75	12	25.4	12	5	100	20	25.4	12
3.25	75	13	25.4	12	5.5	100	22	25.4	12
3.5	75	14	25.4	12	6	100	24	25.4	12
3.75	75	15	25.4	12	6.5	100	26	25.4	12
4	75	16	25.4	12	7	100	28	25.4	12
4.25	75	17	25.4	12	7.5	100	30	25.4	12
4.5	75	18	25.4	12	8	100	32	25.4	12
4.75	75	19	25.4	12	8.5	100	34	25.4	12
5	75	20	25.4	12	9	100	36	25.4	12
5.5	75	22	25.4	12	9.5	100	38	25.4	12
6	75	24	25.4	10	10	100	40	25.4	10
6.5	75	26	25.4	10	11	100	42	25.4	10
7	75	28	25.4	10	12	100	44	25.4	10
7.5	75	30	25.4	10	13	100	46	25.4	10
8	75	32	25.4	10	14	100	48	25.4	10
8.5	75	34	25.4	10	15	100	54	25.4	10
9	75	36	25.4	10	16	100	56	25.4	10
9.5	75	38	25.4	10	17	100	58	25.4	9
10	75	40	25.4	10	18	100	62	25.4	9
11	75	42	25.4	10	19	100	64	25.4	9
12	75	44	25.4	10	20	100	70	25.4	8
13	75	46	25.4	10					

表 6.6　凸面銑刀規格

材質：高速鋼　單位：mm

R	外徑	刃寬	孔徑	刃數
0.5	75	1	25.4	14
1	75	2	25.4	14
1.25	75	2.5	25.4	12
1.5	75	3	25.4	12
1.75	75	3.5	25.4	12
2	75	4	25.4	12
2.25	75	4.5	25.4	12
2.5	75	5	25.4	12
2.75	75	5.5	25.4	12
3	75	6	25.4	12
3.25	75	6.5	25.4	12
3.5	75	7	25.4	12
3.75	75	7.5	25.4	12
4	75	8	25.4	12
4.5	75	9	25.4	12
4.75	75	9.5	25.4	12
5	75	10	25.4	12
5.5	75	11	25.4	12
5.75	75	11.5	25.4	12
6	75	12	25.4	10
6.5	75	13	25.4	10
7	75	14	25.4	10
7.5	75	15	25.4	10
8	75	16	25.4	10
8.5	75	17	25.4	10
9	75	18	25.4	10
9.5	75	19	25.4	10
10	75	20	25.4	10
10.5	75	21	25.4	10
11	75	22	25.4	10
11.5	75	23	25.4	10
12	75	24	25.4	10
1	100	2	25.4	16
1.5	100	3	25.4	16
2	100	4	25.4	16
2.5	100	5	25.4	16
3	100	6	25.4	16
3.5	100	7	25.4	16
4	100	8	25.4	16
4.5	100	9	25.4	16
5	100	10	25.4	16
5.5	100	11	25.4	16
6	100	12	25.4	12
6.5	100	13	25.4	12
7	100	14	25.4	12
7.5	100	15	25.4	12
8	100	16	25.4	12
8.5	100	17	25.4	12
9	100	18	25.4	12
9.5	100	19	25.4	12
10	100	20	25.4	10
11	100	22	25.4	10
12	100	24	25.4	10
13	100	26	25.4	10
14	100	28	25.4	10
15	100	30	25.4	10
16	100	32	25.4	10
17	100	34	25.4	9
18	100	36	25.4	9
19	100	38	25.4	9
20	100	40	25.4	8
22	100	44	25.4	8
24	100	48	25.4	8

表 6.7　圓肩角銑刀規格

⑴單圓肩角銑刀　高速鋼　單位：mm

R	外徑	刃寬	孔徑	刃數
1	75	4	25.4	12
1.5	75	4	25.4	12
2	75	4.5	25.4	12
2.5	75	5	25.4	12
3	75	6	25.4	12
3.5	75	7	25.4	12
4	75	8	25.4	12
4.5	75	9	25.4	12
5	75	10	25.4	12
5.5	75	11	25.4	12
6	75	12	25.4	10
6.5	75	13	25.4	10
7	75	14	25.4	10
7.5	75	15	25.4	10
8	75	16	25.4	10
8.5	75	17	25.4	10
9	75	18	25.4	10
9.5	75	19	25.4	10
10	75	20	25.4	10
11	75	21	25.4	10
12	75	22	25.4	10
13	100	24	25.4	10
14	100	25	25.4	10
15	100	26	25.4	9
16	100	28	25.4	9
17	100	30	25.4	9
18	100	31	25.4	9
19	100	32	25.4	9
20	100	35	25.4	9

⑵雙圓肩角銑刀　高速鋼　單位：mm

R	外徑	刃寬	孔徑	刃數
1	75	7	25.4	12
1.5	75	7	25.4	12
2	75	7	25.4	12
2.5	75	9	25.4	12
3	75	9	25.4	12
3.5	75	12	25.4	12
4	75	12	25.4	12
4.5	75	13.5	25.4	12
5	75	15	25.4	12
5.5	75	16.5	25.4	12
6	75	18	25.4	10
6.5	75	19.5	25.4	10
7	75	21	25.4	10
7.5	75	22.5	25.4	10
8	75	24	25.4	10
8.5	75	25.5	25.4	10
9	75	27	25.4	10
9.5	75	28.5	25.4	10
10	75	30	25.4	10
11	75	33	25.4	10
12	75	34	25.4	10
13	100	38	25.4	10
14	100	38	25.4	10
15	100	40	25.4	9
16	100	42	25.4	9
17	100	46	25.4	9
18	100	48	25.4	9
19	100	50	25.4	9
20	100	54	25.4	9

6.3 刀柄型銑刀的種類與規格

刀柄型銑刀均附有直柄或錐柄，由銑床之配件如夾頭、接頭等夾持，或直接裝於銑床刀軸孔內做銑削工作。刀柄型銑刀有端銑刀、T型槽銑刀、鳩尾型槽銑刀、半月型鍵座銑刀、標準柄螺旋刀刃銑刀等。

1. 端銑刀(end mill)

端銑刀在端面及周邊均有刃齒，由夾頭式接頭裝於銑床刀軸孔。端面之刃齒如鑽頭之切削作用，周邊之刃齒亦可做銑削用，故端銑刀用於銑平面、銑槽、銑輪廓等。端銑刀有整體端銑刀及套殼端銑刀，如圖6.10示。

整體端銑刀如圖(a)示，柄部與刃部爲一體比套殼端銑刀小，有直柄及錐柄。錐柄有銑刀標準錐度(NT)、白朗俠滋錐度(B&S)、莫斯錐度(MT)。刃齒依直徑之大小可製成二刃口、三刃口、四刃口、六刃口、八刃口，並可以單頭或雙頭。

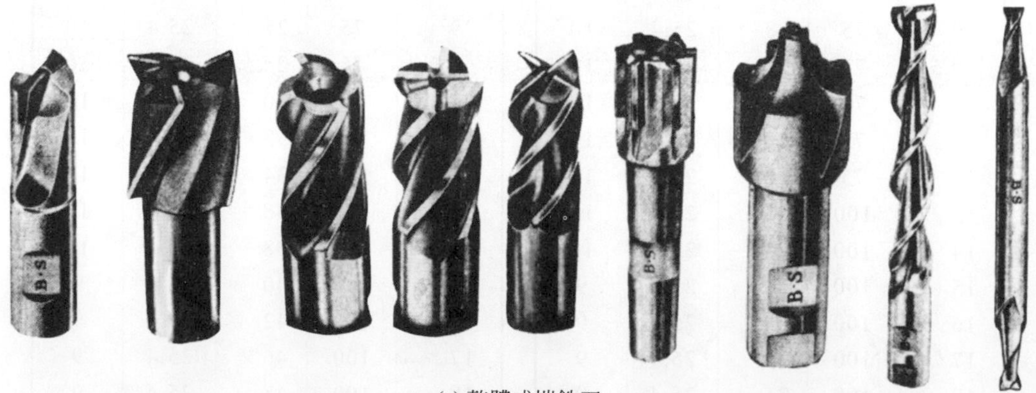

(a) 整體式端銑刀

圖6.10 端銑刀

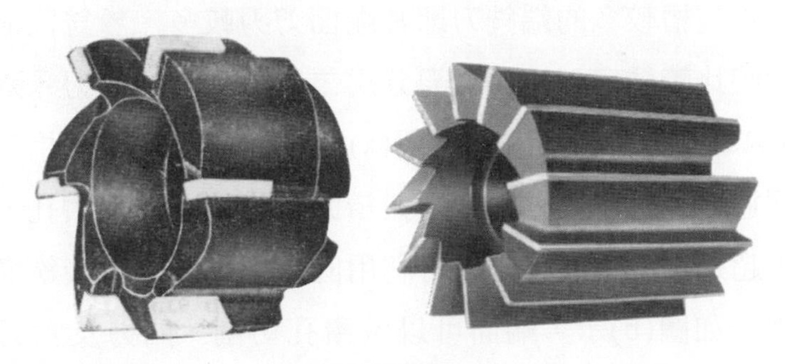

(b) 套殼端銑刀

圖 6.10　端銑刀(續)

套殼端銑刀如圖(b)示，介於端銑刀與面銑刀之間，直徑 30～150mm，以*C*型刀軸(如圖 6.4 示)套接於銑床主軸做銑削平面及肩角，而不用於銑溝槽。套殼端銑刀之優點爲當銑刀磨損時，只換銑刀面而刀柄仍可使用，以減輕刀具的成本。

端銑刀之螺旋槽有左螺旋及右螺旋，但均可以左手銑削及右手銑削。左手銑削爲自銑刀端面看銑刀順時針方向迴轉而工件逆向進給，右手銑削則銑刀逆時針方向迴轉而工件逆向進給，如圖 6.11 示。

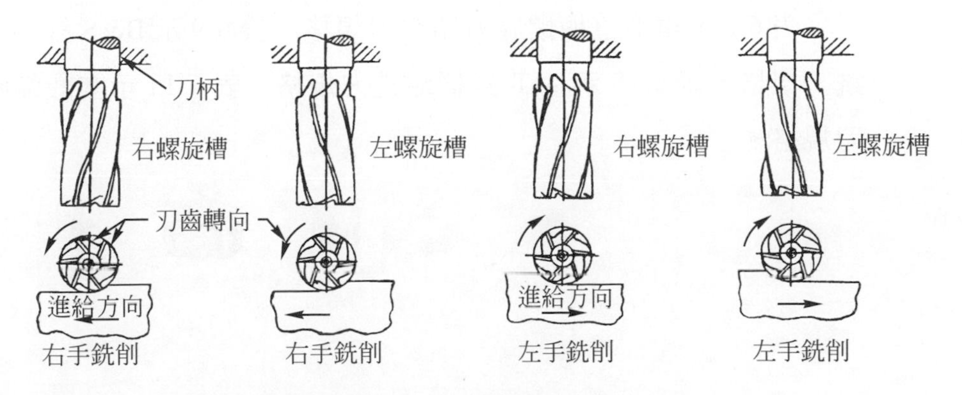

圖 6.11　端銑刀螺旋槽與銑削方向之關係

螺旋槽較多的端銑刀即其端面刀刃較多，於銑削溝槽或快速進給時比較穩定。端面刀刃分爲二刃、三刃、四刃、六刃等，如圖 6.12 示。二刃端銑刀如圖(a)示，兩溝槽在端面相交成兩切刃口通過中心線，使端銑刀猶如鑽頭可直接對工件鑽孔。當鑽孔深度不超過銑刀半徑時，就可利用圓周面之刃齒直接銑溝槽。三刃端銑刀如圖(b)示，端面可以做鑽孔切削。四刃及六刃端銑刀如圖(c)示，端面有中心孔，不能以端面之刃齒直接鑽孔，須以圓周之刃齒做工件邊銑削。

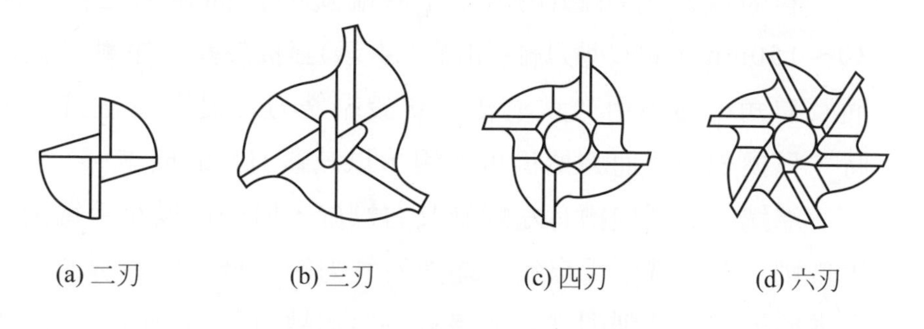

圖 6.12　端銑刀之端面刀刃

表 6.8 示重型直柄螺旋刃端銑刀規格。表 6.9 示 B&S 錐柄端銑刀規格。表 6.10 示 MT 錐柄端銑刀規格。表 6.11 示套殼端銑刀規格。

表 6.8 重型直柄螺旋刃端銑刀規格

材質：高速鋼 單位：mm

外徑	標準二刃			四刃		
	刃長	總長	柄徑	刃長	總長	柄徑
2	8	45	6	15	50	6
3	10	45	6	20	55	6
4	12	45	6	25	60	6
5	15	50	6	25	60	6
6	15	50	6	35	75	8
7	20	60	8	35	75	8
8	20	60	8	45	90	10
9	25	70	10	45	90	10
10	25	70	10	55	105	12
11	30	80	12	55	105	12
12	30	80	12	55	105	16
13	35	85	16	55	105	16
14	35	85	16	65	100	16
15	40	95	16	65	120	16
16	40	95	16	65	120	20
17	40	95	20	65	120	20
18	40	95	20	75	140	20
19	45	110	20	75	140	20
20	45	110	20	75	140	25
21	45	110	25	75	140	25
22	45	110	25	90	160	25
23	50	120	25	90	160	25
24	50	120	25	90	160	25
25	50	120	25	90	160	25
26	50	120	25	90	160	25
27	55	125	25	90	160	25
28	55	125	25	90	160	25
29	55	125	25	90	160	25
30	55	125	25	90	160	25
31	60	145	32	95	180	32
32	60	145	32	95	180	32
33	60	145	32	95	180	32
34	60	145	32	95	180	32
35	60	145	32	100	185	32
36	60	145	32	100	185	32
37	60	145	32	100	185	32
38	65	150	32	105	190	32
39	65	150	32	105	190	32
40	65	150	32	110	195	32

表 6.9 B&S 錐柄端銑刀規格

材質：高速鋼　單位：mm

刀柄形狀	直徑	二刃			螺旋刃		
		總長	刃長	BS No.	總長	刃長	BS No.
普通型	2	62	8	5	70	15	5
	3	68	12	5	70	15	5
	4	72	15	5	75	18	5
	5	72	15	5	75	18	5
	6	75	18	5	78	20	5
	7	75	18	5	78	20	5
	8	75	20	5	78	20	5
	9	78	20	5	80	22	5
	10	78	20	5	80	22	5
	11	78	20	5	80	22	5
	12	80	22	5	84	25	5
	13	80	22	5	84	25	5
	14	80	22	5	84	25	5
附刀根型	10	130	25	7	125	30	7
	11	130	25	7	125	30	7
	12	135	30	7	130	35	7
	13	135	30	7	130	35	7
	14	135	30	7	135	40	7
	15	135	30	7	135	40	7
	16	140	35	7	140	45	7
	17	140	35	7	140	45	7
	18	140	35	7	145	50	7
	19	140	35	7	145	50	7
	20	140	35	7	150	55	7
	22	145	40	7	155	60	7
	24	145	40	7	160	65	7
	26	145	40	7	190	70	7
	28	150	45	7	195	75	7
	30	150	45	7	200	80	7
	32	190	50	9	205	85	7
	35	190	50	9	210	90	9
	38	195	55	9	215	95	9
	40	200	60	9	220	100	9

表6.10 MT錐柄端銑刀規格

材質：高速鋼 單位：mm

直徑	二刃			螺旋刃				
	刃長	總長	MT No.	刃長	全長		MT No.	刃數
					附刀根型	附螺紋型		
10	10	85	1	20	95	85	1	6
11	10	85	1					
12	15	90	1	25	100	90	1	6
13	15	90	1					
14	15	90	1	25	100	95	1	6
15	20	110	2					
16	20	110	2	30	120	110	2	8
17	20	110	2					
18	20	110	2	30	120	110	2	8
19	20	110	2					
20	20	110	2	30	120	110	2	8
22	20	110	2	35	125	115	2	8
24				35	145	135	3	8
26				35	145	135	3	10
28				40	150	140	3	10
30				40	150	140	3	10
32				50	160	150	3	10
35				50	190	175	4	10
38				60	200	185	4	10
40				60	200	185	4	10

表 6.11　套殼端銑刀規格

材質：燒結碳化物　單位：mm

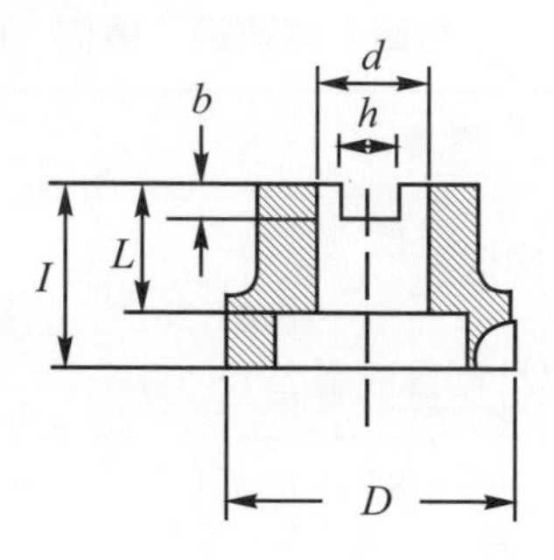

D	d	L	I	b	h	刃數
50	22.225	35	20	8	5	6
75	31.75	50	32	12.7	8	6
100	38.1	60	38	15.9	10	8

材質：高速鋼　單位：mm

外徑	刃寬	孔徑	
		*A*式	*B*式
30	30	13	12.7
35	30	16	15.875
40	30	16	15.875
45	45	22	22.225
50	45	22	22.225
60	60	27	25.4
75	60	27	25.4
100	60	32	31.75
125	60	40	38.1

2. T 型槽銑刀(T-slot cutter)

T型槽銑刀之兩側面及圓周面均有刃齒，並具有標準錐柄可套入接頭再裝入主軸，如圖 6.13 示。當端銑刀或側銑刀在工件銑削一垂直狹槽後，再用T型槽銑刀在底部銑削較寬的水平槽即成爲T型槽。T型槽銑刀刃部寬爲 3～10mm，直徑爲 10～50mm。

表 6.12 示 T 型槽銑刀規格。

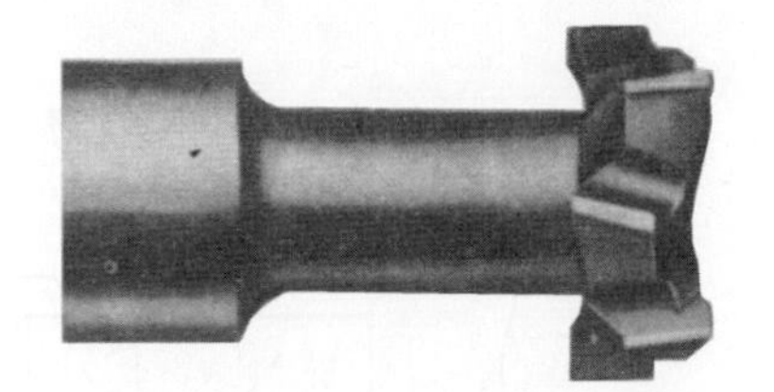

圖 6.13　T 型槽銑刀

表 6.12　T 型槽銑刀規格

材質：高速鋼　單位：mm

直徑	刃寬	B&S No.	直徑	刃寬	B&S No.
10	3～10	7	26	3～10	7
12	3～10	7	28	3～10	7
13	3～10	7	30	3～10	7
14	3～10	7	32	3～10	7
15	3～10	7	35	3～10	7
16	3～10	7	38	3～10	7
18	3～10	7	40	3～10	7
19	3～10	7	42	3～10	7
20	3～10	7	45	3～10	7
22	3～10	7	48	3～10	7
24	3～10	7	50	3～10	7
25	3～10	7			

3. 鳩尾型槽銑刀(dovetal cutter)

鳩尾型槽銑刀之形狀似單側角銑刀，如圖 6.14 示，並具有標準錐柄，當側銑刀或其他適當的銑刀銑削垂直溝槽後，再用鳩尾型槽銑刀銑成鳩尾型。鳩尾型的角度有 45°、50°、55°、60°。

圖 6.14　鳩尾型槽銑刀

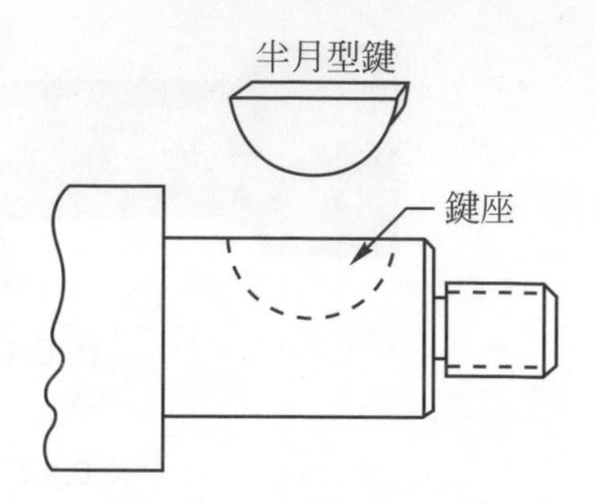

圖 6.15　半月型鍵座銑刀

4. 半月型鍵座銑刀(woodruff keyseat cutter)

半月型鍵座銑刀與平銑刀及側銑刀相似，僅圓周面有刃齒，用於銑削工件軸上半月型鍵座，如圖 6.15 示。半月型鍵座銑刀之刃部寬為 2.5～10mm，直徑為 10～45mm，並具有直刀柄；直徑為 50mm 以上者另裝於刀軸，其圓周面及兩側面為交錯刃齒。

表 6.13 示半月型鍵座銑刀規格。

5. 標準柄螺旋刃齒銑刀(standard shank type helical milling cutter)

標準柄螺旋刃齒銑刀亦稱為刀軸型銑刀，圖 6.16 示，用於銑削整體材料成為模型如軛狀或叉形。亦可將銑刀插入工件孔內，再用 *A* 型刀軸支持架支持，以銑削整體材料之內形。

圖 6.16　標準柄螺旋刃齒銑刀

表 6.13　半月型鍵座銑刀規格

材質：高速鋼　單位：mm

直徑	刃寬	柄徑	組長	直徑	刃寬	柄徑	組長
10	2.5	8	50	32	6	12	65
10	3	8	50	22	7	12	60
13	3	10	50	25	7	12	60
16	3	12	55	28	7	12	60
13	4	10	50	32	7	12	65
16	4	12	55	38	7	12	70
19	4	12	55	45	7	12	75
16	5	12	55	25	8	12	60
19	5	12	55	28	8	12	60
22	5	12	60	32	8	12	65
22	6	12	60	38	8	12	70
25	6	12	60	32	10	12	70
28	6	12	60	45	10	12	78

6.4　面銑刀(face milling cutter)

面銑刀在端面及圓周面之刃齒均有刃口，兩刃口之交點稱爲刃口稜角，如圖 6.17 示。因主要的銑削作用在於刃口稜角，故尖稜角將使銑刀容易磨耗而減短壽命。爲改善銑刀之性能，刃口稜角必須倒角或圓弧角，較大的倒角或圓弧角可增大進給以增加生產效率，但其寬度不得超過 1.5mm，否則銑削將引起震動。

面銑刀均以刀片嵌入鋼製本體，直徑通常在 150mm 以上，刀片有高速鋼或碳化物，嵌入方式有焊接或夾置。面銑刀可直接以接頭夾持裝入主軸，主要用於銑削較大的平面。其銑削作用爲圓周面的刃齒做重銑削稱爲主切削，切屑由此脫落；在端面的刃齒則做輕銑削稱爲次切削。

面銑刀或端銑刀銑削平面之進給痕跡均爲次切削所致成，故加工面之粗細主要在於端面刃齒。

表 6.14 示碳化物嵌片式面銑刀規格。

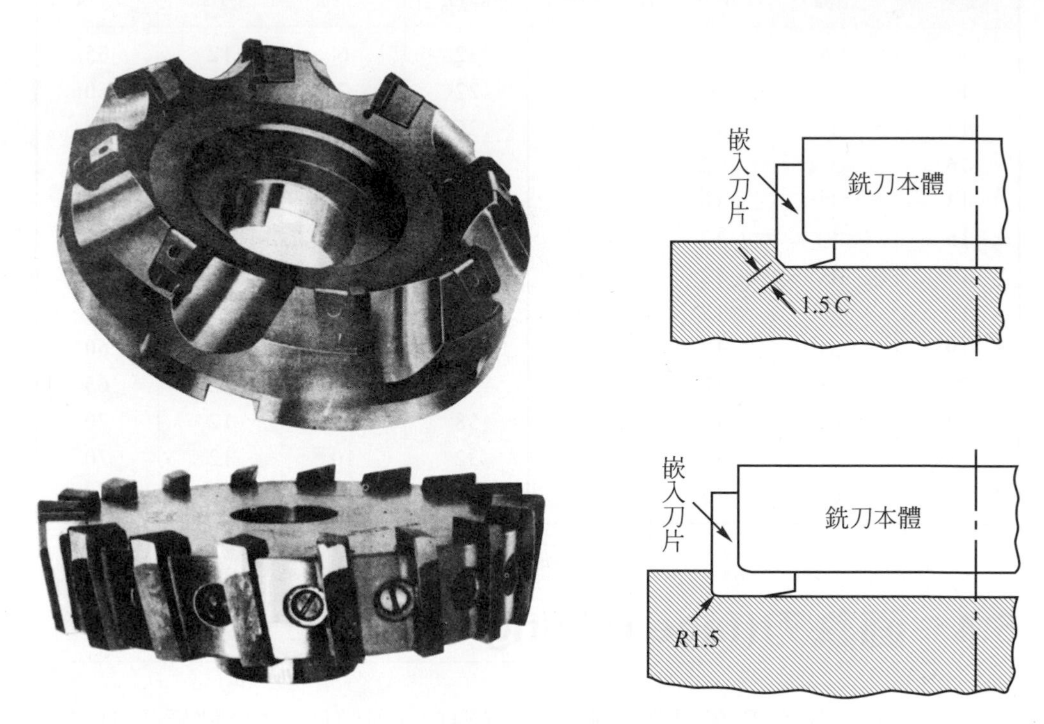

圖 6.17　面銑刀

表 6.14　碳化物嵌片式面銑刀規格

⑴鑄鐵用　　單位：mm

直徑D_1	d_1	b	E	F	直徑D_1	d_1	b	E	F
76	25.4	9.5	30	42	254	47.625	25.4	45	61
102	31.75	12.7	32	53	279	47.625	25.4	45	61
127	38.1	15.9	38	61	305	47.625	25.4	45	61
152	50.8	19	38	61	356	47.625	25.4	45	61
178	50.8	19	38	61	406	47.625	25.4	45	61
203	47.625	25.4	38	61	457	47.625	25.4	45	61
229	47.625	25.4	45	61	508	47.625	25.4	45	61

表 6.14 碳化物嵌片式面銑刀規格(續)

⑵鋼用

單位：mm

直徑	d_1	b	E	F	刃數	直徑	d_1	b	E	F	刃數
102	31.75	12.7	32	54	4	305	47.625	25.4	44	68	12
127	38.1	15.9	38	63	5	356	47.625	25.4	44	68	14
152	50.8	19.0	38	63	6	406	47.625	25.4	44	68	16
203	47.625	25.4	38	63	8	457	47.625	25.4	44	68	18
254	47.625	25.4	44	68	10	508	47.625	25.4	44	68	20

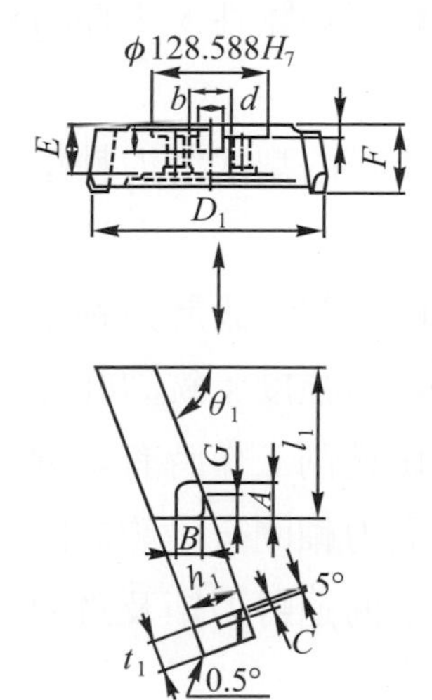

⑶碳化物嵌片式刀片

單位：mm

t_1		參考						
基準寸法	容許差	h_1	l_1	θ_1	A	B	C	G
7.95	0 −0.05	13.5	38	76°	8	6.5	3	4
9.53	0 −0.05	16	48	76°	10	8	3	5
11.13	0 −0.05	19	56	72°	10	8	4	5
11.13	0 −0.05	19	56	72°	13	10	4	6.5

6.5 銑刀設計

銑刀之設計應考慮銑刀的結構、銑刀的型式、切屑之排除、刃齒之角度等因素，唯這些因素則受到銑削的方式、工件材料的性質、銑削工件的形狀等影響。

1. 銑刀的結構

選擇最佳的銑刀結構主要依銑削的方式、工件材料的性質、需要的生產量等。簡單型及較小型的銑刀之成本，整體式比嵌片式銑刀較低。複雜型的銑刀如複螺紋銑刀(multiple-thread milling)、成型鏟齒銑刀(form-relieved cutter)等亦以整體式之成本較低。

若大量生產工作，使用嵌片式銑刀爲最經濟。端焊式銑刀則不論整體式或嵌片式適於各種材料及高產量之需。

2. 銑刀的型式

銑刀直徑的大小可由銑削深度及寬度、銑刀的剛性、工件的形狀、銑削的精確度、銑削條件等而定。

銑刀傳動的方式由銑刀的大小、銑床或夾具的型式、刀軸型及轉向等而定。依銑刀的分類分述如下。

⑴ 刀軸型銑刀：係爲具有中心孔及裝於刀軸的銑刀。設計刀軸型銑刀的直徑必須足夠大，使其橫截面有足夠的強度；銑刀孔徑亦須使所安裝的刀軸直徑夠大，以備刀軸做銑削工作時有足夠的剛性；最小直徑的銑刀須使工件或夾具與刀軸間有足夠的間隙。當然，銑刀直徑較小可以減少在刀軸上的迴轉力矩及銑刀側面的彎曲。

⑵ 刀柄型銑刀：係刀柄與銑刀整體構成，僅刀柄裝於銑床心軸孔。因此刀柄之設計應儘量大，而刃部距銑床心軸孔之懸臂應儘量短，使具有最大的剛性而最小的彎曲。

⑶ 面銑刀：係直徑較大的銑刀，以*C*型刀軸夾持裝於銑床刀軸。因此直徑的設計應儘量的小，但以能獲得最大的剛性及跨越銑削的寬度爲原則。

3. 切屑槽

為使銑削工作平滑，銑刀刃齒之設計必須經常保持一個或更多的刃齒與工件材料接觸做銑削工作。然而兩刃齒間具有充分的切屑槽亦不可忽視。銑削高抗拉強度的材料需適中的切屑槽，產生不連續切屑的材料則用較小的切屑槽而較多的刃齒。銑刀或端銑刀做徑向或軸向之直進切削時須要較粗的刃齒及較大的切屑槽。

4. 傾角

傾角依工件材料及銑刀材質而定。大多數的高速鋼銑刀製成正徑向傾角及軸向傾角。刀唇角必須有足夠的強度及吸收熱量。大螺旋角可以減少銑削的衝擊，使銑削面平滑，對於動力的消耗及熱量的產生亦較少。

碳化物銑刀使用小傾角或負傾角。因為碳化物有很高抗摩擦及抗壓強度，伴著較低的刃口強度，刀唇角應儘量大，通常超過90°。

表6.15示銑削各種材料之銑刀傾角。

表6.15　銑刀傾角

單位：度

銑刀材質	高速鋼		燒結碳化物	
銑削材料＼傾角	徑向	軸向	徑向	軸向
鋼	＋5～＋20	0～＋52	－15～＋5	－10～＋20
鑄鐵	＋5～＋20	0～＋52	0～＋10	－10～＋20
鋁、鎂、非金屬	＋10～＋20	0～＋52	＋5～15	0～＋30

註：軟材料使用較大的徑向傾角。
硬材料使用較小的徑向傾角。
薄銑刀使用零或小的軸向傾角。
寬銑刀使用較大的軸向傾角。
燒結碳化物常限於使用更中等的軸向傾角。

5. 讓角

讓角受銑削工件材料的影響比受銑刀材質更大。它亦受銑刀直徑及每刃齒進給而定。在主切刃口必須足夠的讓角使刀背跟避免摩擦工件，但要使刃口具有足夠的強度以適合工件材料的硬度。次切刃口之讓角爲主切刃口之1/4～1/2。

小直徑的銑刀及端銑刀之讓角比他種銑刀較大，其刀背亦比大直徑的銑刀較窄。若銑削時銑刀產生過度的磨耗及熱量可能是讓角太小，若產生顫震則爲讓角太大。

表6.16示銑刀讓角。

表6.16　銑刀讓角

單位：度

銑刀材質	高速鋼		燒結碳化物	
銑削材料＼讓角	圓周或端刃口	側刃口	圓周或端刃口	側刃口
鋼	5～10	1～4	4～6	1～4
鑄鐵	5～10	1～4	4～6	1～4
非鐵、非金屬	7～12	1～4	5～10	1～4

6.6　銑刀之使用與收藏

銑刀在一般刀具中是比較昂貴，重新研磨刃齒亦較爲費時，經常要注意保養維護，以保持銑刀的最佳切削能力。

1. 銑床之床台應以木板覆蓋，再放置銑刀，以免撞傷刃口。
2. 裝置或卸下銑刀時，刃齒須用破布包住以免撞傷。
3. 使用時，銑刀迴轉方向要正確，否則刃齒易磨損。

4. 銑刀用畢，要檢查刃口是否磨鈍或損壞，如有磨鈍或損壞需送工具室研磨。
5. 收藏銑刀要防止生銹，並裝於木盒中，銑刀不要相疊以免撞傷刃口。
6. 磨損或破壞的銑刀要儘量修補，或改做其他適當的工作，不要輕易丟棄。

習題 6.1

1. 試述銑刀主要部位名稱？
2. 試述銑刀刀唇角之功用？
3. 試述銑刀間隙角之功用？
4. 試述銑刀切屑槽之功用？
5. 試寫出刀軸型銑刀之種類？
6. 試寫出依銑削性質，平銑刀之種類？
7. 試寫出依刃齒的形狀，側銑刀之種類？
8. 試述側銑刀、角銑刀之功用？
9. 試述銑割銑刀、型銑刀之功用？
10. 試寫出刀柄型銑刀之種類？
11. 試述端銑刀、T 型槽銑刀之功用？
12. 試述鳩尾型槽銑刀、半月型鍵銑刀之功用？
13. 試述二刃與四刃端銑刀銑削之特性？
14. 試述面銑刀銑削平面之特性？
15. 試寫出設計銑刀應考慮的因素？
16. 試述設計銑刀的直徑應考慮的因素？
17. 試述設計銑刀的切屑槽應考慮的因素？

18. 試述設計刀軸型銑刀應考慮的因素？
19. 試述銑刀使用與收藏應注意事項？

7 製齒刀具

CUTTING TOOLS

齒輪在今日機械工業中佔了極為重要的地位，許多機構的傳動系統及變速系統都是使用齒輪以傳送動力、變化傳動速比、變換傳動方向等。故齒輪種類極為繁多，其製齒刀具之造形、結構等設計製造的種類也是繁多複雜。

齒輪之齒形分為擺線(cycloid)及漸開線(involute)等兩種曲線。擺線齒形由內擺線及外擺線所構成，製造較困難，傳動時壓力角隨時改變，較易產生振動及噪音。除在鐘錶或其他精密儀器中，欲囓合密緻且震動或衝擊較小之處使用擺線齒輪外，一般的機械傳動或衝擊力較大之動力傳達均選用漸開線齒輪。漸開線齒形只有一種曲線構成，製造較容易，互換性良好，傳動角速度正確。

製齒的方法分為成形式製齒法(forming system)及造形式製齒法(generating system)等兩大類。

成形式製齒法為使用與欲製輪齒曲線相同形狀之成形刀具切削齒輪。成形刀具有齒輪銑刀與齒輪拉刀等，刀具的刃形是依照被切削齒輪之齒槽形狀及大小仿製而成。因此，由成形刀具切削齒形的精度主要取決於刀具的刃形精度。齒輪銑刀在銑床上銑製外齒輪，齒輪拉刀在拉床上銑製內齒輪。

造形式製齒法假設齒輪胚係以軟臘等之可塑物製成，並將與坯料正確嚙合之齒輪或齒條置放一邊，齒輪或齒條與齒輪胚之距離必須正確，然後將兩者以一定速度旋轉之，則齒輪胚之周圍產生理論上正確之齒形。實際上，齒輪胚爲金屬材料，齒輪或齒條不可能將其壓成齒形，因此在齒輪或齒條上附以刃口，一方面向齒輪胚之軸向做往復運動，另方面做徑向進給，即可在齒輪胚上銑削齒形。造形式製齒法製成之輪齒精度甚高又能製成特殊形之輪齒。

造形刀具有齒輪滾齒刀與插齒刀等，切削輪齒時刀具除作主運動外，並應與工件作相當於一對齒輪在嚙合時的造形運動。齒輪的齒形是由刀具的刀刃在造形運動中以若干次切削所包絡而成的。因此，刀具的刃形不與被切齒槽的形狀相似。一般造形刀具製成之齒輪精度甚高，並能製成特殊形之齒輪，而且一支刀具可以切削模數相同而齒數不同的齒輪，故造形刀具的通用性較廣。

7.1 齒輪銑製用刀具

1. 齒輪銑製之原理與應用

   齒輪銑製所用之切削刀具是齒輪銑刀(gear cutter)。銑製齒輪通常以銑床裝置分度頭(index head)，齒輪胚夾於分度頭上，齒輪銑刀安裝於銑床心軸，如圖 7.1 示。當銑刀銑製一個齒槽後，齒輪胚經分度到次一齒槽切削位置後，再銑製一個齒槽，如此依次銑製每一齒槽，終於形成一個完整的齒輪。

圖 7.1　成形式製齒法——齒輪銑製

齒輪銑製可應用於正齒輪、螺旋齒輪、直斜齒輪等之粗製與光製。唯實際上，此法通常限於產製變換之齒輪或小批產量、粗製與光製粗周節之齒輪、及光製細周節特種齒形之齒輪。

銑製正齒輪時，由於銑刀軸與齒輪軸成 90°，銑刀軸含於齒輪之横向平面，銑刀刃齒通過此平面時，齒形即被光製，故銑刀刃齒之形狀即複製於齒輪。

銑製螺旋齒時，銑刀軸通常裝於齒輪之螺旋角位置，銑刀刃齒通過輪齒間中心之法線面，所有光製齒廓上之各點完全於不同之平面，故銑刀刃齒之形狀不能複製於齒輪。除調定螺旋角外，銑刀直徑亦影響輪齒之形狀，於設計銑刀時須正確地考慮。

依理論言，爲銑製正確的輪齒，齒輪銑刀之刀刃形狀須完全符合於該齒輪之齒數。唯該齒輪銑刀並非僅限於銑製該齒輪之齒數，實際可銑製某範圍之齒數，因該範圍齒形之小誤差可以容許。

2. 漸開線齒輪銑刀各部位的名稱

漸開線齒輪銑刀可分為刀身、刃齒、刀軸孔等三個主要部位，如圖 7.2 示。刀身為齒輪銑刀本體；刃齒為銑製齒輪，包括楔角、傾角、讓角、刃齒槽、刃齒槽深度等；刀軸孔有鍵槽安裝於銑床刀軸。

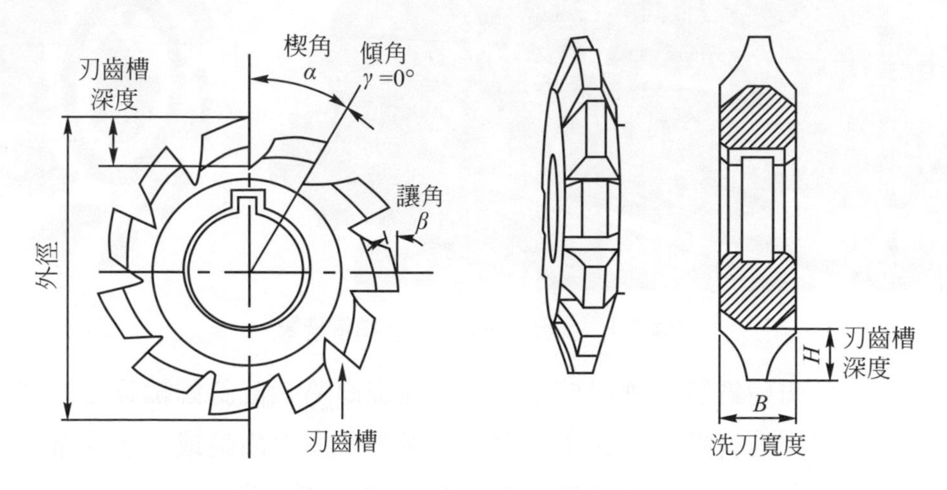

圖 7.2 漸開線齒輪銑刀各部位名稱

3. 漸開線齒輪銑刀分類

齒輪銑刀係以壓力角 14 1/2 或 20°漸開線齒輪標準系統製造，刃齒為徑向齒面(radial face)磨銳，及鏟齒(backed-off)未磨製之漸開線齒形。

一般齒輪銑刀可銑削 1DP 至 48DP 或 0.5M～25M 齒輪，如欲銑削 48DP、64DP、80DP 之齒輪則選用特製的銑刀。兩大小齒輪囓合時，小齒輪之輪齒形狀更成“曲線”與大齒輪之齒形不同，故銑削齒輪時要選擇合適的徑節及齒輪之銑刀。因此同徑節之成套銑刀的形狀均稍有不同，以便銑製的任何齒數之齒輪均能相囓合。

同徑節的齒輪銑刀常製成 8 種的形狀，即同徑節之銑刀一套有 8 支，自 1 號至 8 號表示。1 號銑刀之齒廓曲線幾乎為直邊；隨號數之增加，齒廓曲線漸增，如圖 7.3 示。因齒輪之囓合必須有相同的周節，而銑刀的號數僅使齒輪囓合更為正確。若經常需要較高精度之齒形，則採用"半號"之齒輪銑刀。故齒輪銑刀另加 7 個"1/2 號數"，做成一套 15 支銑刀。

表 7.1 示漸開齒輪銑刀銑削齒數範圍。

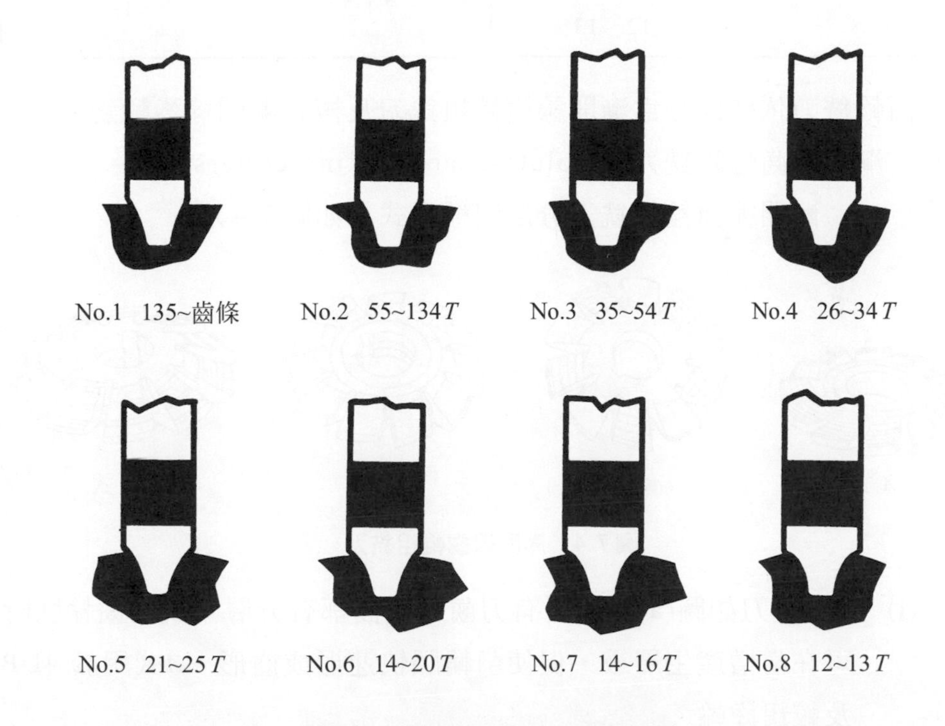

圖 7.3 漸開線齒輪銑刀齒廓曲線

表 7.1 漸開線齒輪銑刀銑削齒數範圍

銑刀號數	銑削齒數範圍	銑刀號數	銑削齒數範圍
1	135～齒條	1 1/2	80～134
2	55～134	2 1/2	42～54
3	35～54	3 1/2	30～34
4	26～34	4 1/2	23～25
5	21～25	5 1/2	19～20
6	17～20	6 1/2	15～16
7	14～16	7 1/2	13
8	12～13		

齒輪銑刀依結構分爲漸開線齒輪粗銑刀及複式漸開線齒輪銑刀。

1. 漸開線齒輪粗銑刀(involute-gear stocking cutters)

漸開線齒輪粗銑刀分爲四種型式，如圖 7.4 示。

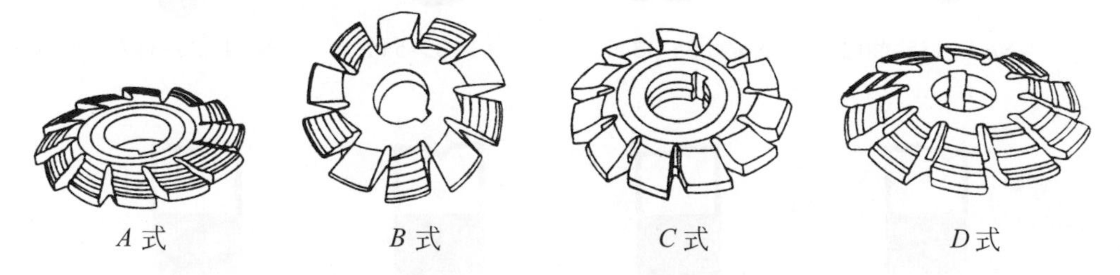

圖 7.4 漸開線齒輪粗銑刀

(1) *A*式銑刀如圖(a)示，所有刃齒之兩面都有分層，銑削齒輪胚時可在齒槽產生層級，促使齒輪胚快速形成齒形。*A*式用於 4DP 及較粗齒輪。

(2) *B*式銑刀如圖(b)示，每隔刃齒面交替具有分層面及光滑齒廓面，使在切削光滑齒面時提供斷屑器之優點。*B*式用於 4 至 10DP 齒輪。

(3) *C*式銑刀如圖(c)示，每個刃齒面均為光滑齒廓面，用於 10DP 及較細齒輪。

(4) *D*式銑刀如圖(d)示，具有三個分層面及二個層面交替於每隔刃齒面，用於粗周節齒輪，常採用正傾角。

2. 複式漸開線齒輪粗銑刀(mulitple-type involute-gear cutters)

由兩支或三支裝成一組，形成二聯或三聯組以同時切削二齒或三齒，如圖 7.5 示。複式形齒輪銑刀為單目標銑刀，僅用於切削特定齒數而設計。

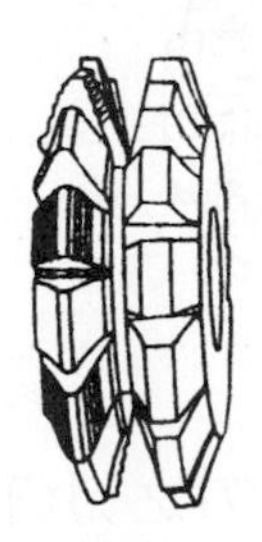

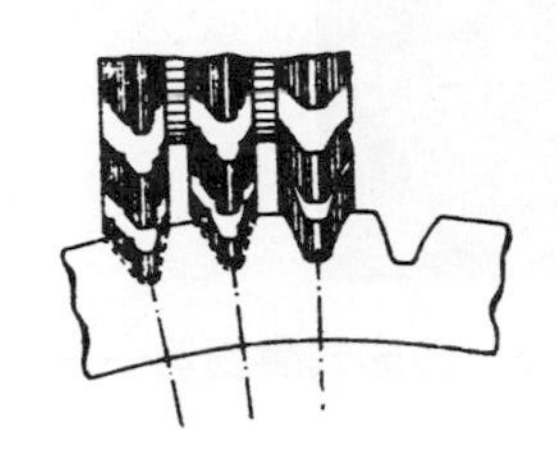

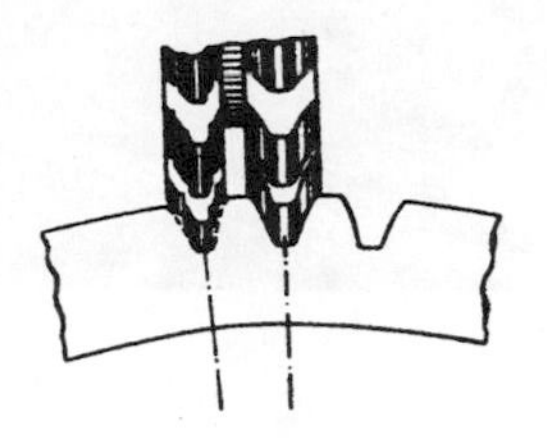

圖 7.5 複式漸開線齒輪銑刀

7.2 齒輪滾製用刀具

1. 齒輪滾製之原理與應用

齒輪滾製係應用造形式製齒法，所用之切削刀具為滾齒刀(hob)。輪齒之造形為一連續分度法，其中滾齒刀與齒輪胚之間轉動關係不變，同時滾齒刀連續進給進入工件於一定的深度，當滾齒刀一經進給橫過工件後，所有齒輪胚內之各齒完全加以成形，如圖 7.6 示。

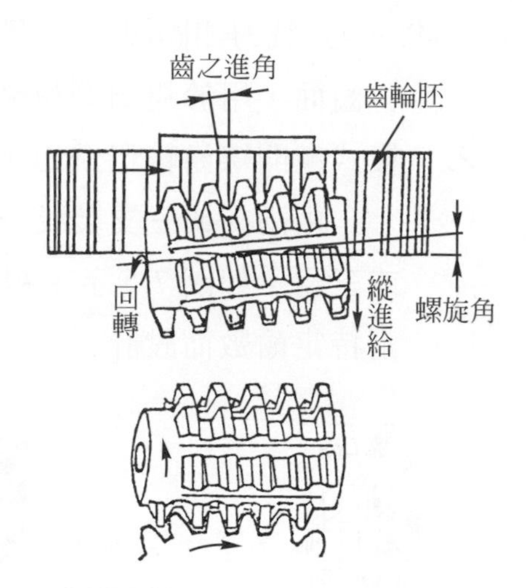

圖 7.6 造形式製齒法——齒輪滾製

圖 7.7 示齒輪滾齒刀與齒輪胚間之關係。滾齒刀之刃齒切削進入齒輪胚，於連續之次序與每個之位置略異，每個刃齒切削其自身之齒廓，依滾齒刀直線邊漸開線而變，但此直線邊切削之積聚在輪齒上產生曲線。

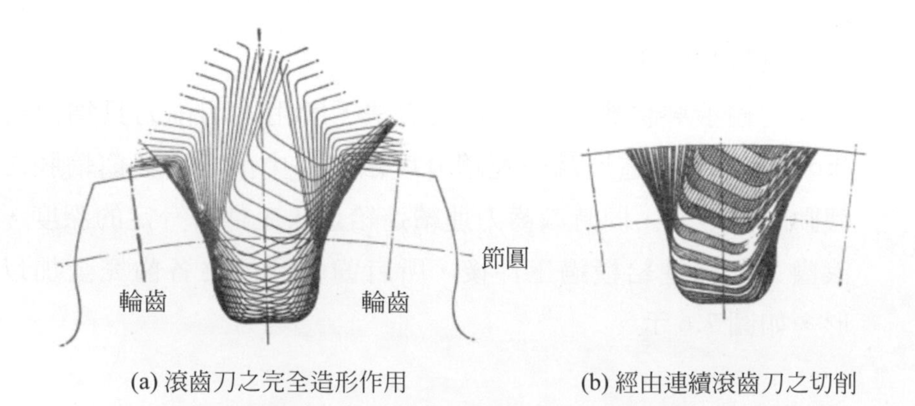

(a) 滾齒刀之完全造形作用　　(b) 經由連續滾齒刀之切削

圖 7.7 滾齒刀與齒輪胚間之關係

2. 滾齒刀各部位的名稱

滾齒刀用於滾製外齒輪、方栓槽、蝸桿，任一正齒輪或螺旋齒輪均可製造。滾齒刀可分爲刀身、刃齒、刀軸孔等三個主要部位，如圖 7.8 示。刀身爲滾齒刀、本體，刃齒包括刃齒厚度、刃齒冠、直線部份、壓力角、刃齒面、刃齒溝、導程角、節徑等，刀軸孔是使滾齒刀安裝於滾齒機主軸。

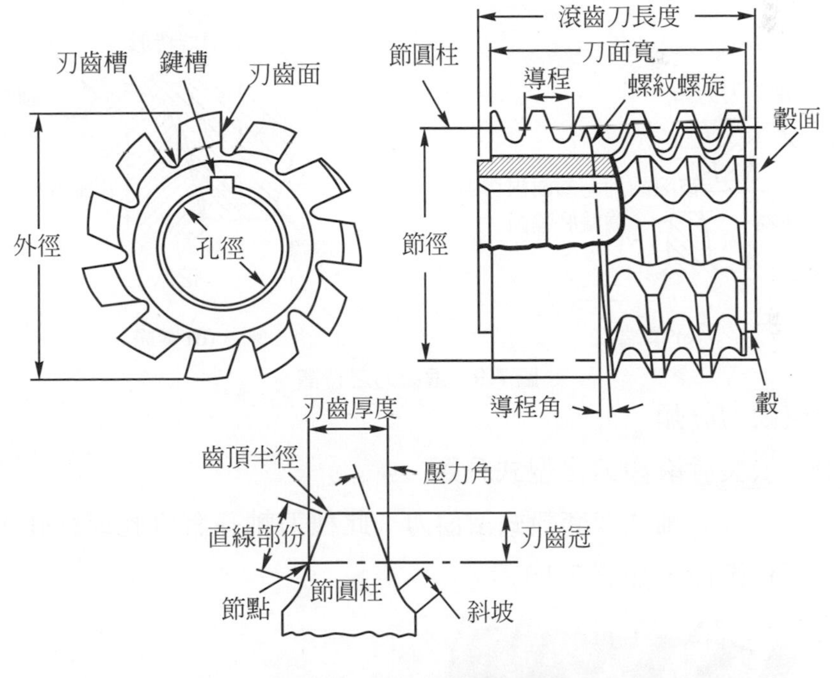

圖 7.8　滾齒刀各部位名稱

圖 7.9 示滾齒刀之特徵及滾齒後產生之齒廓，圖(a)示無頂端(non-topping)、圖(b)示半頂端(semi-topping)、圖(c)示頂端(topping)、圖(d)示突緣(protuberance)，均須限制於滾齒刀製造廠所標註之齒數範圍。

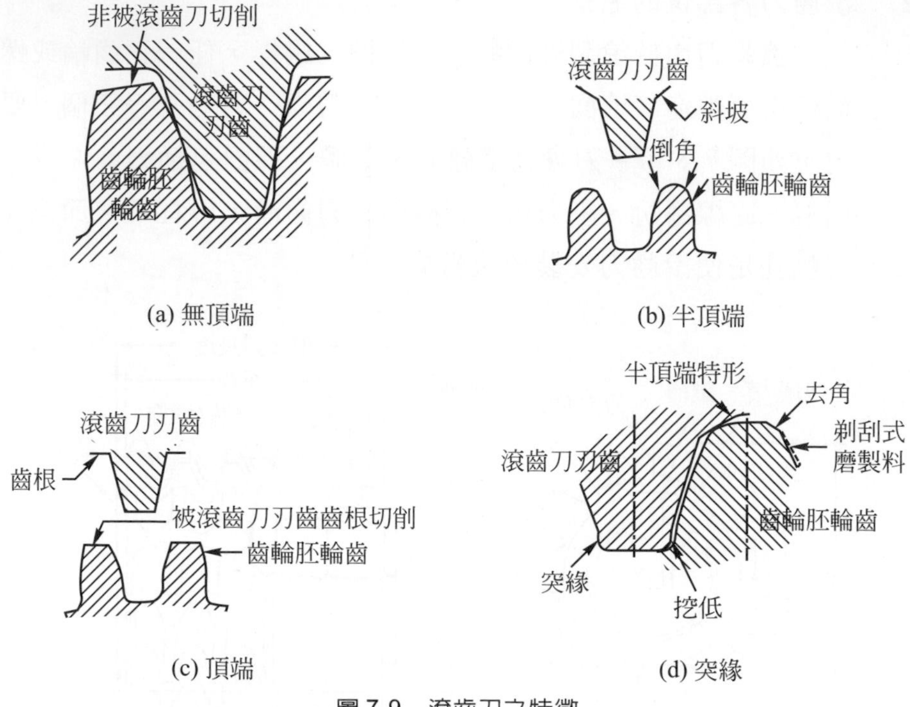

圖 7.9　滾齒刀之特徵

3. 滾齒刀分類

(1) 依裝置滾齒刀之型式分類

心軸式或套殼式滾齒刀：此種刀軸孔有直孔或錐孔，並附有鍵槽，如圖 7.10 示。

圖 7.10　心軸式齒輪滾齒刀

柄式滾齒刀：此種刀軸有直柄或錐柄，或附加套筒以配合滾齒機心軸或接頭，如圖 7.11 示。

圖 7.11　柄式蝸輪滾齒刀

⑵　依滾齒刀上螺紋數分類

單螺紋滾齒刀：此種滾齒刀形狀似一蝸桿，具一螺紋者稱爲單螺紋滾齒刀。

複螺紋滾齒刀：具多數螺紋滾齒刀。

滾齒刀之螺紋縱長加以深切，以形成一連串之刃齒。刃齒成斷續狀位於螺旋體上，與齒輪胚所製形狀成共軛，每刃齒作徑向讓角，以形成刃口後之間隙，容許齒面於修磨刃口時，能保持原刃齒之齒廓。

螺紋滾齒刀連同齒輪使用時，藉正確機械系統相互連接以求轉動。例如，某單螺紋滾齒刀用於滾製 30 齒之齒輪，滾齒刀之每轉須相當於滾齒中齒輪一齒之分度。故 30 齒齒輪做一轉時，滾齒刀需 30 轉。雙螺紋滾齒刀於 30 齒齒輪做一轉時將做 15 轉。

⑶　依公差分類

金屬切削刀具學會將滾齒刀分爲五種標準，此標準包括單數及複數滾齒刀。

① *AA*級超精密滾齒刀：僅限爲單螺紋滾齒刀。

② *A*級精密滾齒刀：爲最常用之精製滾齒刀，其中無接續道次。

③ *B*級商用磨製滾齒刀：用於光製及半光製，準備達於磨製或剃鉋。

④ *C*級商用磨製滾齒刀：最常用為半精製滾齒刀，準備達於磨製或剃鉋，用於精製之道次。

⑤ *C*級未磨製滾齒刀：於退火狀態藉鏟齒加以成形，然後熱處理。

(4) 依滾製齒輪之型式分類

① 漸開線齒輪滾齒刀(involute gear hob)具有直邊刃齒及20°壓力角，如圖7.10示。表7.2示單螺紋齒輪滾齒刀規格。

表 7.2 單螺紋齒輪滾齒刀規格

模數法　　　　單位：mm

模數(M)	直徑	刃齒總長	孔徑
1	50	50	22.225
1.25	50	50	22.225
1.5	55	55	22.225
1.75	55	55	22.225
2	60	60	22.225
2.25	60	60	22.225
2.5	65	65	22.225
2.75	65	65	22.225
3	70	70	26.988
3.25	70	70	26.988
3.5	75	75	26.988
3.75	80	75	26.988
4	85	80	26.988
4.5	90	85	26.988
5	95	90	26.988
5.5	100	95	31.75
6	105	100	31.75
6.5	110	110	31.75
7	115	115	31.75
8	120	130	31.75

表 7.2　單螺紋齒輪滾齒刀規格(續)

模數法　　　　單位：mm

模數(M)	直徑	刃齒總長	孔徑
9	125	145	31.75
10	130	160	31.75
11	140	175	38.1
12	150	190	38.1
13	160	200	38.1
14	170	210	38.1
15	180	220	38.1
16	190	230	38.1
18	210	250	50.8
20	220	270	50.8
22	230	300	50.8
25	250	320	50.8

徑節法　　　　單位：mm

DP	外徑	全長	內徑	DP	外徑	全長	內徑
24	50	50	22.225	5	95	90	26.988
22	50	50	22.225	4 1/2	100	95	31.75
20	50	50	22.225	4	110	110	31.75
18	55	55	22.225	3 1/2	115	115	31.75
16	55	55	22.225	3	120	130	31.75
14	55	55	22.225	2 3/4	125	145	31.75
12	60	60	22.225	2 1/2	130	160	31.75
11	60	60	22.225	2 1/4	140	175	38.10
10	65	65	22.225	2	160	200	38.10
9	65	65	22.225	1 3/4	170	210	38.10
8	70	70	26.988	1 1/2	190	230	38.10
7	75	75	26.988	1 1/4	220	270	50.8
6	85	80	26.988	1	250	320	50.8
5 1/2	90	85	26.988				

② 蝸桿滾齒刀(worm hob)：蝸桿滾齒刀常製成單螺紋，型式與齒輪滾齒刀相同，唯前端製成錐形，可減輕初滾削負荷，並與齒輪滾齒刀區別。與同節距之齒輪滾齒刀比較，其直徑較大以獲得較佳的精削或避免機器之干涉，溝槽亦較多，刃齒較窄以免拖曳已製成之蝸桿螺紋。

③ 蝸輪滾齒刀(worm gear hob)：蝸輪之滾製有徑向進給法及切線進給法。圖 7.12 示柄式蝸輪滾齒刀做徑向滾削，即滾削深度由齒輪胚周邊徑向進給。圖 7.13 示心軸式滾齒刀做切線滾削，滾齒刀設定於滾削深度，然後向齒輪胚切線進給。前端製成錐形爲粗刃齒，漸近精削端爲細刃齒。

蝸輪滾齒刀的螺紋數常與蝸桿的螺紋數相同。而前者節徑比後者稍大，做爲磨銳刃齒的裕度。裕度會改變及減少蝸桿與蝸輪的接觸面積。尤其是大導程角及深螺紋之滾齒刀更爲顯著。若蝸輪滾齒刀之節徑小於蝸桿者將使接觸不良。

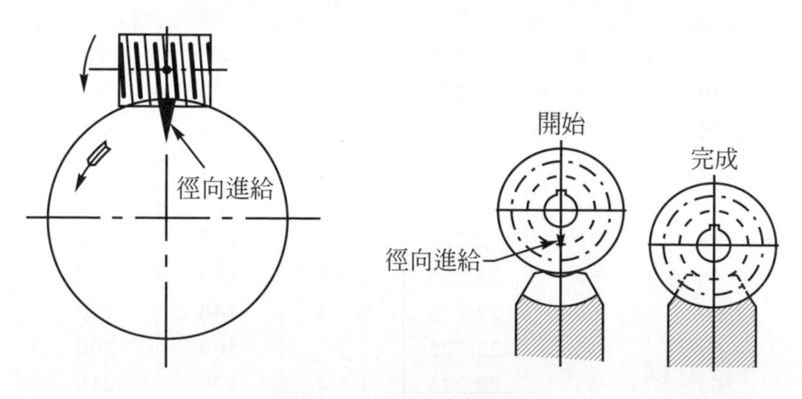

圖 7.12　徑向滾削蝸輪

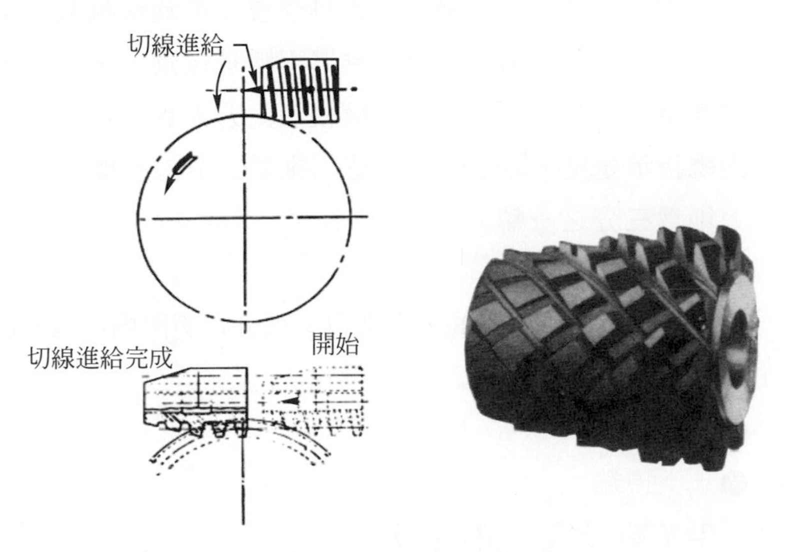

圖 7.13　切線滾削蝸輪

4. 滾齒刀設計考慮的因素

(1) 滾齒刀大小及傳動方式

滾齒刀的大小依螺距、刀柄、滾齒機、齒輪胚的大小而定。複螺紋滾齒刀之直徑較大，槽數亦較多，刃齒較小，故每刃齒之切削負荷較小。

滾齒刀大多製成心軸式，若心軸孔太大將會減弱滾齒刀強度，則用柄式。有時候，柄式滾齒刀可減少裝置之不正確。心軸式滾齒刀附有鍵槽裝於滾齒機心軸。若是鍵槽會減弱滾齒刀強度，則在刀端面製成離合器槽。柄式滾齒刀之傳動柄及導桿可爲直柄或錐柄。

(2) 滾齒刀精確度

滾齒刀的精確度依製造公差而定。滾齒刀可以磨製(ground)或未磨製(unground)，磨製者比未磨製者的精度較高。

滾齒刀公差由金屬切削刀具學會及美國齒輪製造業協會訂定。大多數滾齒刀附保證檢驗導程變量線圖。導程變量係指任何某軸向節距中，測定某單螺紋滾齒刀沿實際螺旋動路一迴轉內總指示變量。若二螺紋滾齒刀則爲二分之一轉，三螺紋滾齒刀則爲三分之一轉。

(3) 滾齒刀刃齒形狀

漸開線齒輪之滾齒刀可取自下列分類範圍內所具有的特徵。

① 光製(可爲*A*、*B*、*C*級)

❶ 頂端

❷ 半頂端

② 半光製(可爲*A*、*B*、*C*級)

❶ 頂端

❷ 半頂端

❸ 突緣式

❹ 剃鉋(shave)間隙之超深度

❺ 薄齒，留有磨製或剃鉋之材料

③ 預磨製(爲*C*或*D*級)

❶ 砂輪間隙之超深度

❷ 薄齒，留有磨製之材料

❸ 若意欲之突起式

④ 粗製(爲*D*級，多導程滾齒刀)

❶ 薄齒，留有半光製或光製其次道次之材料

(4) 滾齒刀材料

滾齒刀大多由高速鋼製成，製造業對於高速鋼之化學成分與熱處理均具極度嚴密之控制。由於齒輪胚有使用較高硬度材

料的趨勢，因此使用特殊高速鋼做滾齒刀漸增以延長刀具壽命。但選用時必須愼重考慮，因其價格昂貴，有時候磨銳困難。易磨性對於滾齒刀之製造爲不可或缺。鉬鉻鋼料內釩百分率減少時，易磨性減少。

端焊碳化物滾齒刀限於滾削低強度、非鐵或非金屬工件材料。若滾削鋼或鑄鐵的齒輪胚即不適宜亦不經濟。

7.3 齒輪鉋製用刀具

1. 齒輪鉋製之原理與應用

齒輪鉋製是依兩齒輪相互囓合之原理鉋製輪齒的方法，一個是刀具裝於刀軸，另一個是齒輪胚裝於工作台心軸，兩軸各由獨立指度蝸桿及蝸輪傳動，並由變換齒輪連接以維持刀具之刃齒與齒輪胚之輪齒間的正確比例。

鉋製齒輪時係由模造造形法(molding generating process)，刀具與齒輪胚均緩慢地旋轉，刀具主軸由導路控制運動路徑使刀具做往復運動，自齒輪胚切除材料而產生輪齒，如圖 7.14(a)示，輪齒位於基圓自該產生漸開線者內側之部份。圖(b)爲經由齒輪鉋製機刀具而產生輪齒形狀。刀具刃齒較長於齒輪輪齒，以便製成必須齒間。齒間係由刀具刃齒於其滾動齒間時所獲得之連續位置。其鉋製之切削最重部份在於到達全齒深以後，持續於齒腹與內圓角處；最輕之切削在於輪齒之漸開線部份。

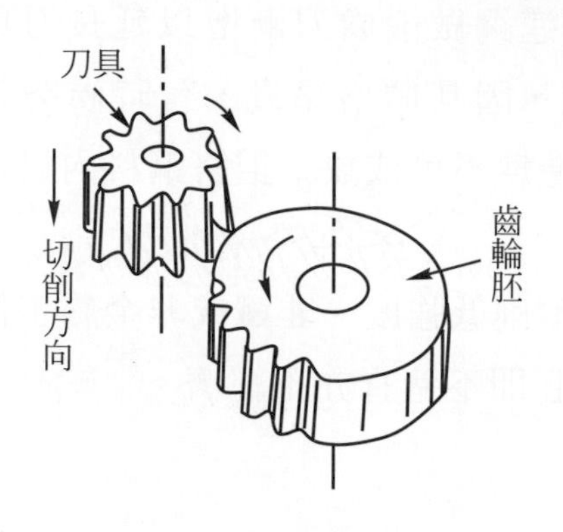

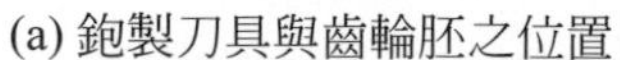
(a) 鉋製刀具與齒輪胚之位置

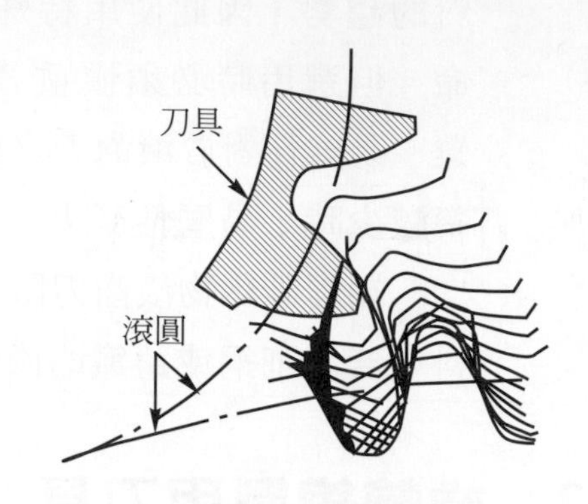

(b) 鉋製刀具之造形作用

圖 7.14　齒輪鉋製法

齒輪之成形爲造形法者，所用刀具係一小齒輪式之刀具。滾製法採用一蝸桿形之刀具。通常滾齒刀形成之輪齒限於圓形齒輪胚，但此法適用於產製輪齒於彎曲表面幾乎達於任何之數學函數者。

齒輪之鉋製法用於鉋製外接與內接正齒輪、螺旋齒輪、人字齒輪、外接與內接棘輪、分段齒齒輪、弓形齒輪、橢圓齒輪、正面齒輪、蝸桿螺紋、齒條等。

2. 齒輪鉋製刀具各部位的名稱

正齒輪鉋製刀具可分爲刀身、刃齒、刀軸孔等三個主要部位，如圖 7.15(a)示。刀身爲鉋製刀具本體，刃齒包括磨銳角、外邊角等，刀軸孔是使刀具安裝於鉋齒機主軸。

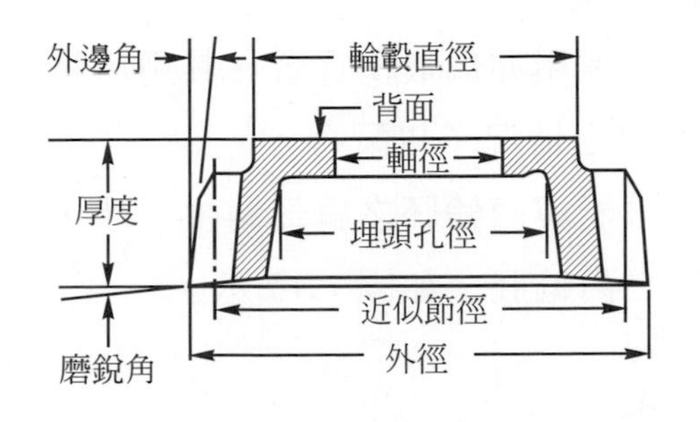

(a) 正齒輪鉋製刀具

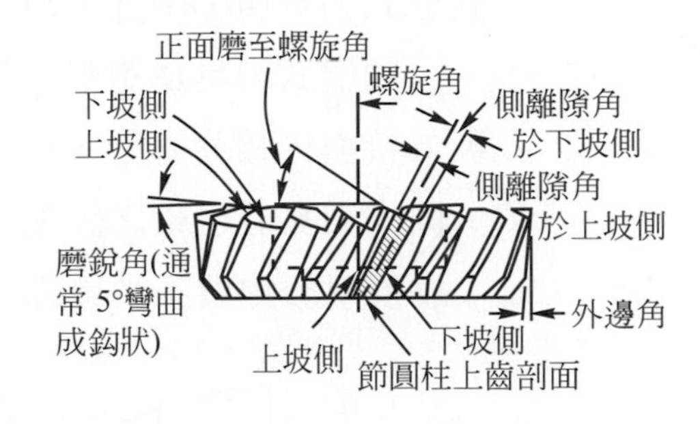

(b) 螺旋鉋製刀具

圖 7.15　齒輪鉋製刀具各部位名稱

3. 齒輪剃鉋刀具分類

鉋製刀具爲高度可轉性之工具，能以同一刀具在某種情況下，製造配合之外接、內接及齒條之齒形。如附有鄰接肩部之齒輪或人字齒輪均特別適合於鉋製法。低、中產量之內接齒輪均以鉋製法，對於高產量之內接齒輪通常以拉製法。

普通所用之齒輪鉋製刀具分爲圓盤式、深埋頭孔式、輪轂式、柄式，如圖 7.16 示。

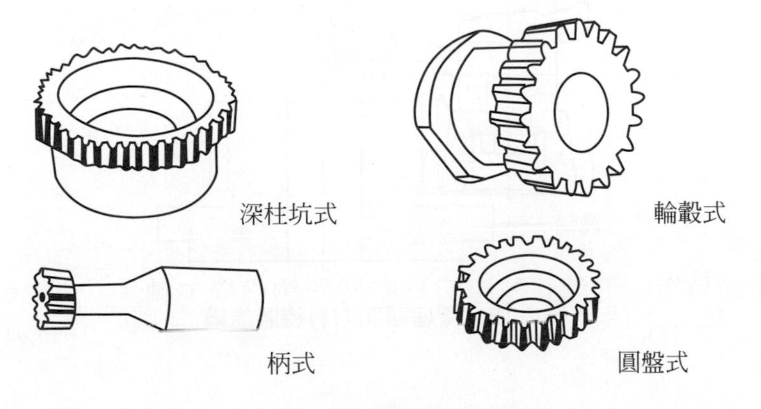

圖 7.16　齒輪鉋製刀具

⑴ 圓盤式刀具(disk-type cutter)

圓盤式刀具為鉋製刀具中最常用亦為最便宜者。其用於鉋製外接與內接齒輪時，尚須下列之情況予以配合：

① 固定刀具於心軸之夾緊螺帽可能與齒輪胚之肩部發生干涉，故須用於鉋製不受肩部干涉之齒輪胚，如圖 7.17 示。

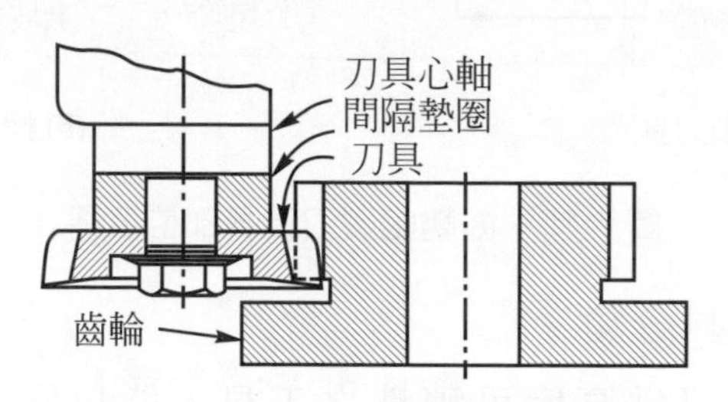

圖 7.17 圓盤式鉋製刀具鉋製齒輪

② 固定齒輪胚之夾具亦須特予設計，以離開刀具之夾緊螺帽。

⑵ 深埋頭孔式刀具(deep-counterbore cutter)

深埋頭孔式刀具使夾緊螺帽不與齒輪胚之肩部發生干涉，如圖 7.18 示。

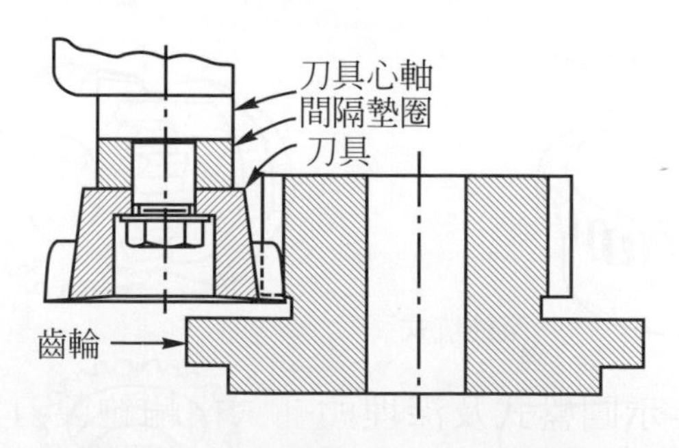

圖 7.18 深埋頭孔刀具鉋製齒輪

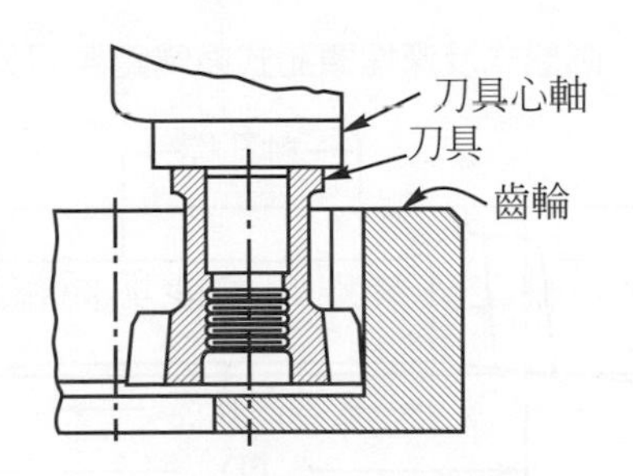

圖 7.19　輪轂式刀具鉋製齒輪

⑶　輪轂式刀具(hub-type shaper cutter)

輪轂式刀具主要鉋製內齒輪，其直徑受限制，常較心軸為小，如圖 7.19 示。

⑷　柄式鉋製刀具(shank-type shaper cutter)

柄式刀具主要鉋製小型內齒輪，直徑頗小，柄部可為直柄或錐柄，刀具總長依齒輪胚之寬度而異，如圖 7.20 示。

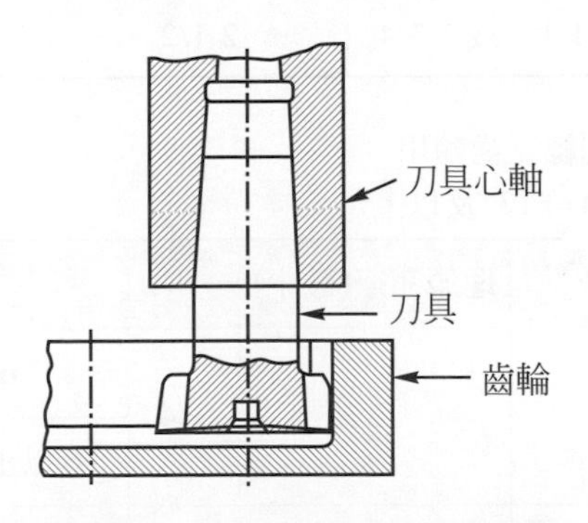

圖 7.20　柄式鉋製刀具鉋製齒輪

表 7.3 示圓盤式及深埋頭孔式齒輪鉋製刀具規格。表 7.4 示柄式齒輪鉋製刀具規格。

表 7.3 圓盤式及深埋頭孔式齒輪鉋製刀具規格

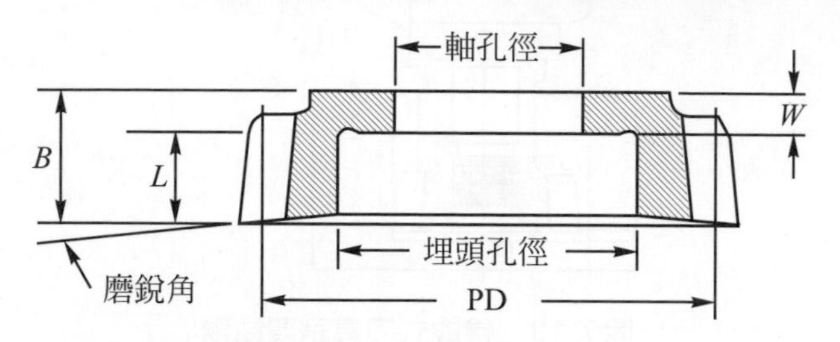

粗節距——粗削　　漸開線正齒輪用
6～12DP　　壓力角 13°及以上

刀具	PD	軸孔徑	埋頭孔徑(最小)	*W*	*B*	*L*
圓盤式	3	1 1/4	2	1/4	7/8	5/8
	3 1/2	1 1/4	2 3/8	3/8	1	5/8
	4	1 1/4 或 1 3/4	2 1/2	3/8	1	5/8
深埋頭孔式	3	1 1/4	2	3/8	1 1/2	5/8
	3 1/2	1 1/4	2 3/8	3/8	1 1/2	5/8
	4	1 1/4 或 1 3/4	2 1/2	3/8	1 1/2	5/8

粗節距——精削　　漸開線正齒輪用
6～19.999DP　　壓力角 13°及以上

<table>
<tr><th>刀具</th><th>PD</th><th>軸孔徑</th><th>埋頭孔徑(最小)</th><th>W</th><th>DP</th><th>B</th><th>L</th></tr>
<tr><td rowspan="6">圓盤式</td><td rowspan="2">3</td><td rowspan="2">1 1/4</td><td rowspan="2">2</td><td rowspan="2">1/4</td><td>6～16</td><td>7/8</td><td>5/8</td></tr>
<tr><td>16 以上～19.999</td><td>11/16</td><td>1/2</td></tr>
<tr><td rowspan="2">3 1/2</td><td rowspan="2">1 1/4</td><td rowspan="2">2 3/8</td><td rowspan="2">3/8</td><td>6～16</td><td>1</td><td>5/8</td></tr>
<tr><td>16 以上～19.999</td><td>7/8</td><td>1/2</td></tr>
<tr><td rowspan="2">4</td><td rowspan="2">1 1/4 或 1 3/4</td><td rowspan="2">2 1/2</td><td rowspan="2">3/8</td><td>6～16</td><td>1</td><td>5/8</td></tr>
<tr><td>16 以上～19.999</td><td>7/8</td><td>1/2</td></tr>
</table>

表 7.3 圓盤式及深埋頭孔式齒輪鉋製刀具規格(續)

粗節距——精削　　漸開線正齒輪用
6～19.999DP　　壓力角 13°及以上

刀具	PD	軸孔徑	埋頭孔徑(最小)	*W*	DP	*B*	*L*
深埋頭孔式	3	1 1/4	2	3/8	6～16	1 1/2	5/8
					16 以上～19.999	1 1/2	1/2
	3 1/2	1 1/4	2 3/8	3/8	6～16	1 1/2	5/8
					16 以上～19.999	1 1/2	1/2
	4	1 1/4 或 1 3/4	2 1/2	3/8	6～16	1 1/2	5/8
					16 以上～19.999	1 1/2	1/2

表 7.4 柄式齒輪鉋製刀具規格

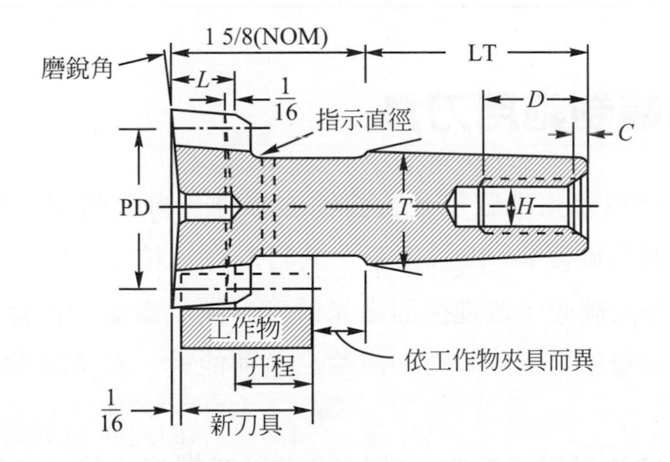

表 7.4 柄式齒輪鉋製刀具規格(續)

精密磨製
粗節距——精削　　漸開線正齒輪用
6～19.999DP　　壓力角 13°及以上

刀具	刀刃			刀柄					
	DP	PD	*L*	*T*	LT	TPF	*H*	*D*	*C*
錐柄式	6～9.999	1	1/2	1.062	2 1/4	0.6255	1/2"-13	1	1/8
		1 1/4&1 1/2	9/16						
	9.999 以上～16	1	7/16	1.062	1 1/2	0.6255	1/4"-20	13/16	1/4
		1 1/4&1 1/2	1/2						
	16 以上～19.999	1/2	5/16	0.700	1 1/2	0.5994	1/4"-20	5/8	1/8
		3/4&1	3/8						

7.4 齒輪剃鉋用刀具

齒輪剃鉋爲產生精確及光製齒輪之操作，自輪齒面切除小量之金屬，適用於齒輪硬度Rc 40以上者。其目的在於校正分度、螺旋角、齒廓與偏心度等之誤差，改進齒面之光滑度，減少齒輪之聲響，與消除使用時齒端負荷集中之危險，增加齒輪之負荷能量、安全因素、使用壽命等。

齒輪剃鉋法可應用於內、外接正齒輪或螺旋齒輪。由於儀器、機械、汽車、飛機引擎、輪船等之傳動系統趨向於更高速更複雜的設計，故齒輪之精密度要求愈高，利用齒輪剃鉋法益形重要。

1. 齒輪剃鉋法之原理

剃鉋刀具與欲光製之齒輪置於如同一對螺旋齒輪囓合之位置，並加少許推力使其旋轉，則兩齒面在其兩軸之共同垂線附近，如圖7.21示之P點。理論上以點接觸囓合，再隨旋轉在齒面平行方向上滑動，切削去除齒面上之切削痕跡及其他小凸起處，光製成光滑齒面。但是，僅在共同垂線P附近進行切削，而其他部份則逐漸切除不及，故須將齒輪向其軸方向作進給，使P全盤通過齒寬之部份。

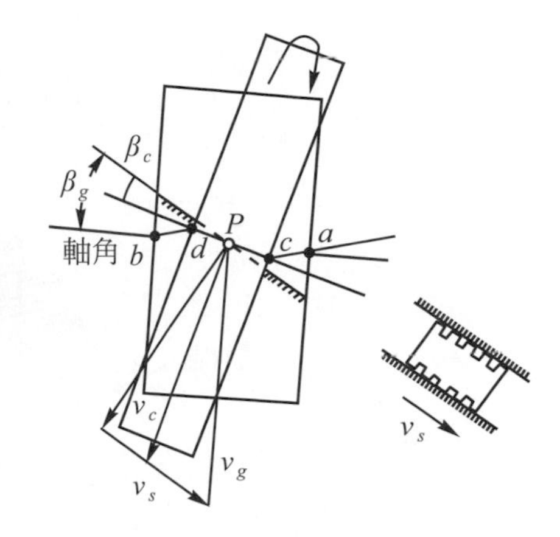

圖7.21 齒輪剃鉋法之原理

2. 齒輪剃鉋刀具各部位名稱

旋轉齒輪剃鉋刀具可分爲刀身、刃齒、刀軸孔等三個主要部位，如圖7.22(a)示。刀身爲剃鉋刀具本體，刃齒包括鋸齒缺口、鋸齒突起節距、鋸齒突起深度、間隙孔等，刀軸孔是使刀具安裝於齒輪剃鉋機主軸。

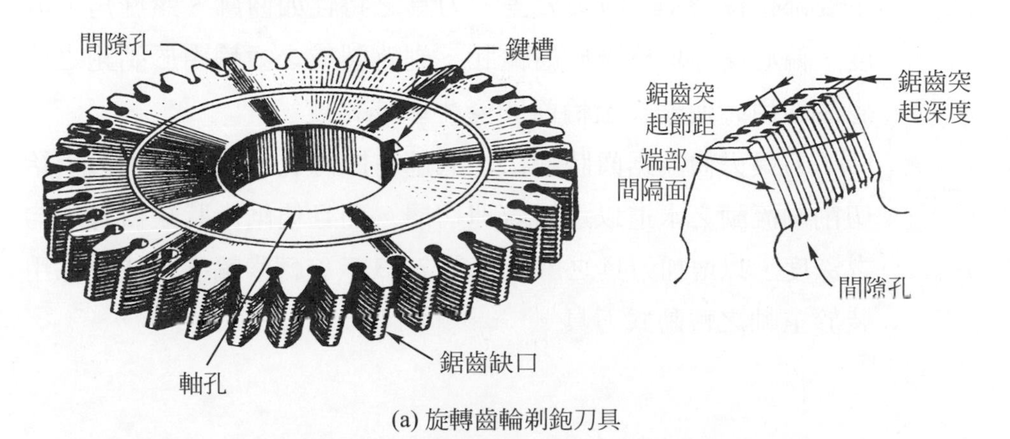

(a) 旋轉齒輪剃鉋刀具

圖7.22 齒輪剃鉋刀具各部位名稱

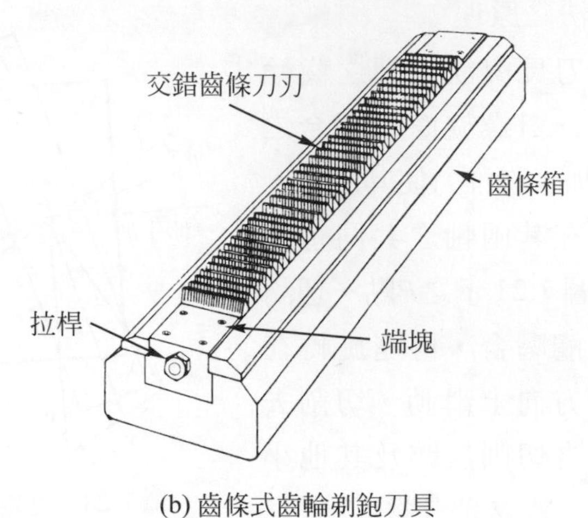

(b) 齒條式齒輪剃鉋刀具

圖 7.22　齒輪剃鉋刀具各部位名稱(續)

3. 齒輪剃鉋刀具分類

齒輪剃鉋刀具分爲旋轉式齒輪剃鉋刀具與齒條式齒輪剃鉋刀具。

⑴ 旋轉式齒輪剃鉋刀具(rotary gear shaving cutter)

旋轉式剃鉋刀具爲高精度硬化與磨製之造形刀具，其所有主要部位保持*A*與*AA*級公差。刀具之特性如齒廓、螺旋角、分度、偏心度等均移轉於齒輪胚。剃鉋製成之齒輪由於剃鉋之追逐齒作用，使輪齒至輪齒間產生較佳精度。

刀具刃齒爲鋸齒狀缺口，底部有間隙孔。間隙孔不但供給切削劑流動之水道以迅速處理切屑，而且使鋸齒狀缺口有均勻之深度，以增加刀具之壽命。圖 7.23 示旋轉齒輪剃鉋法，採用裝於主軸之轉動式刀具。

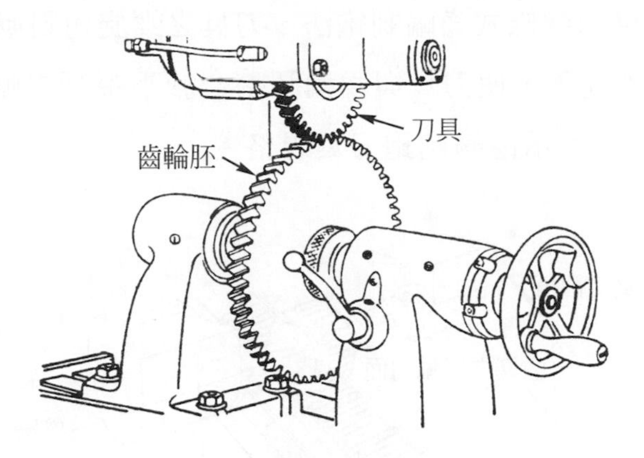

外螺旋齒輪剃鉋法

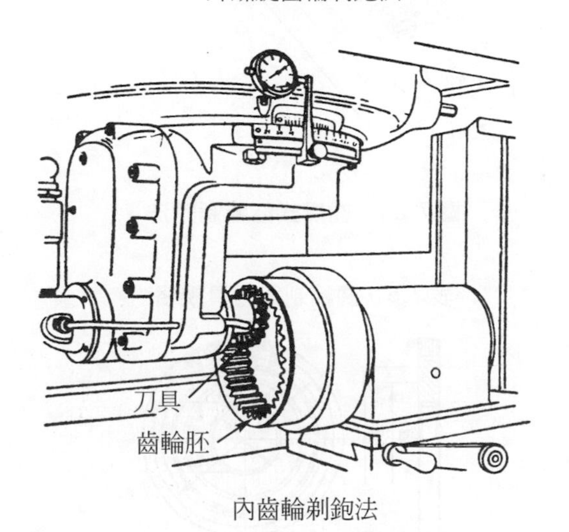

內齒輪剃鉋法

圖 7.23 旋轉式齒輪剃鉋法

⑵ 齒條式齒輪剃鉋刀具(rake gear shaving cutter)

齒條式剃鉋刀具為一系列之鋸齒狀刀片，鋸齒缺口之邊緣形成平行之刃口，每刀片之厚度等於齒輪之周節。齒條附有之刀片與垂直於齒條架相互平行者，用於光製螺旋角達至 60°的螺旋齒輪。若齒條調定架邊成斜角位置者，用於光製正齒輪。

圖 7.24 示齒條式齒輪剃鉋法，刀具之螺旋角對應於待剃鉋齒輪胚之螺旋角，使刀具與齒輪胚囓合於不平行之軸線。

表 7.5 示齒輪剃鉋刀具規格。

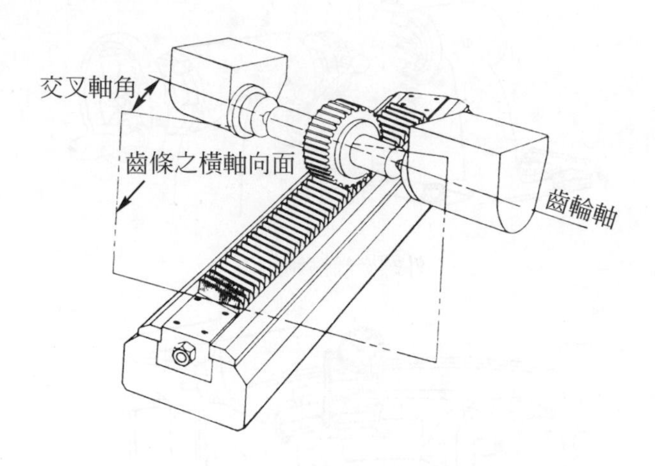

圖 7.24 齒條式齒輪剃鉋法

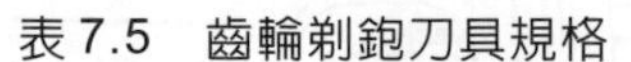

表 7.5 齒輪剃鉋刀具規格

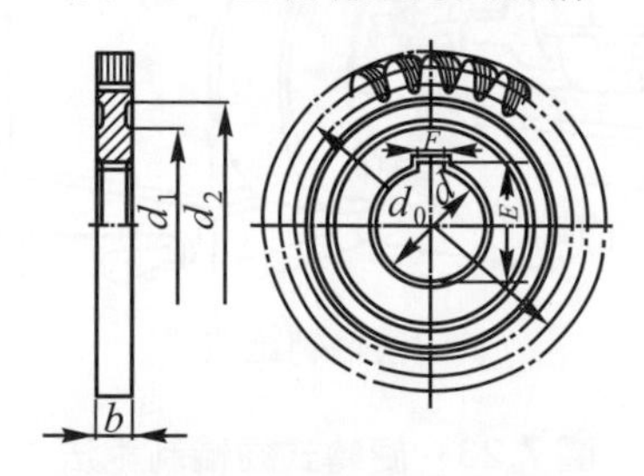

表 7.5 齒輪剃鉋刀具規格

材質：高速度鋼　單位：mm

模數(m_n)	節徑(d_0)約	$b^{(2)}$	d	E	F	參考		
						齒數	d_1	d_2
1.25 1.5 1.75 2 2.25 2.5 2.75 3 3.25 3.5 3.75 4	175	19.05 25.4	63.5	67.5	8	137 113 97 89 79 67 61 59 53 47 47 43	115	130
1.5 1.75 2 2.25 2.5 2.75 3 3.25 3.5 3.75 4 4.5 5 5.5 6	200	19.05 25.4	63.5	67.5	8	137 113 97 89 79 73 67 61 59 53 47 43 41 37 31	115	130

表 7.5　齒輪剃鉋刀具規格(續)

材質：高速度鋼　單位：mm

<table>
<tr><th rowspan="2">模數(m_n)</th><th rowspan="2">節徑(d_0)約</th><th rowspan="2">$b^{(2)}$</th><th rowspan="2">d</th><th rowspan="2">E</th><th rowspan="2">F</th><th colspan="3">參考</th></tr>
<tr><th>齒數</th><th>d_1</th><th>d_2</th></tr>
<tr><td>2</td><td rowspan="17">225</td><td rowspan="17">25.4</td><td rowspan="17">63.5</td><td rowspan="17">67.5</td><td rowspan="17">8</td><td>113</td><td rowspan="17">115</td><td rowspan="17">130</td></tr>
<tr><td>2.25</td><td>97</td></tr>
<tr><td>2.5</td><td>89</td></tr>
<tr><td>2.75</td><td>79</td></tr>
<tr><td>3</td><td>73</td></tr>
<tr><td>3.25</td><td>67</td></tr>
<tr><td>3.5</td><td>61</td></tr>
<tr><td>3.75</td><td>59</td></tr>
<tr><td>4</td><td>53</td></tr>
<tr><td>4.5</td><td>47</td></tr>
<tr><td>5</td><td>43</td></tr>
<tr><td>5.5</td><td>41</td></tr>
<tr><td>6</td><td>37</td></tr>
<tr><td>6.5</td><td>31</td></tr>
<tr><td>7</td><td>31</td></tr>
<tr><td>8</td><td>29</td></tr>
<tr><td>4</td><td rowspan="10">300</td><td rowspan="10">25.4
31.75</td><td rowspan="10">63.5</td><td rowspan="10">67.5</td><td rowspan="10">8</td><td>73</td><td rowspan="10">115</td><td rowspan="10">130</td></tr>
<tr><td>4.5</td><td>67</td></tr>
<tr><td>5</td><td>59</td></tr>
<tr><td>5.5</td><td>53</td></tr>
<tr><td>6</td><td>47</td></tr>
<tr><td>6.5</td><td>43</td></tr>
<tr><td>7</td><td>41</td></tr>
<tr><td>8</td><td>37</td></tr>
<tr><td>9</td><td>31</td></tr>
<tr><td>10</td><td>29</td></tr>
</table>

4. 設計齒輪剃鉋刀具考慮的因素

剃鉋刀具之設計爲一複雜之過程，有賴於經驗豐富者。通常刀具設計之無數的細節均由刀具製造廠予以指定。惟有數項基本因素，使用剃鉋法者須瞭解並領悟，以促成此光製法之最大效用。

(1) 內圓角(fillets)

剃鉋操作時，剃鉋刀具刃齒端部不可接觸齒輪根部之內圓角。若發生接觸，會引起刀具過度磨耗，漸開線齒廓的精確度受影響。剃鉋刀具光製輪齒時須達於其作用齒廓以下。因此內圓角的高度不可超過剃鉋刀具刃齒與齒輪胚輪齒間最低接觸點，如圖 7.25 示。

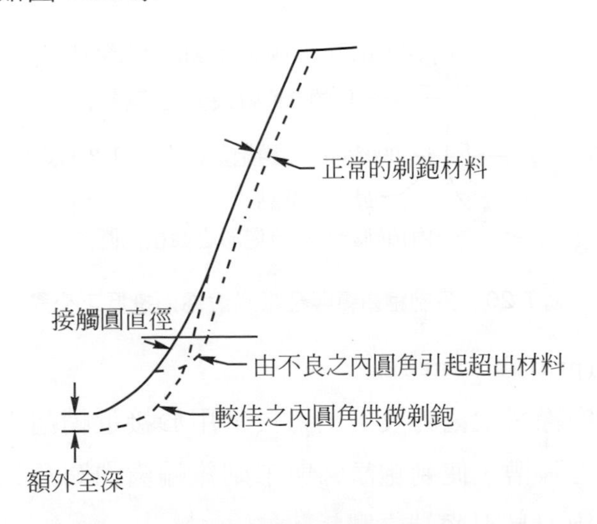

圖 7.25 避免剃鉋刀具與齒根內圓角之接觸法

以相同之切削深度言，鉋製刀具之內圓角比滾齒刀造形者較高，因此，鉋製機鉋製之齒輪比滾製之齒輪較深。1～19DP 鉋製機鉋製齒輪齒深爲 2.35/Pd。20DP 或更細者齒深爲(2.40/Pd)＋0.002"。在正常情況下，容許剃鉋刀具有充分之間隙。

採用全圓齒根內圓角時須添加全齒深。較適當的選用爲保持預剃鉋刀具漸開線(直線部分)相同之長度，及自該點決定刃齒端半徑之尺寸及額外深度，如圖 7.26 示。內圓角之形狀係由預剃鉋刀具之形狀所造形之齒形，如由滾齒刀或剃鉋刀具造形者，須說明刃齒端半徑或形狀。

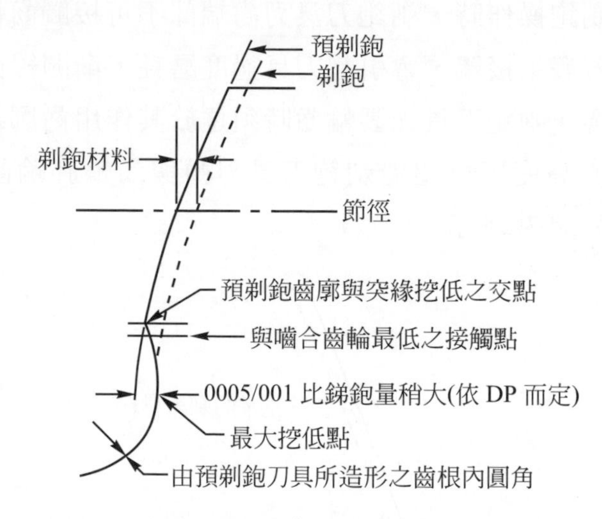

圖 7.26　預剃鉋齒廓與凸緣式滾齒刀挖低之交點

⑵　突緣(protuberance)

突緣式滾齒刀及剃鉋刀具常用於接近輪齒之底部產製輕微挖低之隙槽，使剃鉋齒廓與未剃鉋輪齒內圓角光滑接合，以減少剃鉋刀具刃齒端之磨耗。

標準滾齒刀及剃鉋刀具之設計，常在小齒數之齒輪造形時自然挖低。惟許多實例中，從優良齒輪設計的觀點，此挖低均爲過量。因此，凸緣式刀具甚少推介於齒數 20 齒以下及 20°壓力角之齒輪，或 30 齒及 14 1/2°壓力角者。

設計凸緣式刀具要遵守下列定則：

① 挖低量須根據嚙合齒輪之情況而定。

② 挖低量不可過量，以免輪齒脆弱。

③ 挖低須適當加以定位。

⑶ 剃鉋材料(shaving stock)

在預剃鉋齒輪時須有足夠的削除量以容許誤差之校正。若削除量太多時刀具壽命及工件精確度會很大的降低。

⑷ 凸肩齒輪(shoulder gear)

凸肩齒輪是一齒輪鄰接一大直徑元件者，於剃鉋操作時，凸肩限制刀軸與小齒輪交叉軸角。限制交叉軸角之因素包括：凸肩高度、凸肩直徑、兩齒輪面間的寬度、剃鉋刀具之直徑。爲使刀具之設計達至最有效者，交叉軸角最小要5°；若犧牲切削效率，可減至3°。

習題 7.1

1. 試述成形式(forming system)製齒法？

2. 試述造形式(generating system)製齒法？

3. 試述型銑刀銑製正齒輪之原理？

4. 試述滾齒刀滾製齒輪之原理？

5. 試述設計滾齒刀考慮的因素？

6. 試述齒輪鉋製刀具鉋製齒輪之原理？

7. 試述齒輪剃鉋刀具剃鉋齒輪之原理？

8. 試述設計齒輪剃鉋刀具考慮的因素？

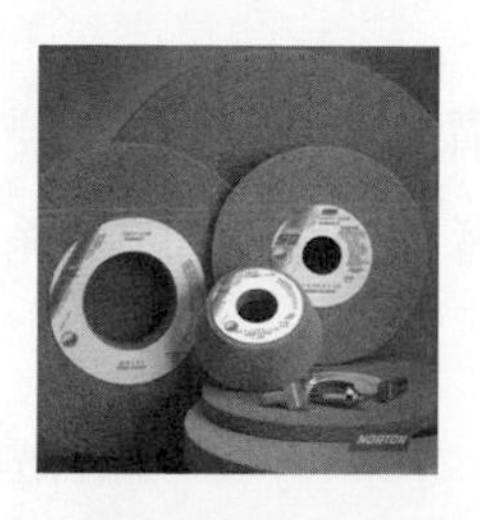

研磨砂輪

CUTTING TOOLS

磨削工作是金屬材料切削中常用的精加工方法之一。砂輪(grinding wheel)安裝於磨床主軸以高速迴轉磨除工件材料或刀具材料稱為磨削。因此，砂輪猶如銑刀等其他多刃刀具，由堅硬銳利之磨料以替代刃齒，每一磨料皆能發揮其切削功能而產生磨削作用。

砂輪係以高轉數、小切削深度、細進給等切削條件研磨加工，故其加工面平滑，粗糙度可達$1.6R_a$～$0.1R_a$，精度則為IT6～IT5。一般刀具難以切削的高硬度、高強度的工件材料，如淬火鋼、碳化物等都可用砂輪研磨切削之，亦可磨除鑄件的毛邊。

8.1 砂輪結構

砂輪係由無數的磨料以適當結合劑組合製成許多的形狀，猶如一支無數刀刃的刀具，其結構與銑刀很類似。

構成砂輪的三大要素爲磨料、結合劑、氣孔等，如圖 8.1 示，砂輪製造者對此三者的關係必須加以控制，以製成各種型式的砂輪。

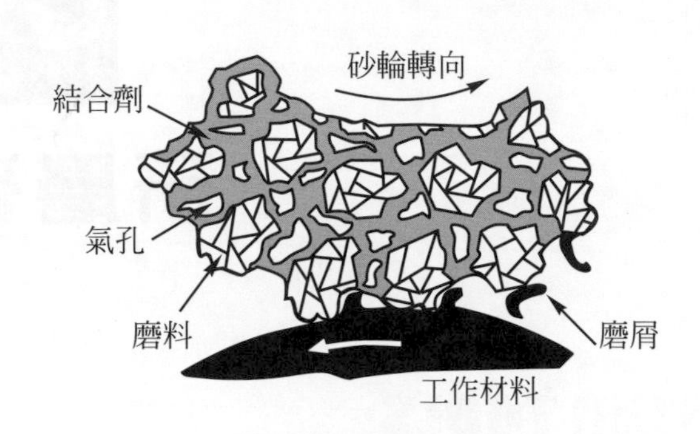

圖 8.1　砂輪之結構及磨削作用

1. 磨料(abrasive)：高硬度及銳利的多角形顆粒，相當於銑刀的刃齒，爲研磨工件之用。
2. 結合劑(bond)：黏結磨料製成各種形狀的砂輪，相當於銑刀的本體，安裝於磨床主軸。當砂輪在研磨工件時，結合劑能保持磨料在一起，遇到磨削阻力時能使磨料破碎，以維持磨料之銳利度。
3. 氣孔(pore)：可以減少磨料與工件間的接觸面積，相當於銑刀的切屑槽，可容納切削劑或切屑，以降低磨削熱量。

砂輪由於其製造材料與結構不同，具有其他刀具所未有的特點：

1. 磨料(刃齒)硬度極高，能磨削一般刀具不能切削的材料，如碳化物、淬火鋼等。
2. 磨料鈍化後會自行脫落而露出新磨料以維持磨削能力。
3. 同時以多刃齒(很多的磨料)及高速研磨工件表面可以產生很高的平滑度及精度。

8.2 磨料種類

磨料須具有高硬度、適當的韌性及破碎性，破碎部份要變得銳利，屬於大結晶或單結晶之極小粒度，以其對工件之磨擦或打擊作用做磨削或研削工作。磨料於高速旋轉中，暴露於高溫、高壓中，並受化學反應所致的變質損耗，故尚須化學安定性。磨料分爲天然磨料及人造磨料兩大類。

1. 天然磨料

　　天然磨料能製成砂輪而做研磨金屬之用者有金剛砂、鋼玉、及鑽石。

⑴ 金剛砂(emery)：爲鋼玉的不純物，含有Al_2O_3約 30～70 %，尚含矽砂及氧化鐵等，Mohs硬度8，比重3.7～4.3。其硬度、韌性及脆性均爲磨輪最適當者，爲金屬及玻璃之研磨用，是最早用做研磨工作的材料。

⑵ 鋼玉(corundum)：爲紅玉的不純物，含有Al_2O_3約90～99 %，並含有 Si、Fe_2O_3及水等，Mohs 硬度9，比重4。紅色透明者爲紅玉，青色透明者爲青玉，粒狀不透明者爲金剛砂。鋼玉可以做成砂輪或砂布，爲抗拉強度高的金屬研磨用。

⑶ 鑽石(diamond)：爲純粹之炭素，斷裂口呈介殼狀，Mohs硬度10，比重 3.5，爲礦物中最硬者，質脆。鑽石砂輪爲研磨極硬材料製成的刀具。

2. 人造磨料

　　由於人造磨料之製造技術進步，品質優良產量亦大，故今日工業用磨輪均使用人造磨料。人造磨料能製造砂輪而用途最廣者爲碳化矽及熔氧化鋁。

⑴ 碳化矽(silicon carbide)：主要原料爲矽砂和焦炭，補助原料爲鋸木屑及工業鹽，經電爐加熱溫度約 2200℃，鋸木屑燃燒成爲氣孔，工業鹽係除去雜質。其化學反應式如下：

$SiO_2 + 3C \leftrightarrows SiC + 2CO$

碳化矽磨料分爲 C 磨料及 GC 磨料等兩種。

C 磨料：碳化矽磨料呈黑色者稱爲 C 磨料，含 SiC 含量在 96％以上，Mohs 硬度 9 與鑽石硬度接近，比重 3.12～3.20，較其他磨料之比重爲低，此其所以最適於製造砂輪原因，因砂輪旋轉所生的離心力係與其質量成正比。碳化矽裡有熔融氧化鋁，熱傳導係數大，膨脹係數小，在研磨操作中，容易發散研磨所生的熱量，因此容易保持砂輪本身的強度。

GC 磨料：綠色的碳化矽磨料稱爲 GC 磨料，係將原料中的焦炭改用純粹炭素的石油焦炭，將矽砂改用純粹的矽，熔製後即可得到綠色的純碳化矽磨料。綠色碳化矽的性質與普通碳化矽大致相同。SiC 含量在 98％以上，結晶呈綠色，其韌性較普通碳化矽爲低，Mohs 硬度 9.5。

表 8.1 示碳化矽磨料成分。

表 8.1　碳化矽磨料成分

化學成分／含量％／磨料種類	SiC	Al_2O_3	Fe	CaO	S	游離 C	游離 Si	游離 SiO_2
C	96.41	0.31	0.22	0.21	0.09	2.64	0.08	0.32
GC	98.83	1.17	0.09	0.32	0.34	0.29	0.31	0.28

⑵ 熔氧化鋁(aluminum oxide)：主要原料爲礬土混以 10％左右的焦炭，在電氣弧光爐裡加熱至 2000℃熔融。原料裡的不純物

在電爐裡加熱後，由焦炭將 CaO、MgO 等還原熔融除去，將 SiO_2、Fe_2O_3等還原爲矽、鐵熔沉於爐底，此時氧化鋁結晶分離成爲錠塊。氧化物的還原順序爲

$Fe_2O_3 \rightarrow SiO_2 \rightarrow TiO_2 \rightarrow Al_2O_3$

熔氧化鋁磨料分爲 A 磨料及 WA 磨料等兩種。

A 磨料：熔氧化鋁磨料呈褐色及深褐色者稱爲 A 磨料，Al_2O_3含量在 96 %以上，Mohs 硬度 8～9，比重 3.85～4.00。

WA 磨料：白色的熔氧化鋁磨料稱爲 WA 磨料，係將 A 磨料放入純度高之石墨電極之電爐再行精製成白色結晶。WA 磨料含Al_2O_3 99.5 %以上，結晶呈無色透明，比重 3.92 以上，其韌性較 A 磨料爲低，硬度則較高，爲高級磨輪之用。

表 8.2 示熔氧化鋁磨料成分。

表 8.2　熔氧化鋁磨料成分

化學成分 / 含量% / 磨料種類	Al_2O_3	SiO_2	TiO_2	Fe_2O_3	CaO	MgO	MnO	Na_2O
A	96.69	0.65	2.14	0.24	0.07	0.18	0.03	－
WA	99.47	0.02	－	0.08	0.05	－	－	0.12

8.3 磨料選用

磨料的選用依磨削工件材料而定。若磨料的硬度及韌性與工件材料的性質適合，則磨料的磨削效率最好。一般實例中，若磨料的硬度相同而韌性不同，當用以磨削強韌的工件材料時，則選用韌性較大的磨料。若磨削韌性較小的工件材料時，則選用韌性較小的磨料，以使磨料刃尖磨鈍時可以連續再新生磨料刃尖。

一般選用磨料之法則為磨削抗拉強度高的工件材料，如各種鋼材等，選用熔氧化鋁磨料。抗拉強度低的工件材料，如黃銅、鋁等，選用碳化矽磨料。若使用熔氧化鋁磨料磨削低抗拉強度的材料則不適宜，因這些材料的韌性不夠強，不能將磨料顆粒磨碎，只能磨鈍，不能產生切削鋒刃，結果使砂輪填塞平滑或燒燬。

表 8.3 示人造磨料性質及用途。

表 8.3 人造磨料性質及用途

磨料	磨料性質	用途
A	硬而韌	磨削高抗拉強度的硬韌工件材料，如軟鋼、鍛鐵、硬鋼。
WA	韌性稍差	磨削特別強韌的工件材料，如高速鋼、高碳鋼。
C	硬而尖銳但不韌	磨削低抗拉強度的工件材料，如鑄鐵、黃銅、紫銅、鋁。
GC	極硬而脆	磨削特硬的工件材料及碳化物。

8.4 砂輪製造的性質

砂輪的粗細、軟硬、強度、磨削效率、使用壽命等受到磨料之粒度、磨料與磨料之間結合強度與組織等影響。

1. 粒度(grit)

   磨料經過選整之後，形成各種尺寸的顆粒和細粉稱為粒度。磨料大小以數字表示，若磨料通過每(25.4 公厘)^{2}內有 100 篩孔之最大磨料稱為 10 號的粒度，其直徑約 2.54 公厘；能通過 144 篩孔者稱為 12 號，依此類推。號數愈大表示磨料愈小，所製造的砂輪表面愈細，磨削時形成磨屑較小，所磨削表面較平滑。一般磨料之粒度可分為粗、中粗、細、極細等四大類。

   表 8.4 示磨料粒度分類及號數。

表 8.4 磨料粒度分類及號數

Carborundum 公司分類法

極粗	粗	中粗	細	極細	細粉
6 8 10 12	14 16 20 24	30 36 46 54 60	70 80 90 100 120	150 180 220 240	280 320 400 500 600

	Norton 公司分類法	JIS 分類法
粗	10 12 14 16 20 24	10 12 14 16 20 24
中粗	30 36 40 46 50 60	30 36 46 54 60
細	70 80 90 100 120 150 180	70 80 90 100 120 150 180 220
極細	220 240 280 320 400 500 600	240 280 320 400 500 600 700 800

2. 結合度(grade)

結合度是表示砂輪磨料顆粒的保持能力或砂輪的強度，普通稱爲砂輪硬度。此硬度非磨料顆粒的硬度，因顆粒硬度和砂輪本身硬度無關。一個砂輪可用很硬的磨料製成，但使用較小的磨削力即能使顆粒從結合劑上脫落，此砂輪仍是軟砂輪。若磨料顆粒和結合劑極強，能夠使顆粒抵抗磨削時壓縮力、剪斷力、衝擊力等，則此砂輪稱爲硬砂輪。

硬度適合的砂輪乃是顆粒磨鈍時新顆粒能自行露出繼續做磨削工作。硬度太軟的砂輪因顆粒脫落太快無法產生磨削工作。硬度太硬的砂輪則顆粒雖已磨鈍卻未脫落，使砂輪面被切屑阻塞，亦會失去磨削功能。此時應使用削整器將磨鈍的顆粒去掉，使鋒銳的新顆粒露出來使用。一般砂輪之結合度可分爲最硬、硬、中硬、軟、最軟等五大類。

表 8.5 示砂輪結合度表示法。

表 8.5 砂輪結合度表示法

Carborundum 法

結合度／符號／結合劑	最硬		硬			中硬					軟						最軟		
黏土	*D*	*E*	*F*	*G*	*H*	*I*	*J*	*K*	*L*	*M*	*N*	*O*	*P*	*R*	*S*	*T*	*U*	*V*	*W*
水玻璃			*F*	*G*	*H*	*I*	*J*	*K*	*L*	*M*	*N*	*O*	*P*	*R*	*S*	*T*	*U*	*V*	*W*
蟲漆			1	2			3	4	5			6	7	8	9				10
人造樹脂			3	4	5	6	7	8	9	10	11	12	13	14	15	16			17
橡膠			*B*	*C*	*D*		*E*	*F*											

Norton 法

結合度／符號／結	最軟		軟				中硬				硬				最硬			
黏土		*G*	*H*	*I*	*J*	*K*	*L*	*M*	*N*	*O*	*P*	*Q*	*R*	*S*	*T*	*U*	*W*	*Z*
水玻璃	*F*	*G*	*H*	*I*	*J*	*K*	*L*	*M*	*N*	*O*	*P*	*Q*	*R*	*S*	*T*			
蟲漆		1	1 1/2	2	2 1/2		3	4			5							
人造樹脂			1 1/2	2	2 1/2		3	4			5	6			7	8	9	10
橡膠				*R*2		*R*2 1/2	*R*3	*R*4			*R*5	*R*6			*R*7	*R*8	*R*9	

3. 組織(structure)

組織是表示磨料、結合劑、氣孔空間距離的關係，又稱爲砂輪之密度。砂輪組織情形以緊密、適中、鬆散等三種及數字表示，磨料之間隙大者稱爲稀，間隙小者稱爲密。

磨削時從工件上磨切下來的切屑粉末必須設法除去，否則這些粉末將影響砂輪的磨削效率。砂輪組織內的氣孔就是要擲掉這些粉末而設的，以免砂輪面被粉末所填塞。鬆散的氣孔可以讓切削劑在砂輪和工件接觸面間能夠充分流動，以排除切屑及降低磨削熱。

組織的另一意義是使砂輪的磨粒快速打碎而磨削快速，並延長削整後的使用時間。使用同一磨料顆粒製造的砂輪若其組織鬆散則所磨削的工件表面較粗，因此由砂輪組織之不同亦可以控制表面精度。圖 8.2 示砂輪組織鬆密情形。

表 8.6 示砂輪組織表示法。

(a) 緊密

(b) 適中

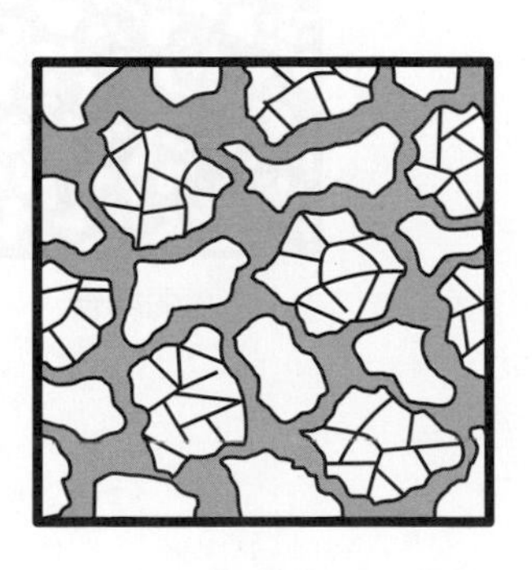

(c) 鬆散

圖 8.2　砂輪組織鬆密情形

表 8.6　砂輪組織表示法

Norton 分類法

組織 \ 號數 \ 符號	*C*	*M*	*W*
緊密	0 1 2 3		
適中		4 5 6	
鬆散			7 8 9 10 11 12

4. 結合劑

結合劑之於砂輪不僅是使砂輪磨料顆粒保持在一起，並且使砂輪在一定速度下安全旋轉而不會破裂。當每個顆粒磨鈍時，舊顆粒從結合劑上脫落，而新顆粒露出，以維持砂輪之磨削能力。

結合劑的種類可分爲無機質和有機質兩種。有機質結合劑製造的砂輪比無機質者富有彈性，可以薄至0.5mm，亦可以厚至如無心磨床砂輪之厚度。圖8.3示砂輪結合劑結合之強弱。

表8.7示結合劑之種類及符號。

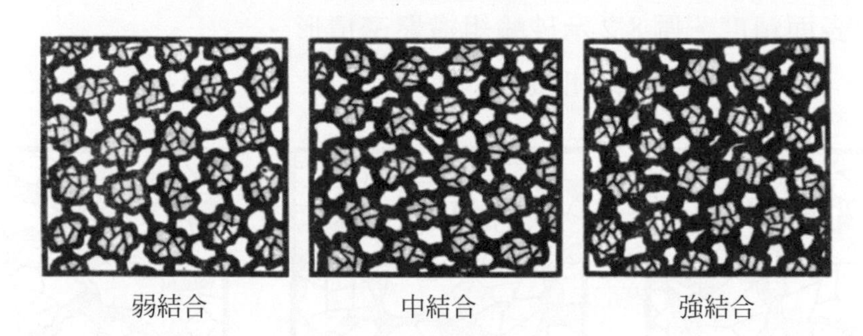

圖8.3　砂輪結合劑結合之強弱

表8.7　結合劑種類及符號

結合劑	黏土	水玻璃	蟲漆	人造樹脂	橡膠	金屬
符號	*V*	*S*	*E*	*B*	*R*	*M*

8.5　砂輪製法

砂輪係將磨料與結合劑混合加熱或以化學處理方法製成者。其製法依結合劑之種類分爲無機質之黏土燒結法、水玻璃燒結法；有機質之橡膠結合法、蟲漆結合法、人造樹脂結合法等。

1. 黏土燒結法(vitrified process)

黏土燒結法之結合劑是長石(feldspar)與耐火黏土或可熔性黏土。其製造過程頗似製陶瓷法，將磨料與長石黏土加以混合，先製成砂輪形狀，俟其乾燥後，放入窯中徐徐加熱至800℃即能熔融。繼續加熱至1300～1500℃，4至7日放窯中冷卻後取出，需時約一週至10日，取出後依規定尺寸正確加工即可使用。90％之砂輪係採用此法製成，粗細砂輪均可適用。黏土燒結法砂輪用於精密磨削、工具磨削、自由磨削等多方面用途。

黏土燒結法砂輪之優劣點如下：

(1) 優點：

① 結合劑的結合力強，磨料保持時間長，磨削力大。

② 砂輪面上多孔質，易使磨料刃尖顯露，不易為切屑填塞，磨削力強。

③ 不受酸、水、油、鹼、溫度等影響。

④ 結合度範圍廣，組織及硬度較均勻。

⑤ 燒結時的高溫可將不純物除去。

(2) 劣點：

① 製造費時，小型砂輪約3週，大型者約7週。

② 大型砂輪在爐內燒結容易損壞，對於900mm(36")以上的砂輪不適合。

③ 加熱時對砂輪結合度軟硬有時不易把握。

④ 缺乏彈性，不能製造薄砂輪。

2. 水玻璃燒結法(silicate process)

水玻璃燒結法之結合劑是矽酸鈉、矽石末、黏土粉。此種結合劑多與熔氧化鋁磨料混合加水製成砂輪形狀後，加熱至760℃即可熔固。水玻璃燒結法砂輪不適於發熱之工具及刀具之研磨。

水玻璃燒結法砂輪之優劣點如下：

(1) 優點：

① 燒結時間短(約20～80小時)。

② 製法簡單不易失敗。

③ 燒結溫度低(260°～300℃)對磨料性能損壞少。

④ 燒結時損壞較少，可製1500mm直徑之砂輪。

⑤ 在砂輪內部可加入鐵筋或鐵板，製成鐵心磨輪，以增強結合力。

⑥ 砂輪磨削時可溶出微量水玻璃之鹼性滑潤料，可防止磨削熱之發生，並使工件表面更為光滑。

⑦ 適合於單位時間內較多的磨削量使用。

(2) 缺點：

① 因低溫熔裂，其彈性較差。

② 結合力小，不能製出高硬度之砂輪。

③ 切削性較相同硬度之燒結法所製之砂輪差。

④ 性能因濕氣而劣化。

⑤ 水玻璃密度黏稠，對較細磨料之混合較為困難，其所用磨料號數均大於100號者。

3. 橡膠結合法(rubber process)

橡膠結合法之結合劑是天然或人造橡膠，適於製造無心磨床之調整砂輪。磨料與橡膠混合後通過蒸汽加熱之軋輥使其形成帶狀，復經過輥軋後，磨料完全與橡膠混合，然後將軋出之帶狀置於工作台上以刀具切成圓形，此即濁乾式法。濕式法係將上述之帶狀浸入油或其他液體中，加熱製成溶液俟其冷卻加入硫磺粉，變成糊狀後取出放入型框製成砂輪。橡膠砂輪之軟硬以硫磺成分多少而定，硫磺成分多則砂輪結合度較硬，硫磺成分少則砂輪結合度較軟。

橡膠結合法砂輪之優劣點如下：

⑴ 優點：

① 能製出極硬而又薄之砂輪。

② 富於彈性，安全係數大，極少發生破裂危險。

⑵ 劣點：

① 磨削時發熱軟化。

② 乾磨時橡膠粉末有害，宜有吸塵裝置。

③ 價格稍高。

4. 蟲漆結合法(shellac process)

蟲漆結合法之結合劑是蟲膠，與磨料放入蒸汽混合器混合後，壓成砂輪狀，再放入窯中加熱至150℃數小時後即可製成。蟲漆砂輪適於研磨平滑之工件、不必粗磨削或必須薄磨削之加工等，例如鉸刀刃、鋸齒刃等。

蟲漆結合法砂輪之優劣點如下：

⑴ 優點：

① 強度及彈性均大，適於製造薄砂輪，厚度達1.5mm亦不發生破裂現象。

② 若硬度適當，則無論濕磨與否，磨削面均甚光滑。

③ 製造時間短，能製成鐵心砂輪。

⑵ 劣點：

① 對於高溫之抵抗力弱，不適於粗磨削。

② 磨料較密緻，切削性低劣。

③ 易受鹼性或油類所浸蝕。

④ 價格較昂。

⑤ 硬度範圍較燒結法為少。

5. 人造樹脂結合法(resinoid process)

人造樹脂結合法之結合劑是酚(phenol)、電木粉(bakelite)與磨料混合加壓而成。

人造樹脂砂輪之優點如下：

(1) 在酸、鹼、油、蒸汽中保持安定。

(2) 發熱後不發生軟化。

(3) 富於彈性。

6. 金屬結合法(metal process)

金屬結合法之結合劑有銅、黃銅、鐵、鎳等，將金剛石磨料與金屬粉以粉末冶金法或電鑄法製成砂輪。此種砂輪適於切斷及磨削碳化物刀具。

金屬結合法砂輪之優劣點如下：

(1) 金剛石磨料的結合性佳。

(2) 磨削力及切斷能力大。

(3) 顆粒脫落多，削銳不易。

8.6 砂輪形狀

將各種不同的磨料、粒度、結合度、組織、製法等組合可製成很多形狀的砂輪。

1. 砂輪標準截面形狀

砂輪截面分為平直形、環形、單面斜形、雙面斜形、單面凹形、盆形、雙面凹形、安全形、雙面盆形、雙面凸形、斜盆形、深碟形、淺碟形、盤形等十四種。圖 8.4 示砂輪標準截面形狀及號數。

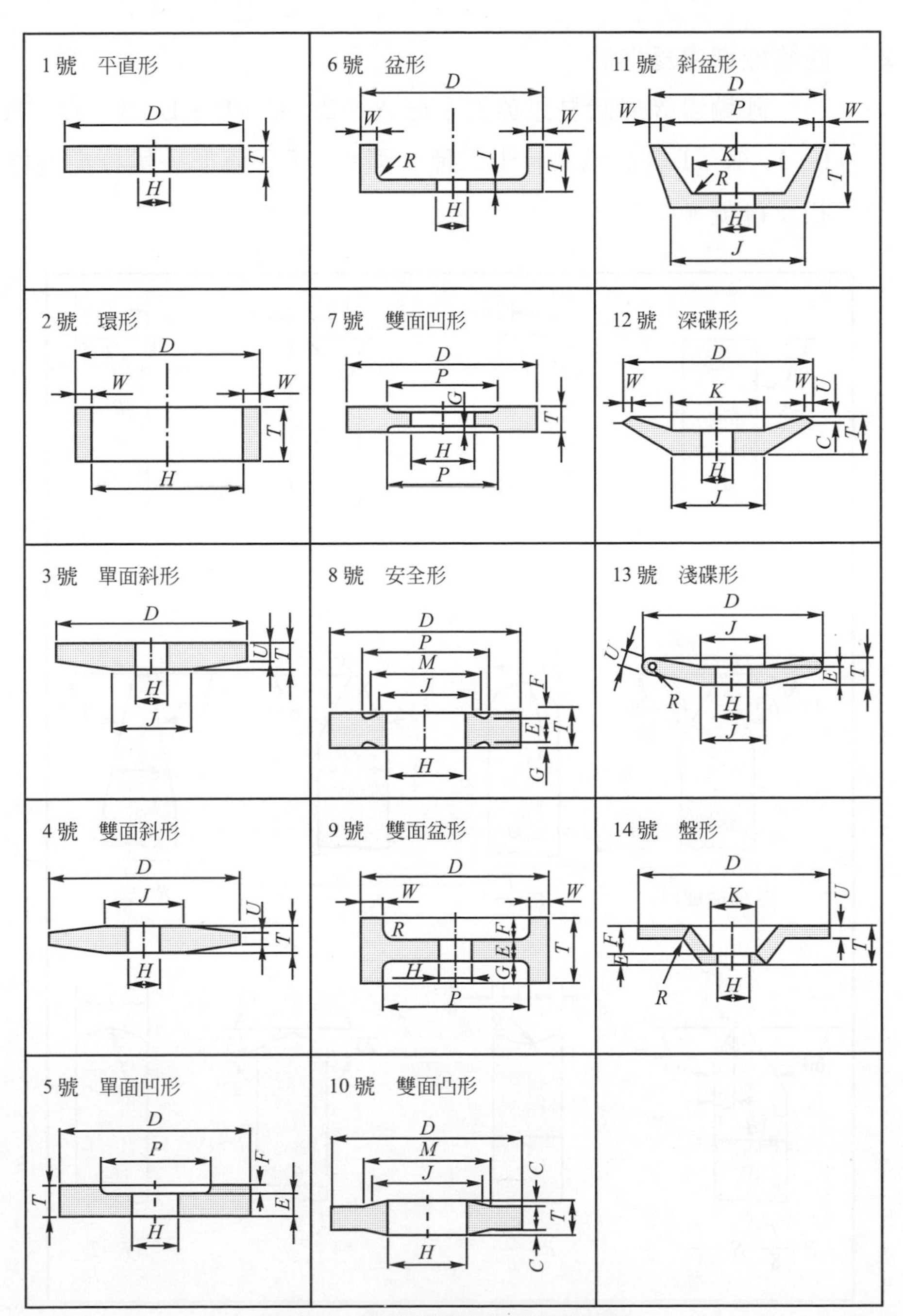

圖 8.4 砂輪標準截面形狀及號數

2. 砂輪標準邊緣形狀

砂輪邊緣形狀是以英文字母A、B、C、D、E、F、G、H、I、J、K、L等表示共有十二種。圖8.5示平直形砂輪標準邊緣形狀及符號。

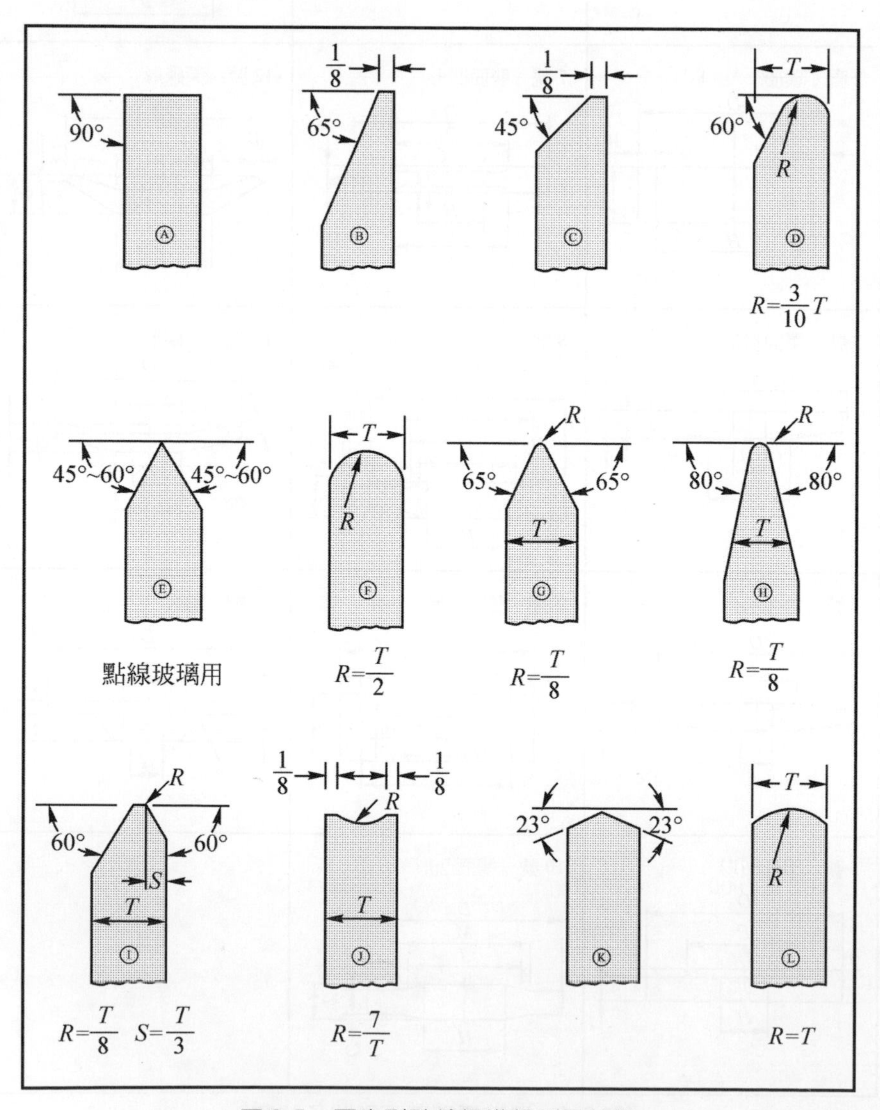

圖 8.5 平直形砂輪標準緣形及符號

8.7 砂輪標記法

砂輪製造完成經檢驗合格後，須標記下列各項目：

1. 磨料種類(表 8.1 及表 8.2)。
2. 粒度(表 8.4)。
3. 結合度或硬度(表 8.5)。
4. 組織(表 8.6)。
5. 結合劑(表 8.7)。
6. 砂輪形狀(圖 8.4)。
7. 邊緣形狀(圖 8.5)。

表 8.8　砂輪標記法

WA	46		K		5			V	1	A	12"×2"×1"		
磨料	粒	度	結合度		組	織		製法	形狀	緣形	外徑	厚度	孔徑
	10	180	*E*	*P*	0	C_1		*V*	1	*A*	1/4"	1/32"	1/16"
A	12	220	*F*	*Q*	1		*C* 密		2	*B*	～	～	～
WA	14	240	*G*	*R*	2	C_2		*S*	3	*C*	42"	12"	12"
C	16	280	*H*	*S*	3				4	*D*			
GC	20	320	*I*	*T*	4			*B*	5	*E*			
	24	400	*J*	*U*	5	M_1			6	*F*			
	30	500	*K*	*V*	6		*M* 中	*R*	7	*G*			
	36	600	*L*	*W*	7				8	*H*			
	46	700	*M*	*X*	8	M_2		*E*	9	*I*			
	54	800	*N*	*Y*	9				10	*J*			
	60	1000	*O*	*Z*	10	W_1			11	*K*			
	70	1200			11		*W* 粗		12	*L*			
	80	1500			12-	W_2			13				
	90	2000							14				
	100	2500											
	120	3000											
	150												

8. 砂輪的尺寸：直徑×厚度×孔徑。
9. 旋轉試驗周速度及使用周速度範圍。
10. 製造者名稱或編號。
11. 製造號碼或製造年月日或其他編號。

表 8.8 示砂輪標記法。

8.8 砂輪用途

砂輪可以安裝在平面磨床、圓柱磨床、工具磨床、砂輪機等以磨削或切割工件材料等工作。

砂輪的基本用途可分為下列數種：

1. 表面磨削
   ⑴ 圓柱體表面磨削：直形或錐形圓柱體外圓表面的磨削工作。
   ⑵ 平面磨削：平直表面的磨削工作。
   ⑶ 內徑磨削：直形或錐形孔面的磨削工作。
   ⑷ 曲線表面磨削：齒輪之輪齒、凸輪之輪廓面等磨削工作。
2. 切割

   使用砂輪切割工件材料，比使用帶鋸機切削要快速、精確、光滑、整齊。
3. 磨銳刀具刃口

   車刀、鑽頭、鉸刀、銑刀等各種切削刀具刃口之磨銳。
4. 磨除鑄件毛邊

8.9 砂輪的檢查與試驗

砂輪安裝前後應做安全檢查，以免在高速旋轉中引起砂輪破裂而發生危險。

1. 外觀檢查

   檢查砂輪的外觀，如有瑕疵、破壞、裂紋、氣泡、燒製不良等情形須加剔除。

2. 音響檢查

   音響檢查時，以鐵條通過砂輪中心孔懸起，不可接觸他物，使用木柄輕輕敲打，如果發生清脆聲音則其燒結情形良好，若是沙啞聲音則係製作不良，不可使用，以免研磨中破碎。

   檢查時砂輪必須乾燥，且沒有雜物附著在其表面上，否則音響清濁不易辨認。無機質結合劑砂輪所發出的聲音比有機質結合劑砂輪較響亮。

3. 旋轉試驗

   砂輪在外觀上雖非常強固，但其抗拉強度比瓷器或玻璃較低。因砂輪大部分係使用黏土燒結法製作，故其抗拉強度與磨料顆粒之大小及結合劑之強弱有關。顆粒大結合度弱者其抗拉強度低，顆粒小結合度強者其抗拉強度高。

   砂輪在高速旋轉時，必須有適當的抗拉強度以承受其所生的離心力。旋轉試驗用的速度約為砂輪最高使用速度之 1.5 倍，其試驗時間依砂輪直徑之不同而異。砂輪直徑在 25～400mm，其最高試驗速度須保持 1 分鐘，400mm以上者須保持 3 分鐘。試驗完畢後須檢視其有無任何破壞。

4. 平衡試驗

在磨削工作中，砂輪及其旋轉部份的平衡極爲重要。不平衡的砂輪則與工件成間斷式的接觸和深度不同的磨削，在磨削表面上形成震動和造成鎚擊作用，不但影響工件精確度和表面光度，甚至使砂輪破碎發生危險。

砂輪不平衡大都由於組織不均匀、裝配修整不良、厚度不均匀、孔徑偏差等原因所致。

平衡試驗時，將砂輪裝在圓軸上，置於水平且相互平行之兩個支持台架上，使其自由旋轉並測定其最大不平衡之位置，再以適當之重物加在離旋轉中心一定距離之位置，使其保持平衡狀態。如無法平衡之砂輪則應予報廢。

8.10 砂輪的削銳及削正

砂輪於磨削工件時會發生顆粒鈍化、表面阻塞、邊緣變形等現象，均會影響磨削效率及精度，必須施以削銳或削正以恢復其磨削能力。

1. 削銳(dressing)

將砂輪顆粒因鈍化而平滑的表面或被切屑填塞的表面削去，使之露出新的顆粒以回復砂輪磨削能力稱爲削銳。削銳工作是使用削整器(dresser)將砂輪磨鈍的外層磨粒及填塞的金屬或其他雜物去掉，使新的銳利顆粒露出砂輪表面。

2. 削正(truing)

削銳的砂輪外緣不一定與砂輪心軸同心，所以必須使砂輪外緣回復正確的幾何形狀並與心軸成爲同心圓，或者改變砂輪表面或外緣做爲特殊形狀工件之磨削稱爲削正。

砂輪之削銳雖臻完善，但仍須削正。如削正工作良好，則同時可完成削銳工作。由此可知，對於精密磨削工作僅砂輪之普通削銳是不夠的，必須加以削正，以確保磨削結果的準確。但對於精確度不太重要的自由磨削工作，則削銳後即可使用。

8.11 鑽石砂輪

鑽石砂輪的結構與一般砂輪相同，也是由磨料、結合劑、氣孔等三要素構成，唯其氣孔比較小。鑽石磨料有天然鑽石及人造鑽石，其顆粒是最硬的材料。工具磨床通常使用杯形鑽石砂輪研磨刀具刃口可得精確的角度。杯形鑽石砂輪的本體用金屬材料製成，再將鑽石顆粒以結合劑燒結在杯形邊緣。

1. 鑽石砂輪研磨性質

　　鑽石砂輪僅用於研磨極硬材料如碳化物刀具。其研磨性質如下：

⑴ 磨削尺寸確實，工件上被磨除的材料尺寸等於砂輪的磨削深度尺寸。

⑵ 磨削時發熱少，因此研磨刀具的損壞極少，可增長刀具的使用時間。

⑶ 因磨削材料快，所以某些中間磨削工作可以省掉，節省磨削時間。

2. 鑽石砂輪之種類

　　鑽石砂輪依使用結合劑分爲金屬結合、黏土燒結、人造樹脂結合鑽石砂輪等三種。

⑴ 金屬結合鑽石砂輪：係在高壓和高溫的爐裡由粉末冶金法燒結而成。此種砂輪對於鑽石保持力強，耐用時間長，主要用於手持磨削及窄縫切割。不適於平面磨削及銑刀磨削。

(2) 黏土燒結鑽石砂輪：係以陶土為結合劑所製成，主要用於手持磨削、內徑磨削、手磨磨削。其磨削效率及使用時限介於人造樹脂結合鑽石砂輪及金屬結合鑽石砂輪之間。

(3) 人造樹脂結合鑽石砂輪：係以人造樹脂為結合劑所製成。此種砂輪對於砂輪緣形的保持力最好，適於磨削碳化物刀具及銑刀。

3. 鑽石粒度

一般磨削工作所推介的鑽石粒度依磨削性質區分為五類。表 8.9 示鑽石粒度分類及號數。

表 8.9　鑽石粒度分類及號數

磨削性質	粒度號數
粗　　磨	80～100
中 精 磨	120～180
精　　磨	220～320
細 精 磨	400
極細精磨	500～600

4. 鑽石層厚度或深度

普通鑽石砂輪大多只在磨削部分使用鑽石磨料，砂輪本體則不使用鑽石磨料。鑽石層厚度或深度有 0.8mm、1.6mm、3.2mm、6.4mm 等。

5. 鑽石砂輪標記法

鑽石砂輪的標記次序如下：

(1) 磨料種類：天然鑽石、人造鑽石。

(2) 粒度：30,36,46,54,60,80,90,100,120,150,180,220,240,280,320,400,500,600,800。

(3) 結合度：$A,B,C,\cdots\cdots X,Y,Z$，由最軟至最硬。

(4) 鑽石集中度：25(低)，50(中)，100(高)。

⑸ 結合劑：*B*(人造樹脂)，*M*(金屬)，*V*(黏土)。

⑹ 不同之結合劑：使用英文字母或數字，或字母與數字合用，以表示與標準結合劑之不同。

⑺ 鑽石層斷面深度或厚度：0.8mm，1.6mm，3.2mm，6.4mm。沒有特別標記者，則表示全部砂輪含有鑽石顆粒。

6. 鑽石集中度(concentrations)

鑽石在砂輪中的稀疏密集狀況以集中度或含量表示。亦即每25.4mm立方的單位體積中鑽石顆粒的比較重量。如最高鑽石含量爲100集中度，則50集中度的砂輪所含鑽石量爲100集中度砂輪所含鑽石量的一半。

人造樹脂結合劑砂輪所用鑽石集中度較低者，工作效率較高，亦即每單位(carat)鑽石量所磨去的工件材料較多。金屬結合及黏土燒結之鑽石砂輪多使用50集中度及100集中度。

8.12 砂輪儲存

各型砂輪的儲放，應有合適的箱架，儲放砂輪的室內溫度不可過熱或過冷，更應保持室內空氣的乾燥。儲放砂輪應注意事項如下：

1. 平直形或斜面形砂輪豎起放在架上。
2. 有機結合劑的薄砂輪必須平放在平面上。
3. 環形砂輪或大盆形砂輪在兩砂輪之間墊以波紋紙平放疊起或豎起置放。
4. 大斜盆形砂輪置放在平底板上，堆放時使砂輪底對底，面對面。
5. 小盆形砂輪或其他小形內徑磨削用砂輪，存放在箱裡或抽屜裡。

習題 8.1

1. 試述砂輪結構之三大要素？
2. 試述砂輪磨削工件時具有哪些特點？
3. 試述磨料應具備哪些性質？
4. 試述用於天然磨料的種類及其適於磨削哪些金屬材料？
5. 試述 C 磨料之主要成分、性質、適於磨削哪些金屬材料？
6. 試述 GC 磨料之主要成分、性質、適於磨削哪些金屬材料？
7. 試述 A 磨料之主要成分、性質、適於磨削哪些金屬材料？
8. 試述 WA 磨料之主要成分、性質、適於磨削哪些金屬材料？
9. 何謂磨料粒度？其粗細如何表示？
10. 何謂砂輪的結合度？
11. 何謂砂輪的組織？其疏密如何表示？
12. 試述軟砂輪及硬砂輪的意義？
13. 試述砂輪組織對於磨削作用之意義？
14. 試述砂輪結合劑之功用？
15. 試述砂輪結合劑的種類？
16. 試述黏土結合法砂輪之優劣點？
17. 試述蟲漆結合法砂輪之優劣點？
18. 試寫出砂輪標記法第一項至第八項名稱？
19. 試述砂輪之基本用途？
20. 試述砂輪以音響檢查之方法？
21. 試述砂輪旋轉試驗之準則？
22. 試述造成砂輪不平衡的原因？
23. 何謂砂輪之削銳？

24. 何謂砂輪之削正？
25. 試述鑽石砂輪的研磨性質？
26. 試述鑽石砂輪的種類及其用途？
27. 試述砂輪儲存應注意事項？

參考資料

CUTTING TOOLS

1. 金屬切削刀具 艾興 薛秉源 編著 科技圖書股份有限公司
2. 金屬切削理論之用法及切削刀具之設計 宋志育 周月嫚 編譯 正言出版社
3. 實用切削加工 吳家駒 譯 協志工業叢書
4. 切削理論 林維新 紀松水 編譯 全華科技圖書股份有限公司
5. 金屬切削原理與工具機 許彥夫 楊純智 編譯 復文書局
6. 切削工具學 傅光華 編著 高立圖書有限公司
7. 切削理論 張甘棠 著 遠東圖書公司
8. 金屬切削原理 趙芝眉 湯銘權 蔡在亶 編著 科技圖書股份有限公司
9. 超硬車刀使用技術 賴耿陽 譯著 復漢出版社
10. 刀具設計 蕭君朋 編譯 平川出版社
11. Metals Hardbook-Machining ASM Handbook Committee
12. Metal Cutting Tool Hanbook Metal Cutting Institute

13. Technology of Machine Tools S.F. Krar/J.W. Oswald/J.E. St. Amand McGraw Hill Book Co.
14. Machine Tool Metalworking John L. Feirer McGraw Hill Book Co.
15. Machine Shop Theory James Anderson/Earl E. Tatro McGraw Hill Book Co.
16. Tool Design Cyril Donaldson/George H. LeCain/V.C. GooldMeGraw-Hill Book Co,
17. Machining Fundamentals John R. Walker
18. Manufacturing Processes Roberts Lapidge Victor E. Repp McGraw-Hill Book Co.
19. Machine Tool Technology Willard J. McCarthy McKnight Publishing Co.
20. Practical Machine Shop John E. Neely

國家圖書館出版品預行編目資料

切削刀具學 / 洪良德編著. – 三版. -- 新北市 :
全華圖書, 2017.04
面； 公分
ISBN 978-986-463-362-3(平裝)

1.切削機 2.機械工作法

446.893 105017278

切削刀具學

作者 / 洪良德
發行人 / 陳本源
執行編輯 / 蘇千寶
出版者 / 全華圖書股份有限公司
郵政帳號 / 0100836-1 號
印刷者 / 宏懋打字印刷股份有限公司
圖書編號 / 0512102
三版五刷 / 2021 年 03 月
定價 / 新台幣 350 元
ISBN / 978-986-463-362-3 (平裝)
全華圖書 / www.chwa.com.tw
全華網路書店 Open Tech / www.opentech.com.tw
若您對本書有任何問題，歡迎來信指導 book@chwa.com.tw

臺北總公司(北區營業處)
地址：23671 新北市土城區忠義路 21 號
電話：(02) 2262-5666
傳真：(02) 6637-3695、6637-3696

南區營業處
地址：80769 高雄市三民區應安街 12 號
電話：(07) 381-1377
傳真：(07) 862-5562

中區營業處
地址：40256 臺中市南區樹義一巷 26 號
電話：(04) 2261-8485
傳真：(04) 3600-9806(高中職)
(04) 3601-8600(大專)